Jaime E. Muñoz Rivera

Cálculo Light

EDITORA
CIÊNCIA MODERNA

Cálculo Light
Copyright© Editora Ciência Moderna Ltda., 2013

Todos os direitos para a língua portuguesa reservados pela EDITORA CIÊNCIA MODERNA LTDA.
De acordo com a Lei 9.610, de 19/2/1998, nenhuma parte deste livro poderá ser reproduzida, transmitida e gravada, por qualquer meio eletrônico, mecânico, por fotocópia e outros, sem a prévia autorização, por escrito, da Editora.

Editor: Paulo André P. Marques
Produção Editorial: Aline Vieira Marques
Assistente Editorial: Lorena Fernandes
Capa: Cristina Satchko Hodge
Copidesque: Lorena Fernandes

Várias **Marcas Registradas** aparecem no decorrer deste livro. Mais do que simplesmente listar esses nomes e informar quem possui seus direitos de exploração, ou ainda imprimir os logotipos das mesmas, o editor declara estar utilizando tais nomes apenas para fins editoriais, em benefício exclusivo do dono da Marca Registrada, sem intenção de infringir as regras de sua utilização. Qualquer semelhança em nomes próprios e acontecimentos será mera coincidência.

FICHA CATALOGRÁFICA

RIVERA, Jaime Edilberto Muñoz.

Cálculo Light

Rio de Janeiro: Editora Ciência Moderna Ltda., 2013.

1. Matemática 2. Análise Cálculo-matemática
I — Título

ISBN: 978-85-399-0393-1   CDD 510
                                 515

Editora Ciência Moderna Ltda.
R. Alice Figueiredo, 46 – Riachuelo
Rio de Janeiro, RJ – Brasil   CEP: 20.950-150
Tel: (21) 2201-6662/ Fax: (21) 2201-6896
E-mail: LCM@LCM.COM.BR
WWW.LCM.COM.BR

06/13

Prólogo

Este texto tem por objetivo introduzir os conceitos básicos do cálculo diferencial e integral de uma forma simples priorizando os conceitos às formalidades matemáticas. A ideia é estudar os problemas que motivaram o desenvolvimento do Cálculo Diferencial, usando a intuição geométrica. Por exemplo, o cálculo retas tangentes e áreas de figuras planas.

Este texto não é um livro de pré-cálculo. É um livro que tem como objetivo estudar os problemas do cálculo infinitesimal, priorizando o entendimento das dificuldades dos problemas e os métodos usados na resolução. Entendendo as dificuldades próprias de cada problema, aprenderemos mais sobre eles. Em cada capítulo usamos recursos gráficos para introduzir os diferentes resultados matemáticos fazendo com que o leitor entenda o problema na sua forma conceptual para depois se ocupar da parte técnica, isto é a linguagem formal. A Matemática é como um idioma, onde os aspectos formais constituem sua gramática e as ideias intuitivas, associadas aos problemas, sua linguagem. Na infância aprendemos primeiro a linguagem e depois a gramática. Essa será a filosofia que seguiremos neste texto. Vamos ensinar a linguagem matemática, isto é os principais problemas, suas dificuldades e a forma de resolução, de maneira informal, para depois passar aos aspectos técnicos (a gramática).

No primeiro capítulo deste texto estudamos o conceito de limite, enfocamos isto apenas como uma aproximação. Isto é, determinar a que valor "L" se aproxima a função $f(x)$, quando x se aproxima de "a". Este problema pode ser resolvido mesmo quando a função não está definida no ponto "a". Mostramos isto de forma intuitiva e também formal. No segundo capítulo usamos o conceito de limite para definir

IV Cálculo Light

a continuidade. Introduzimos as principais propriedades das funções contínuas, assim como o Teorema do valor intermediário.

No terceiro e quarto capítulo, estudamos as derivadas e suas aplicações. Introduzimos a diferenciação como o resultado de resolver o problema de definir a reta tangente a uma curva. A derivada é a inclinação da reta tangente, portanto se a reta tangente é crescente, a função também será crescente no ponto de tangência. Lembremos que uma reta é crescente quando sua inclinação é positiva. Concluímos assim que a função será crescente se sua derivada é positiva. Analogamente, quando a reta tangente é decrescente.

No quinto capítulo estudamos a integrabilidade desde o ponto de vista do cálculo de áreas de regiões planas. A ideia por trás disto é definir função integrável como aquela função cujo gráfico define uma região que possui uma área *bem definida*. Não é simples imaginar uma região que não possua uma área it bem definida. Estas regiões são definidas por funções extremamente raras e que são resultados de construções matemáticas sofisticadas. Neste ponto o conceito de limite é chave para afirmar quando existe ou não a área de uma região plana. Por outro lado, o cálculo de uma região plana pode ser feito por aproximação, usando as chamadas somas de Riemann. Ressaltamos neste ponto a importância do Teorema fundamental do cálculo que relaciona a integração com a diferenciação. Portanto o problema de cálculo de área pode reduzir-se ao cálculo de primitivas (antiderivadas) de uma função. No sexto capítulo estudamos as principais técnicas de integração.

Finalmente, no capítulo 7 aplicamos integração na resolução de diversos problemas, como comprimento de arco, centro de massa, volumes e o teorema de trabalho - energia.

Termino este prólogo agradecendo aos colegas do Instituto de Matemática da Universidade Federal de Rio de Janeiro, pelo incentivo em escrever este texto. Em especial aos professores, Pedro Gamboa, Hugo Fernandez e Maria Zegarra, que com seus comentários construtivos em muito colaboraram para a melhora deste texto. Agradeço também aos professores, Santina de Fátima Arantes, Felix Quispe, Paulo Pamplona, Fredy Sobrado, Mauro Santos, pelo apoio na preparação e divulgação deste trabalho. Aos meus alunos das diferentes turmas da faculdades de Engenharia, Física e Química da UFRJ, que com toda sua simpatia fizeram das revisões das primeiras versões uma tarefa mais animada.

Finalmente, agradeço de forma muito especial aos meus irmãos, José Luis e Jorge Antônio pela grande amizade, companherismo e o apoio incondicional e sem fronteiras, para realização deste projeto.

O Autor

Introdução:

Os Problemas do Cálculo

O Cálculo Diferencial e integral consiste basicamente no estudo de três problemas:

- *Limites de funções*
- *Retas tangentes*
- *Cálculo de áreas.*

Limites

O problema de limites de funções aparece da necessidade de dar um significado a expressões que estão descritas em forma indeterminada, por exemplo espressões como $0/0$, ou ∞/∞. Casos como estes encontramos nas funções
$$f(x) = \frac{x^3 - 8}{x - 2}, \quad g(x) = \frac{\operatorname{sen}(x)}{x},$$
quando queremos calcular $f(2)$ ou $g(0)$. Os procedimentos que utilizaremos para dar um sentido a estas expressões são baseados nos conceitos de limites de funções que estudaremos nos primeiros capítulos deste texto.

Retas tangentes

O problema da reta tangente a uma curva, começa pela própria definição. Isto é: Que é uma reta tangente?. No caso de um círculo é simples entender a noção de tangência: É a reta que intercepta ao círculo apenas num ponto. A reta que intercepta ao círculo em dois pontos é chamada de reta secante.

VIII Cálculo Light

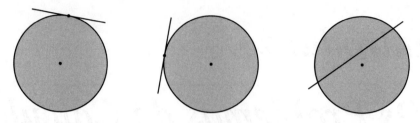

O problema aparece quando queremos definir a reta tangente para uma curva qualquer. Por exemplo considere as seguintes curvas

Nos dois primeiros gráficos vemos que as retas correspondem com nossa noção de reta tangente à curva. A situação no terceiro gráfico é diferente. Mesmo que a reta e a curva tenham um único ponto de intersecção, a reta não é tangente à curva. Verificamos assim que a definição de tangência de um círculo não pode ser extendida para curvas mais gerais. A definição de tangência nos exige de um esforço maior. Este problema será resolvido usando o conceito de limites.

Áreas de curvas planas

Finalmente, o terceiro problema do cálculo consiste em calcular a área que faz uma curva no plano. Por exemplo, considere uma função $f : [a,b] \to \mathbb{R}$. Queremos encontrar a área da região limitada entre a curva e o eixo das abscissas no intervalo $[a,b]$.

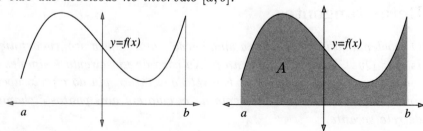

Introdução: Os problemas do Cálculo IX

Denotemos o valor desta área por A. Como podemos calcular o valor exato desta área?. No momento não temos nenhuma ferramenta que nos permita fazer este cálculo. Neste caso, devemos aplicar nossa regra de ouro do cálculo:

Se não conhecemos o valor exato de um problema, então procuremos um valor aproximado.

A ideia central é aproximar a região acima por outra cuja área seja simples de calcular. Por exemplo uma região formada por retângulos como se mostra nas seguintes figuras

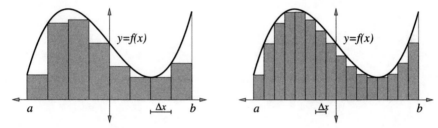

Na medida que inserimos mais retângulos na região, a área resultante se aproxima da área da região inicial. Assim se o número de retângulos que inserimos no intervalo $[a, b]$ aumenta indeterminadamente, a área resultante da soma das áreas dos retângulos se aproximam a área exata da região.

Sumário

I Limites   1
  1.1 Valores Indeterminados 3
  1.2 Limites 4
  1.3 Limites ao infinito 7
  1.4 A definição de limite 9
  1.5 Teorema do Sanduíche 15
  1.6 Limites de expressões trigonométricas 19
  1.7 Limites de expressões logarítmicas e exponenciais 26
  1.8 Limites laterais 30
  1.9 Limites ao infinito: Definição 35
  1.10 Assíntotas 39

II Continuidade   57
  2.1 Noção de continuidade 59
  2.2 Teorema do valor intermediário 75

III Derivadas   87
  3.1 A reta tangente 89
  3.2 Cinemática 96
  3.3 Aritmética das derivadas 98
  3.4 Gráficos de funções diferenciáveis 104
  3.5 Diferenciabilidade e Continuidade 105
  3.6 Derivadas de funções especiais 109
  3.7 Regra da cadeia 116
  3.8 Diferenciação implícita 121
  3.9 Derivada da função inversa 124

XII Cálculo Light

IV Aplicações das Derivadas   **135**
   4.1   Taxas relacionadas 137
   4.2   Diferenciabilidade e monotonia 147
   4.3   Máximos e mínimos 155
   4.4   Teorema do valor médio 173
   4.5   Derivadas de segunda ordem 182
   4.6   Critérios da segunda derivada 187
   4.7   Interpretação física da segunda derivada 191
   4.8   Derivadas de ordem superior 197
   4.9   Fórmula de Taylor com resto de Lagrange 200
   4.10 Critério da segunda derivada 208
   4.11 Diferenciais 212

V Integral de Riemann   **225**
   5.1   O cálculo de áreas 227
   5.2   Definição da integral definida 234
   5.3   Propriedades da integral definida 239
   5.4   Teorema do valor intermediário para
           integrais 245
   5.5   Teorema fundamental do cálculo 248
   5.6   Fórmula de mudança de variáveis 256
   5.7   Integrais impróprias 260

VI Técnicas de integração   **271**
   6.1   Método de substituição simples 273
   6.2   Integração por partes 286
   6.3   Decomposição por frações parciais 293
   6.4   Substituições trigonométricas 300

VII Aplicações da integral definida   **315**
   7.1   Comprimento de arco 317
   7.2   Cálculo de centros de massa 322
   7.3   Cálculo de volume de sólidos 330
   7.4   Energia e trabalho 337

VIII Índice   **351**

Capítulo I
Limites

$$\lim_{x \to a} f(x) = L$$

$\forall \, \varepsilon > 0, \, \exists \, \delta > 0:$

$0 < |x-a| < \delta \implies |f(x) - L| < \varepsilon$

1.1 Valores Indeterminados

Uma das operações proibidas na aritmética é a divisão por zero. Isto porque não produz um resultado coerente. Por exemplo, suponha que $1/0 = 0$, então multiplicando por zero ambos os membros da igualdade teremos
$$\frac{1}{0} = 0 \quad \Rightarrow \quad 0 = 1$$
O que é contraditório. Se supomos que $1/0 = \infty$, onde o símbolo ∞ denota o infinito, teremos
$$2 \times \infty = \infty, \quad 1 \times \infty = \infty$$
Lembremos que ∞ não é um número real, pois se fosse, teríamos que
$$\infty = \infty \quad \Rightarrow \quad 2 \times \infty = 1 \times \infty \quad \Rightarrow \quad 1 = 2.$$
O que também nos leva a uma contradição. Portanto as operações
$$\frac{0}{0}, \quad \frac{\infty}{\infty},$$
não estão definidas. O objetivo desta seção é dar um sentido a estas expressões indeterminadas. Considere o seguinte problema

Exemplo 1.1.1 *A que valor da função*
$$f(x) = \frac{x^2 - 1}{x - 1}.$$
se aproxima, quando x está próximo de 1.

Solução. Não podemos avaliar a função no ponto $x = 1$, isto porque $f(1) = 0/0$ é um valor indeterminado; mas podemos estudar a que valor a função de aproxima, quando x está próximo de 1. Usando
$$x^2 - 1 = (x - 1)(x + 1)$$
encontramos
$$f(x) = \frac{x^2 - 1}{x - 1} = \frac{(x - 1)(x + 1)}{x - 1} \quad \Rightarrow \quad f(x) = x + 1.$$
Para chegar a última identidade, tivemos que dividir por $x - 1$, mas isto somente poder ser feito caso que $x \neq 1$. Portanto se $x \neq 1$ está próximo de 1, $f(x)$ está próximo de 2, sem ser igual a 2. Portanto o valor de $f(1)$ é indeterminado, mas ele se aproxima de 2 quando x se aproxima de 1.

4 Cálculo Light

Exemplo 1.1.2 *A que valor da função*
$$f(x) = \frac{x^2 + 3x - 4}{x^3 - 1}.$$
se aproxima, quando x está próximo de 1.

Solução. Novamente aqui temos uma expressão indeterminada,
$$f(1) = \frac{0}{0}.$$
Nos interessa o valor a que f se aproxima quando x se aproxima de 1. Como numerador e denominador se anulam quando $x = 1$ quer dizer que $x = 1$ é uma raiz de $x^2 + 3x - 4$ e de $x^3 - 1$. Portanto podemos escrever
$$x^2 + 3x - 4 = (x-1)(x+4), \quad x^3 - 1 = (x-1)(x^2 + x + 1)$$
Logo,
$$f(x) = \frac{x^2 + 3x - 4}{x^3 - 1} = \frac{(x-1)(x+4)}{(x-1)(x^2 + x + 1)}.$$
Podemos simplificar a expressão acima somente se $x \neq 1$, portanto
$$f(x) = \frac{x+4}{x^2 + x + 1}, \quad \forall x \neq 1.$$
Assim, $f(x)$ está próximo de 5/3 quando x está próximo de 1.

1.2 Limites

Definição conceptual

O valor L ao qual se aproxima a função $f(x)$ quando x se aproxime de a, será chamada de limite de f quando x está próximo de a. Denotaremos isto como

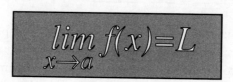

$$\lim_{x \to a} f(x) = L$$

Assim por exemplo na seção anterior, encontramos que

$$\lim_{x \to 1} \frac{x^2 - 1}{x - 1} = 2, \quad \lim_{x \to 1} \frac{x^2 + 3x - 4}{x^3 - 1} = \frac{5}{3}.$$

Exemplo 1.2.1 *Calcule o limite*

$$\lim_{x \to 2} \frac{x^4 - 16}{x^2 + 2x - 8}.$$

Solução. Temos que calcular o valor ao qual a função

$$f(x) = \frac{x^4 - 16}{x^2 + 2x - 8},$$

se aproxima, quando x está próximo de 2. Para isto observamos que

$$x^4 - 16 = (x^2 - 4)(x^2 + 4) = (x - 2)(x + 2)(x^2 + 4),$$

$$x^2 + 2x - 8 = (x - 2)(x + 4).$$

Portanto

$$f(x) = \frac{(x - 2)(x + 2)(x^2 + 4)}{(x - 2)(x + 4)} = \frac{(x + 2)(x^2 + 4)}{x + 4}, \quad \forall x \neq 2.$$

Assim, $f(x)$ está próximo de $(4)(8)/6$ quando x está próximo de 2, sem ser igual a 2. Portanto teremos que

$$\lim_{x \to 2} \frac{x^4 - 16}{x^2 + 2x - 8} = \frac{16}{3}.$$

Exemplo 1.2.2 *Calcular o seguinte limite*

$$\lim_{x \to 2} \frac{\sqrt{x} - \sqrt{2}}{x - 2}$$

Solução. A diferença $x - 2$ pode ser escrita como uma diferença de quadrados da seguinte forma

$$x - 2 = (\sqrt{x})^2 - (\sqrt{2})^2 = (\sqrt{x} - \sqrt{2})(\sqrt{x} + \sqrt{2}).$$

Portanto,

$$\frac{\sqrt{x}-\sqrt{2}}{x-2} = \frac{\sqrt{x}-\sqrt{2}}{(\sqrt{x}-\sqrt{2})(\sqrt{x}+\sqrt{2})} = \frac{1}{\sqrt{x}+\sqrt{2}}, \quad \forall x \neq \sqrt{2}$$

Finalmente, temos

$$\lim_{x \to 2} \frac{\sqrt{x}-\sqrt{2}}{x-2} = \lim_{x \to 2} \frac{1}{\sqrt{x}+\sqrt{2}} = \frac{1}{2\sqrt{2}}$$

Exemplo 1.2.3 *Calcular o limite*

$$\lim_{x \to 0} x^2 + 1$$

Solução. De acordo com nossa definição conceptual, temos que calcular a que valor se aproxima a função $f(x) = x^2 + 1$ quando x se aproxima de zero. Neste caso é simples verificar que $f(x)$ se aproxima de 1 quando x se aproxima de zero. Portanto temos que

$$\lim_{x \to 0} x^2 + 1 = 1$$

Exemplo 1.2.4 *Calcular o seguinte limite*

$$\lim_{x \to 1} \frac{x^2 - 1}{x^3 - 1}.$$

Solução. Assim como no exemplo anterior, temos uma fração onde o numerador e denominador são iguais a zero, o que cria uma indeterminação. Note que

$$x^2 - 1 = (x-1)(x+1), \qquad x^3 - 1 = (x-1)(x^2 + x + 1).$$

Substituindo estes valores na fração obtemos

$$\frac{x^2 - 1}{x^3 - 1} = \frac{(x-1)(x+1)}{(x-1)(x^2 + x + 1)} = \frac{x+1}{x^2 + x + 1}, \quad \forall x \neq 1.$$

Portanto tomando limite quando $x \to 1$, isto é tomando valores de x próximos de 1 sem ser igual a 1 obtemos

$$\lim_{x \to 1} \frac{x^2 - 1}{x^3 - 1} = \lim_{x \to 1} \frac{x+1}{x^2 + x + 1} = \frac{2}{3}.$$

Portanto, quando x está próximo de 1, $f(x) = (x^2 - 1)/(x^3 - 1)$ está próximo de $\frac{2}{3}$.

> # *Resumo*
>
> *Calcular o limite de uma função quando x se aproxima de a, é equivalente a encontrar o valor L ao qual a função de aproxima.*

1.3 Limites ao infinito

Valores infinitos

Muitas vezes escutamos falar sobre a grandeza de alguns valores. Por exemplo que Fulano é milionário. Esta expressão quer dizer que Fulano tem muito dinheiro. Não sabemos quanto, mas o dinheiro que tem Fulano é muito. Em Matemática temos uma expressão parecida para indicar que uma quantidade é muito grande, esta expressão é chamada de infinito, e denotada como ∞

Este é o símbolo que usamos em matemática para expressar grandeza. Dizer que x é um número grande, é equivalente a dizer que x se aproxima ao infinito, ou em símbolos

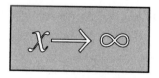

Nesta seção estudaremos o comportamento de uma função $y = f(x)$ quando x toma valores muito grandes. Estas informações são importantes porque nos da uma ideia de como a função se comporta de forma global. Comecemos com um exemplo. Considere a função

8 Cálculo Light

$$f(x) = \frac{1}{x}$$

Queremos saber como se comporta f quando x é grande. De uma simples inspeção obtemos

$$x = 100 \Rightarrow \frac{1}{x} = 0.01, \quad x = 1000 \Rightarrow \frac{1}{x} = 0.001,$$

$$x = 10000 \Rightarrow \frac{1}{x} = 0.0001.$$

Na medida que x cresce, temos que $f(x)$ está mais próximo de zero. Assim teremos que

$$\boxed{\lim_{x \to \infty} \frac{1}{x} = 0}$$

Com este limite podemos conhecer muitos outros. Vejamos os seguintes exemplos.

Exemplo 1.3.1 *Calcular o seguinte limite*

$$\lim_{x \to \infty} \frac{3x+1}{x-3}$$

Solução. No momento o único limite ao infinito que conhecemos é

$$\lim_{x \to \infty} \frac{1}{x} = 0$$

Para calcular o limite acima dividimos numerador e denominador por x obtemos

$$\frac{3x+1}{x-3} = \frac{3+1/x}{1-3/x}$$

Calculando o limite quando $x \to \infty$ obtemos

$$\lim_{x \to \infty} \frac{3x+1}{x-3} = \lim_{x \to \infty} \frac{3+1/x}{1-3/x} = 3.$$

Portanto, quando x cresce, o valor de $f(x)$ se aproxima de 3.

Exemplo 1.3.2 *Calcular o valor do seguinte limite*

$$\lim_{x \to \infty} \frac{x^2 + 3x + 1}{2x^2 - x - 3}$$

Solução. A ideia é aplicar o limite $\lim_{x \to \infty} 1/x = 0$. Podemos fazer isto se dividimos numerador e denominador por x^2, assim temos

$$\frac{x^2 + 3x + 1}{2x^2 - x - 3} = \frac{1 + \frac{3}{x} + \frac{1}{x^2}}{2 - \frac{1}{x} - \frac{3}{x^2}} \qquad (1.1)$$

É simples verificar que

$$\lim_{x \to \infty} \frac{a}{x} = 0, \qquad \lim_{x \to \infty} \frac{a}{x^2} = 0$$

para qualquer valor $a \in \mathbb{R}$. Portanto, tomando limites em (1.1) concluímos que

$$\lim_{x \to \infty} \frac{x^2 + 3x + 1}{2x^2 - x - 3} = \lim_{x \to \infty} \frac{1 + \frac{3}{x} + \frac{1}{x^2}}{2 - \frac{1}{x} - \frac{3}{x^2}} = \frac{1}{2}$$

1.4 A definição de limite

Na seção anterior definimos o limite de uma função como uma aproximação. Nosso propósito agora é definir o conceito de limite de uma forma mais rigorosa. De tal maneira que não exista ambiguidade. Lembremos que a ideia central por trás do conceito de limite é o valor L ao qual se *aproxima* a função f, quando x se *aproxima* de a. Isto é

$$\lim_{x \to a} f(x) = L$$

Aqui a palavra "*aproxima*" tem um significado importante. À luz dos exemplos anteriores, podemos afirmar que L é o limite de f quando x se aproxima de a quando

---
x próximo de a, implica que $f(x)$ está próximo de L

Dito de outra forma

> Se $x - a$ é pequeno, então $f(x) - L$ é também pequeno

Desde o ponto de vista matemático, pequeno é uma palavra ambígua. O que é pequeno para um não é necessariamente pequeno para outros. Introduzamos um par de parâmetros para representar a pequenez destes valores, por exemplo δ e $\epsilon > 0$, portanto L será o limite de f quando x se aproxima de a se

> $|x - a| < \delta$ implica que $|f(x) - L| < \epsilon$

Aproximar-se implica um dinamismo, *ficar mais perto*. Da forma que descrevemos acima não existe este dinamismo, porque o parâmetro ϵ é constante. Queremos escrever a implicação anterior ressaltando que a pequenez de $|f(x) - L|$ é arbitrária. Uma possibilidade seria,

> Para qualquer número ϵ positivo,
> existe um outro número δ positivo, tal que
>
> $|x - a| < \delta \Rightarrow |f(x) - L| < \epsilon$

Escrito em símbolos matemáticos:

> $\forall \epsilon > 0, \exists \delta$ tal que $|x - a| < \delta \Rightarrow |f(x) - L| < \epsilon$

Isto representa melhor o conceito de aproximação. É como se a função caminhasse para seu limite. Para qualquer distância (ϵ) entre a função e seu limite, deve existir uma distância (δ) entre x e a de tal forma que

$$|x - a| < \delta \Rightarrow |f(x) - L| < \epsilon$$

A definição de limite é dada por

> **Definição 1.4.1** *Diremos que L é o limite de uma função f, quando $x \to a$ se, para qualquer $\epsilon > 0$ temos que*
>
> $$0 < |x - a| < \delta, \quad \Rightarrow \quad |f(x) - L| < \epsilon.$$

Observação 1.4.1 *Tomamos $0 < |x - x_0|$ ($0 \neq |x - x_0|$) para fazer ênfase que no análise do limite o ponto $x = x_0$ não interessa.*

Observação 1.4.2 *Esta definição não é muito amigável. Mas é universalmente usada para definir limites de uma função.*

Observação 1.4.3 *Um exercício comum é provar que o limite existe usando esta definição e servem para verificar que a definição dada acima, corresponde com nosso conceito de limite. A prova consiste em mostra que δ é uma função de ϵ*

Exemplo 1.4.1 *Mostre que o limite da função $f(x) = 3x - 1$ é igual a $L = 2$ quando $x \to 1$.*

Solução. É simples conferir que

$$\lim_{x \to 1} f(x) = 2.$$

Provaremos que para qualquer $\epsilon > 0$ é possível encontrar um número $\delta > 0$ satisfazendo

$$0 < |x - 1| < \delta \quad \Rightarrow \quad |f(x) - 2| < \epsilon.$$

Consideremos primeiro a expressão

$$|f(x) - 2| = |3x - 1 - 2| = |3x - 3| = 3\underbrace{|x - 1|}_{<\epsilon/3} < \epsilon.$$

A expressão acima quer dizer que para fazer $|f(x) - 2|$ pequeno, basta tomar $|x - 1|$ pequeno. Por exemplo se $\delta = \epsilon/3$, temos

$$0 < |x - 1| < \frac{\epsilon}{3} \quad \Rightarrow \quad |f(x) - 2| < \epsilon.$$

O que podemos resumir afirmando que para qualquer $\epsilon > 0$ existe um δ, ($= \epsilon/3$) tal que se verifica a expressão acima.

Exemplo 1.4.2 *Mostre usando a definição, que o limite da função*

$$f(x) = \frac{x-1}{x^2+1}$$

é $L = 0$ quando $x \to 1$.

Solução. Novamente temos que analisar a diferença entre a função a seu limite

$$\left|\frac{x-1}{x^2+1} - 0\right| = \frac{|x-1|}{x^2+1} < \underbrace{|x-1|}_{<\epsilon} < \epsilon.$$

Para fazer $|f(x)-0|$ pequeno, basta tomar $|x-1|$ pequeno. Por exemplo se $\delta = \epsilon$ teremos que

$$0 < |x-1| < \epsilon \quad \Rightarrow \quad |f(x)-2| < \epsilon.$$

Portanto, para qualquer $\epsilon > 0$ existe um δ, $(= \epsilon)$ tal que se verifica a expressão acima.

Exemplo 1.4.3 *Mostre que*

$$\lim_{x \to 1} \frac{x^2-1}{x-1} = 2.$$

Solução. Provaremos que para todo $\epsilon > 0$, podemos encontrar $\delta > 0$ satisfazendo

$$0 < |x-1| < \delta \quad \Rightarrow \quad |f(x)-2| < \epsilon.$$

Onde $f(x) = (x^2-1)/(x-1)$. Nosso ponto de partida é avaliar a distância de $f(x)$ e seu limite. Lembremos que $x^2 - 1 = (x-1)(x+1)$, logo

$$\left|\frac{x^2-1}{x-1} - 2\right| = |x+1-2| = \underbrace{|x-1|}_{<\epsilon} < \epsilon.$$

Quando x está próximo de 1, a expressão acima está próximo de zero. Tomando $\delta = \epsilon$ encontramos

$$0 < |x-1| < \epsilon \quad \Rightarrow \quad |f(x)-2| < \epsilon.$$

Como é simples verificar. Portanto, para qualquer $\epsilon > 0$ existe um δ, $(= \epsilon)$ tal que se verifica a expressão acima.

Exemplo 1.4.4 *Mostre que*

$$\lim_{x \to 1} \sqrt{x^2 + 1} = \sqrt{2}.$$

Solução. Novamente nosso ponto de partida é avaliar a diferença entre a função e seu limite.

$$\left|\sqrt{x^2+1} - \sqrt{2}\right| = \left|\sqrt{x^2+1} - \sqrt{2}\right| \frac{\sqrt{x^2+1} + \sqrt{2}}{\sqrt{x^2+1} + \sqrt{2}} = \left|\frac{x^2 - 1}{\sqrt{x^2+1} + \sqrt{2}}\right|$$

De onde concluímos que

$$\left|\sqrt{x^2+1} - \sqrt{2}\right| = |x-1| \left|\frac{x+1}{\sqrt{x^2+1} + \sqrt{2}}\right| \qquad (1.2)$$

Como

$$(x+1)^2 \leq (x+1)^2 + (x-1)^2 \leq 2(x^2+1) \quad \Rightarrow \quad |x+1| \leq \sqrt{2(x^2+1)}$$

e ainda $\sqrt{(x+1)^2} = |x+1|$, concluímos que

$$|x+1| \leq \sqrt{2(x^2+1)} \quad \Rightarrow \quad \frac{|x+1|}{\sqrt{x^2+1}} \leq \sqrt{2}.$$

Assim temos

$$\left|\frac{x+1}{\sqrt{x^2+1} + \sqrt{2}}\right| < \frac{|x+1|}{\sqrt{x^2+1}} \leq \sqrt{2}.$$

Voltando a (1.2) temos

$$\left|\sqrt{x^2+1} - \sqrt{2}\right| < \underbrace{|x-1|\sqrt{2}}_{<\epsilon}$$

Logo a diferença $\sqrt{x^2+1} - \sqrt{2}$ será pequena, quando $x-1$ é pequeno. Isto é

$$|x-1| < \frac{\epsilon}{\sqrt{2}} \quad \Rightarrow \quad \left|\sqrt{x^2+1} - \sqrt{2}\right| < \epsilon.$$

Portanto, para qualquer $\epsilon > 0$ existe um δ, $(= \epsilon/\sqrt{2})$ tal que se verifica a expressão acima. Isto corresponde a definição de limite.

Aritmética dos limites

Teorema 1.4.1 *Sejam $f, g : [a, b] \to \mathbb{R}$ duas funções tais que para $c \in]a, b[$ tenhamos que*

$$\lim_{x \to c} f(x) = L, \qquad \lim_{x \to c} g(x) = M$$

então

$$\lim_{x \to c} f(x) \pm g(x) = L \pm M, \quad \lim_{x \to c} f(x)g(x) = LM, \quad \lim_{x \to c} \frac{f(x)}{g(x)} = \frac{L}{M}$$

Neste último caso devemos ter que $M \neq 0$.

Demonstração. Como os limites de f e g existem devemos ter que para todo $\epsilon > 0$ existe δ_1 e δ_2 tais que

$$0 < |x - x_0| < \delta_1, \quad \Rightarrow \quad |f(x) - L| < \frac{\epsilon}{2}.$$

$$0 < |x - x_0| < \delta_2, \quad \Rightarrow \quad |g(x) - M| < \frac{\epsilon}{2}.$$

Equivalentemente,

$$0 < |x - x_0| < \delta_1, \quad \Rightarrow \quad L - \frac{\epsilon}{2} < f(x) < L + \frac{\epsilon}{2}.$$

$$0 < |x - x_0| < \delta_2, \quad \Rightarrow \quad M - \frac{\epsilon}{2} < g(x) < M + \frac{\epsilon}{2}.$$

Tomando $\delta = \min\{\delta_1, \delta_2\}$ e somando as duas desiguandades acima, teremos

$$0 < |x - x_0| < \delta, \quad \Rightarrow \quad M + L - \epsilon < f(x) + g(x) < M + L + \epsilon.$$

Portanto, para qualquer $\epsilon > 0$ existe δ positivo tal que

$$0 < |x - x_0| < \delta, \quad \Rightarrow \quad |f(x) + g(x) - M - L| < \epsilon.$$

De onde concluímos que

$$\lim_{x \to c} f(x) + g(x) = L + M$$

Para mostrar que o limite do produto é igual ao produto é dos limites, basta considerar

$$\begin{aligned}|f(x)g(x) - LM| &= |f(x)g(x) - f(x)M + f(x)M - LM| \\ &\leq |f(x) - L|M + |g(x) - M||f(x)|\end{aligned}$$

Como os limites f e g existem então elas são limitadas numa vizinhança de x. Portanto, existe $\delta > 0$ e uma constante $C > 0$ tal que

$$c - \delta < x < c + \delta \quad \Rightarrow \quad |f(x)| \leq C.$$

De onde temos que

$$|f(x)g(x) - LM| \leq |f(x) - L|M + |g(x) - M|C < (M + C)\epsilon$$

De onde segue o resultado. Finalmente, a demonstração do limite do quociente mostra-se de forma análoga substituindo g por $\frac{1}{g}$.

1.5 Teorema do Sanduíche

Muitas vezes é mais simples calcular o limite de uma função f, estimando f por funções mais simples. Considere o seguinte exemplo

Exemplo 1.5.1 *Calcular o limite*

$$\lim_{x \to 0} x \cos(\frac{1}{x}).$$

Solução. Estimemos o cosseno.

$$-1 \leq \cos(\frac{1}{x}) \leq 1 \quad \Rightarrow \quad -x \leq x \cos(\frac{1}{x}) \leq x$$

Para $x > 0$. Tomando limite em cada membro da desigualdade acima encontramos

$$0 \leq \lim_{x \to 0} x \cos(\frac{1}{x}) \leq 0.$$

Portanto, a única possibilidade que encontramos é que

$$\lim_{x \to 0} x \cos(\frac{1}{x}) = 0.$$

16 Cálculo Light

Este procedimento pode ser generalizado para qualquer função. Isto é o que estabelece o seguinte Teorema, chamado de Teorema do Sanduíche ou Teorema do Confronto.

Teorema 1.5.1 (Teorema do Confronto) *Sejam f, g e h funções definidas sobre os números reais satisfazendo a desigualdade*

$$f(x) \leq g(x) \leq h(x), \quad \forall x \in]a - \epsilon, a + \epsilon[.$$

Para $\epsilon > 0$. Suponhamos que

$$\lim_{x \to a} f(x) = \lim_{x \to a} h(x) = L.$$

Então teremos que

$$\lim_{x \to a} g(x) = L.$$

Demonstração.

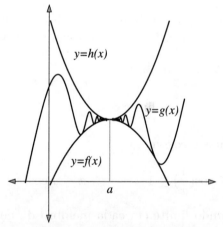

Na figura ao lado observamos que para todo valor $x \in [a, b]$ temos que

$$f(x) \leq g(x) \leq h(x)$$

Como

$$\lim_{x \to x_0} f(x) = \lim_{x \to x_0} g(x).$$

encontramos que

$$\lim_{x \to x_0} h(x) = \lim_{x \to x_0} f(x) = \lim_{x \to x_0} g(x).$$

Exemplo 1.5.2 *Calcular o limite*

$$\lim_{x \to 0} x \operatorname{sen}(\frac{1}{x^2 - x})$$

Solução. Apliquemos o teorema do confronto. Note que

$$-1 \leq \operatorname{sen}(\frac{1}{x^2 - x}) \leq 1 \quad \Rightarrow \quad -x \leq x \operatorname{sen}(\frac{1}{x^2 - x}) \leq x.$$

Para $x > 0$. Tomado limite quando $x \to 0$ encontramos que

$$0 \leq \lim_{x \to 0} x \operatorname{sen}(\frac{1}{x^2 - x}) \leq 0.$$

De onde concluímos que

$$\lim_{x \to 0} x \operatorname{sen}(\frac{1}{x^2 - x}) = 0.$$

Exercícios

1. Calcular os seguintes limites

    (a) $\lim_{x \to 0} e^{x \cos(\frac{1}{x^3})}$. **Resp:** 1
    (b) $\lim_{x \to 0} \ln(\sqrt{x + x^2} \operatorname{sen}(\frac{1}{\sqrt{x + 3x^3}}) + 3)$. **Resp:** $\ln(3)$
    (c) $\lim_{x \to 1} \cos((x - 1)\sqrt{x} \operatorname{sen}(\frac{1}{x^3 - 1}))$. **Resp:** 1
    (d) $\lim_{x \to -1} \tan((x^3 - 1) \cos(\frac{1}{x^5 + 1}))$. **Resp:** 0

2. Usando a definição, mostre os seguintes limites

    (a) $\lim_{x \to 1}(x - 1)/(x^2 - 1)$.
    (b) $\lim_{x \to 1} x^3 = 1$
    (c) $\lim_{x \to 1} x^2 + x - 1 = 1$
    (d) $\lim_{x \to -1} x^3 - x = 0$

3. Mostre que se $\lim_{x\to a} f(x) = L > 0$, então existe um intervalo I de a, que verifica $f(x) > 0$, $\forall x \in I$.

4. Sejam $\lim_{x\to a} f(x) = L_1$, $\lim_{x\to a} g(x) = L_1$, se $L_1 < L_2$ então existe um intervalo I de a, tal que $f(x) < g(x)$, $\forall x \in I$.

5. Usando as propriedades do limites mostre que se $\lim_{x\to a} f(x) = L_1$, então $\lim_{x\to a} [f(x)]^n = L_1^n$.

6. Seja f uma função positiva, tal que $\lim_{x\to a} f(x) = L$. Usando as propriedades do limite, mostre que
$$\lim_{x\to a} \sqrt{f(x)} = \sqrt{L}.$$

7. Mostre que se $f(x) > a$ para todo $x \in]\alpha, \beta[$, mostre que
$$\lim_{x\to \alpha} f(x) \geq a.$$

8. Dê um exemplo de uma função f satisfazendo $f(x) > a$ para todo $x \in]\alpha, \beta[$, tal que $\lim_{x\to \alpha} f(x) = a$.

9. Encontre o maior valor de δ que verifica a definição de limite para demonstrar que
$$\lim_{x\to 1} 3x - 1 = 2$$
quando $\epsilon = 1$. **Resp**: $\delta = 1/3$.

10. Encontre o maior valor de δ que verifica a definição de limite para demonstrar que
$$\lim_{x\to 0} x^2 = 0$$
quando $\epsilon = 2$. **Resp**: $\delta = \sqrt{2}$.

11. Calcule os seguintes limites

(a) $\lim_{x\to 1} 2x - 1$. **Resp**: 1

(b) $\lim_{x\to 0} 3x^3 - 2x + 1$. **Resp**: 1

(c) $\lim_{x\to -1} x^3 + 1$. **Resp**: 0

(d) $\lim_{x\to 4} x^4 - 4x^3 + 2x - 4$. **Resp**: 4

(e) $\lim_{x\to 0} x^2 - 4x + 1$. **Resp**: 1

(f) $\lim_{x\to 0} x^3 - 3x + 2$. **Resp**: 2

(g) $\lim_{x\to 1} |x-2|^3 + |x|$. **R** 2

(h) $\lim_{x\to 1} x|x|^3 + |x-5|x$. **R** 5

12. Dado que x satisfaz $|x - 4| < 3$, estime as seguintes expressões
    (a) $f(x) = x + 2/(2x + 1)$. **Resp:** $f(x) \in]1/5, 6[$
    (b) $f(x) = x^2/(x^2 + x + 1)$. **Resp:** $f(x) \in]1/57, 49/3[$
    (c) $f(x) = x^3 - 1/(x^2 + 2x + 1)$. **Resp:** $f(x) \in]0, 171/2[$

13. Calcular os seguintes limites
    (a) $\lim_{x \to 0} x \cos(\frac{1}{x^3})$. **Resp:** 0
    (b) $\lim_{x \to 0} \sqrt{x} \operatorname{sen}(\frac{1}{\sqrt{x}})$. **Resp:** 0
    (c) $\lim_{x \to 1} (x - 1)\sqrt{x} \operatorname{sen}(\frac{1}{x^3 - 1})$. **Resp:** 0
    (d) $\lim_{x \to -1} (x^2 - 1) \cos(\frac{1}{x^3 + 1})$. **Resp:** 0

1.6 Limites de expressões trigonométricas

Calcularemos nesta seção limites de expressões trigonométricas com indeterminação da forma $0/0$. Nosso ponto de partida será o limite

$$\lim_{x \to 0} \frac{sen(x)}{x} = 1$$

Exemplo 1.6.1 *Calcular o limite*

$$\lim_{x \to 0} \frac{\operatorname{sen} x}{x} \qquad (1.3)$$

Solução. Lembremos que o círculo trigonométrico tem raio unitário e o ângulo é medido em radianos. Isto é o ângulo x é dado pelo comprimento de arco.

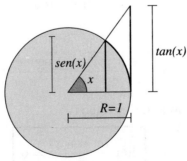

20 Cálculo Light

Para ângulos x menores que $\pi/2$ é válido que o valor do *seno(x)* é menor que o arco de circunferência que define o ângulo x que por sua vez é inferior a tangente de x. Isto é

$$\operatorname{sen}(x) \leq x \leq \tan(x).$$

Considerando o ângulo x positivo, encontramos que a expressão acima implica que

$$1 \leq \frac{x}{\operatorname{sen}(x)} \leq \cos(x).$$

Tomando limite quando $x \to 0$ encontramos que

$$1 \leq \lim_{x \to 0} \frac{x}{\operatorname{sen}(x)} \leq \lim_{x \to 0} \cos(x).$$

Portanto,

$$1 \leq \lim_{x \to 0} \frac{x}{\operatorname{sen}(x)} \leq 1$$

De onde segue a demonstração.

Exemplo 1.6.2 *Calcular o limite*

$$\lim_{x \to 0} \frac{1 - \cos(x)}{x}$$

Solução. Temos uma forma indeterminada, com a função cosseno. Para aplicar o exercício anterior é necessário aplicar as relações que conhecemos entre senos e cossenos. Para isto note que

$$\frac{1 - \cos(x)}{x} = \frac{1 - \cos(x)}{x} \frac{1 + \cos(x)}{1 + \cos(x)} = \frac{1 - \cos^2(x)}{x(1 + \cos(x))}.$$

Portanto

$$\frac{1 - \cos(x)}{x} = \frac{\operatorname{sen}^2(x)}{x(1 + \cos(x))} = \frac{\operatorname{sen}(x)}{x}\left(\frac{\operatorname{sen}(x)}{1 + \cos(x)}\right).$$

Usado o exercício anterior temos

$$\boxed{\lim_{x \to 0} \frac{1 - \cos(x)}{x} = 0}$$

Exemplo 1.6.3 *Calcular o limite*
$$\lim_{x\to 0}\frac{\tan(x^2)}{x}$$

Solução. Aplicando as identidade trigonométricas, encontramos que
$$\frac{\tan(x^2)}{x}=\frac{\operatorname{sen}(x^2)}{x\cos(x^2)}=x\frac{\operatorname{sen}(x^2)}{x^2}\left(\frac{1}{\cos(x^2)}\right)$$

Tomando limite quando $x \to 0$ encontramos que
$$\lim_{x\to 0}\frac{\tan(x^2)}{x}=\lim_{x\to 0}x\frac{\operatorname{sen}(x^2)}{x^2}\left(\frac{1}{\cos(x^2)}\right)=0$$

Exemplo 1.6.4 *Calcular o Limite*
$$\lim_{x\to 0}x\operatorname{sen}(\frac{1}{x}).$$

Solução. Como $\operatorname{sen}(x)$ é limitada temos
$$-1\leq\operatorname{sen}(\frac{1}{x})\leq 1\quad\Rightarrow\quad -x\leq x\operatorname{sen}(\frac{1}{x})\leq x,$$

para valores positivos. (Uma relação semelhante obtemos para valores negativos de x). Tomando limites encontramos
$$0\leq\lim_{x\to 0}x\operatorname{sen}(\frac{1}{x})\leq 0.$$

De onde segue que
$$\lim_{x\to 0}x\operatorname{sen}(\frac{1}{x})=0.$$

Exemplo 1.6.5 *Calcular o Limite*
$$\lim_{x\to 0}x\cos(\frac{x+2}{x^2+x}).$$

Solução. Para calcular este limite utilizamos o fato que a função $\cos(x)$ é limitada. Isto é
$$-1\leq\cos(\frac{x+2}{x^2+x})\leq 1\quad\Rightarrow\quad -x\leq x\cos(\frac{x+2}{x^2+x})\leq x,$$

22 Cálculo Light

para valores positivos. (Uma relação semelhante obtemos para valores negativos de x). Tomando limites encontramos

$$\lim_{x \to 0} -x \le \lim_{x \to 0} x \cos(\frac{x+2}{x^2+x}) \le \lim_{x \to 0} x \quad \Rightarrow \quad 0 \le \lim_{x \to 0} x \cos(\frac{x+2}{x^2+x}) \le 0.$$

De onde segue que
$$\lim_{x \to 0} x \cos(\frac{x+2}{x^2+x}) = 0.$$

Exemplo 1.6.6 *Calcular o Limite*
$$\lim_{x \to 0} \frac{1-\cos(2x^2+2x)}{x^2+3x}.$$

Solução. A ideia para calcular o limite anterior é utilizar o limite
$$\lim_{x \to 0} \frac{1-\cos(t)}{t} = 0.$$

Para obter uma relação equivalente a expressão acima multiplicamos numerador e denominador pelo argumento do cosseno. Isto é

$$\frac{1-\cos(2x^2+2x)}{x^2+3x} = \frac{1-\cos(2x^2+2x)}{2x^2+2x} \left(\frac{2x^2+2x}{x^2+3x} \right).$$

Note que

$$\lim_{x \to 0} \frac{1-\cos(2x^2+2x)}{2x^2+2x} = 0, \qquad \lim_{x \to 0} \frac{2x^2+2x}{x^2+3x} = \lim_{x \to 0} \frac{2x+2}{x+3} = \frac{2}{3}.$$

De onde concluímos que

$$\lim_{x \to 0} \frac{1-\cos(2x^2+2x)}{x^2+3x} = \lim_{x \to 0} \frac{1-\cos(2x^2+2x)}{2x^2+2x} \lim_{x \to 0} \frac{2x^2+2x}{x^2+3x} = 0.$$

Exercícios

1. Calcular os seguintes limites

   $a)\ \lim_{x \to 1} \frac{x^2-1}{x^3-1}, \qquad b)\ \lim_{x \to a} \frac{x^2-a^2}{x^3-a^3}, \qquad c)\ \lim_{x \to 0} \frac{\text{sen}(3x^4)}{x^3}$

   Resp: a) 2/3, b) 2/3a, c) 0.

Capítulo I. Limites   23

2. Encontrar o valor dos seguintes limites

   a) $\lim\limits_{x \to 0} \dfrac{e^{3x} - 1}{5x}$,   b) $\lim\limits_{x \to 0} \dfrac{e^{3x^2} - 1}{5x}$,   c) $\lim\limits_{x \to 0} \dfrac{5x}{\ln(x)}$

   Resp: a) 3/5, b) 0, c) 0.

3. Calcular os limites

   a) $\lim\limits_{x \to 0} \dfrac{\text{sen}(5x)}{1 - \cos(3x)}$,   b) $\lim\limits_{x \to 0} \dfrac{\tan(5x)}{\text{sen}(3x)}$,   c) $\lim\limits_{x \to 0} \dfrac{5x}{\tan(2x)}$

   Resp: a) $+\infty$, b) 5/3, c) 5/2.

4. Usando o Teorema do confronto, calcular os seguintes limites

   a) $\lim\limits_{x \to 0} \dfrac{x \,\text{sen}(\frac{5}{x})}{x + 1}$,   b) $\lim\limits_{x \to 0} \dfrac{3x^2 \tan(\frac{7}{x})}{2x + 1}$,   c) $\lim\limits_{x \to 0} \dfrac{5x}{\ln(2x)}$.

   Resp: a) 0, b) 0, c) 0.

5. Calcule os seguintes limites

   a) $\lim\limits_{x \to \frac{\pi}{2}} \dfrac{\text{sen}(x) - 1}{x - \frac{\pi}{2}}$,   b) $\lim\limits_{x \to \frac{\pi}{3}} \dfrac{\text{sen}(x + \frac{\pi}{6}) - 1}{x - \frac{\pi}{3}}$,   c) $\lim\limits_{x \to \frac{\pi}{3}} \dfrac{\cos(x + \frac{\pi}{6})}{x - \frac{\pi}{3}}$

   Resp: a) 0, b) 0, c) 1.

6. Calcule os seguintes limites

   (a) $\lim\limits_{x \to 1} \dfrac{x^4 - 1}{x^3 - 1}$.

   Resp: 2/3

   (b) $\lim\limits_{x \to 1} \dfrac{x^4 + 3x^2 - 3x - 1}{x^3 - 2x^2 + 2x - 1}$.

   Resp: 7

   (c) $\lim\limits_{x \to 1} \dfrac{x^5 - 1}{x^2 - 1}$.

   Resp: 2

   (d) $\lim\limits_{x \to 1} \dfrac{x^6 - 1}{x - 1}$.

   Resp: 5

   (e) $\lim\limits_{x \to 1} \dfrac{x^4 - 5x^2 + 5x - 1}{x - 1}$.

   Resp: -1

   (f) $\lim\limits_{x \to 1} \dfrac{x^4 - 2x^2 + 2x - 1}{x^4 - 1}$.

   Resp: 1/2

   (g) $\lim\limits_{x \to 1} \dfrac{x^3 - 4x^2 + 4x - 1}{x^3 - 1}$.

   Resp: 1

   (h) $\lim\limits_{x \to 1} \dfrac{x^3 - 1}{x^5 - 1}$.

   Resp: 3/5

7. Calcule os seguintes limites

(a) $\lim_{x \to 1} \dfrac{\text{sen}(x^2 - 1)}{x - 1}$. Resp: 2

(b) $\lim_{x \to 1} \dfrac{\text{sen}(x^3 - 1)}{x - 1}$. Resp: 3

(c) $\lim_{x \to 1} \dfrac{\text{sen}(x^4 - 1)}{x - 1}$. Resp: 4

(d) $\lim_{x \to 1} \dfrac{1 - \cos(x^4 - 1)}{x - 1}$. Resp: 0

(e) $\lim_{x \to 1} \dfrac{1 - \cos(x^2 - 1)}{x^3 - 1}$. Resp: 0

(f) $\lim_{x \to 1} \dfrac{1 - \cos(x^5 - 1)}{x - 1}$. Resp: 0

(g) $\lim_{x \to 1} \dfrac{1 - \cos(x^3 - 1)}{x - 1}$. Resp: 0

(h) $\lim_{x \to 1} \dfrac{\text{sen}(x^2 - 1)}{x - 1}$. Resp: 2

8. Calcule os seguintes limites

(a) $\lim_{x \to 0} \dfrac{1 - \cos(x)}{x^2}$. Resp: 1/2

(b) $\lim_{x \to 0} \dfrac{1 - \cos^2(x)}{x^2}$. Resp: 1

(c) $\lim_{x \to 0} \dfrac{\tan(x) + 2x}{x + x^2}$. Resp: 3

(d) $\lim_{x \to 0} \dfrac{1 - \cos(x)}{1 - \cos(2x)}$. Resp: 1/4

(e) $\lim_{x \to 0} \dfrac{\text{sen}(ax)}{\text{sen}(bx)}$. Resp: $\dfrac{a}{b}$

(f) $\lim_{x \to 0} \dfrac{1 - \cos(ax)}{1 - \cos(bx)}$. Resp: $\dfrac{a^2}{b^2}$

(g) $\lim_{x \to 0} \dfrac{1 - \cos(2x^3)}{1 - \cos(x^3)}$. Resp: 4

(h) $\lim_{x \to 0} \dfrac{\text{sen}(ax^2)}{\text{sen}(bx^2)}$. Resp: $\dfrac{a}{b}$

9. Verifique se existem os seguintes limites

(a) $\lim_{x \to 0} \dfrac{x \, \text{sen}(1/x)}{x + 1}$.

(b) $\lim_{x \to 0} \dfrac{x^2 \, \text{sen}(1/x^3)}{x + 1}$.

(c) $\lim_{x \to 0} \dfrac{x \, \text{sen}(1/x) \, \text{sen}(1/x^2)}{x + 1}$.

(d) $\lim_{x \to 0} \dfrac{x \cos(1/x)}{x^2 + 1}$.

(e) $\lim_{x \to 0} \dfrac{x^2 \tan(1/x)}{x + 1}$.

(f) $\lim_{x \to 0} \dfrac{x^4 \, \text{sen}(1/x^3)}{1 - \cos(x)}$.

(g) $\lim_{x \to 0} \dfrac{x \cos(1/x) \, \text{sen}(1/x^2)}{x^2 + 1}$.

(h) $\lim_{x \to 0} \dfrac{x \, \text{sen}(1/x)}{\cos(1/x)}$.

10. Mostre que

$$\lim_{x \to a} \dfrac{x^n - a^n}{x - a} = na^{n-1}, \qquad \lim_{x \to a} \dfrac{\sqrt[n]{x} - \sqrt[n]{a}}{x - a} = \dfrac{1}{n \sqrt[n]{a^{n-1}}}.$$

11. Mostre que para $d \neq 0$ se verifica:
$$\lim_{x \to 0} \frac{\operatorname{sen}(ax^2 + bx)}{cx^2 + dx} = \frac{b}{d}, \qquad \lim_{x \to 0} \frac{1 - \cos(ax^2 + bx)}{cx^2 + dx} = 0.$$

12. Seja f uma função limitada e $\lim_{x \to a} g(x) = 0$. Mostre que
$$\lim_{x \to a} f(x)g(x) = 0$$

13. Mostre os seguintes resultados

    (a) $f(x) = \dfrac{x}{x+1}, \quad \lim_{x \to 0} f(x) = f(0).$
    (b) $f(x) = x^3 - x^2 + 1, \quad \lim_{x \to 0} f(x) = f(0).$
    (c) $f(x) = x^2 - 3x + 2, \quad \lim_{x \to 0} f(x) = f(0).$
    (d) $f(x) = \dfrac{x-1}{x^2-1}, \quad \lim_{x \to 0} \neq f(0).$
    (e) $f(x) = x^2 - \ln(x), \quad \lim_{x \to 1} f(x) = f(1).$
    (f) $f(x) = xe^x, \quad \lim_{x \to 0} f(x) = f(0).$
    (g) $f(x) = x^3 \ln(x), \quad \lim_{x \to 0} f(x) \neq f(0).$
    (h) $f(x) = x^2 2^x, \quad \lim_{x \to 0} f(x) = f(0).$

14. Mostre que se $\lim_{x \to 0} f(x) = 1$ então existe um intervalo de $x = 0$ onde a função será maoir que $1/2$.

15. Mostre que existe um intervalo contendo $x = 0$ tal que $|xe^x| < \frac{1}{2}$.

16. Encontre o maior intervalo contendo $x = 0$ que verifica $\operatorname{sen}(x) \leq x$.

17. Encontre o maior intervalo contendo $x = 1$ onde $|f(x) - 2| < 1/4$, para $f(x) = (x^2 - 1)/(x - 1)$.

18. Encontre a maoir constante M que verifica:
$$|x^3 + x^2 + 1| \leq M, \quad \forall x \in]0, 1[$$

19. Calcule o limite $\lim_{h\to 0}(f(x+h) - f(x))/h$ nos seguintes casos.

(a) $f(x) = 2x - 1$, $x = 1$.

(b) $f(x) = mx + b$, $x = a$.

(c) $f(x) = x^2$, $x = 1$.

(d) $f(x) = x^3$, $x = 0$.

(e) $f(x) = 2x^2 - x$, $x = 0$.

(f) $f(x) = x^2 - 1$, $x = 1$.

(g) $f(x) = 2$, $x = 0$.

(h) $f(x) = a \in \mathbb{R}$, $x = 0$.

20. Calcule o limite
$$\lim_{x \to 0} x^2 \cos(\ln(x^2) + \frac{1}{x})$$

21. Seja p_n o perímetro de um polígono regular de n lados inscrito numa circunferência de raio R. Calcule $\lim_{n\to\infty} p_n$. **Resp:** $2\pi R$

22. Denotemos por P_n e p_n os perímetros de polígonos regulares de n lados circunscrito e inscrito, respectivamente, numa circunferência de raio R. Mostre que
$$\lim_{n\to\infty} P_n - p_n = 0.$$

23. Calcular o valor limite das áreas dos retângulos de lados $n^2 + n + 1$ e e^{-n}, quando n se aproxima de infinito.

24. Se $\lim_{x\to 0} f(x) = 0$ e $|g(x)| \leq C$ para todo x no intervalo $]-1, 1[$. Calcular o valor do limite
$$\lim_{x\to 0} f(x)$$

1.7 Limites de expressões logarítmicas e exponenciais

O número de Neper

Um dos números mais importantes no Cálculo e no Análise Matemático é o chamado número de Neper, este número é denotado com a letra e, seu valor aproximado é

$$e = 2.718281828...$$

O número de Neper, é um número irracional, isto é não pode ser escrito como o quociente de dois números inteiros. Este número é chamado de transcendente porque não pode ser raiz de nenhum polinômio com coeficientes reacionais. A demonstração disto é feito usando teoria de corpos.

O número de Neper é importante porque aparece no cálculo na derivada da função exponencial (veremos isto em detalhe posteriormente). Seu valor é calculado a partir da expressão

$$\lim_{x \to 0}(1+x)^{\frac{1}{x}} = e$$

O logaritmo com base o número e é chamado de logaritmo natural e é denotado como

$$\ln(x) = \log_e(x)$$

Isto é, se denotamos por

$$N = \ln(x) \quad \Rightarrow \quad x = e^N$$

Vejamos alguns exemplos

Exemplo 1.7.1 *Calcular o limite*

$$\lim_{x \to 0}(1+5x)^{1/x}$$

Solução. Fazendo $h = 5x$ encontramos que $x \to 0$ se e somente se $h \to 0$. Portanto, podemos escrever

$$\lim_{x \to 0}(1+5x)^{1/x} = \lim_{x \to 0}(1+h)^{5/h} = \lim_{h \to 0}[(1+h)^{1/h}]^5.$$

Tomando limites e usando que $\lim(1+x)^{1/x} = e$ encontramos

$$\lim_{x\to 0}(1+5x)^{1/x} = \lim_{h\to 0}[(1+h)^{1/h}]^5 = e^5.$$

Exemplo 1.7.2 *Calcular o limite*

$$\lim_{x\to 0}\frac{e^x - 1}{x}$$

Solução. Fazemos $y = e^x - 1$, então $x = \ln(y+1)$. Portanto, é válido

$$x \to 0 \quad \Leftrightarrow \quad y \to 0.$$

Podemos escrever

$$\lim_{x\to 0}\frac{e^x - 1}{x} = \lim_{y\to 0}\frac{y}{\ln(1+y)} = \lim_{y\to 0}\frac{1}{\frac{1}{y}\ln(1+y)} = \lim_{y\to 0}\frac{1}{\ln(1+y)^{1/y}}.$$

Da definição do número de Neper

$$\lim_{y\to 0}(1+y)^{1/y} = e.$$

De onde segue que

$$\lim_{x\to 0}\frac{e^x - 1}{x} = \lim_{y\to 0}\frac{1}{\ln(1+y)^{1/y}} = \frac{1}{\ln(e)} = 1.$$

Exemplo 1.7.3 *Calcular o limite*

$$\lim_{x\to\infty}\frac{\ln(x)}{x},$$

Solução. Note que

$$\ln(\alpha) \leq \alpha, \quad \forall \alpha > 1$$

Tomando $\alpha = x^p$ para $x > 1$ na desigualdade acima

$$\ln(x^p) \leq x^p, \quad \Rightarrow \quad \ln(x) \leq \frac{x^p}{p}.$$

Tomando $p = 1/2$ e $x > 1$ encontramos que

$$0 < \frac{\ln(x)}{x} \leq \frac{x^{-1/2}}{2} = \frac{1}{2\sqrt{x}}$$

Tomando limite quando $x \to \infty$ encontramos que

$$0 \leq \lim_{x\to\infty} \frac{\ln(x)}{x} \leq \lim_{x\to\infty} \frac{1}{p\sqrt{x}} = 0$$

De onde segue que

$$\boxed{\lim_{x\to\infty} \frac{\ln(x)}{x} = 0}$$

Exemplo 1.7.4 *Calcular o limite*

$$\lim_{x\to\infty} \sqrt[x]{x}$$

Solução. Das propriedades do logaritmo

$$\sqrt[x]{x} = e^{\ln(\sqrt[x]{x})} = e^{\ln(x)/x}$$

Tomando limite e usando que $\lim_{x\to\infty} \ln(x)/x = 0$ temos

$$\lim_{x\to\infty} \sqrt[x]{x} = 1.$$

Exemplo 1.7.5 *Calcular o limite*

$$\lim_{x\to 0} (1 + \operatorname{sen}(x))^{\cot(x)}$$

Solução. Fazemos $y = \operatorname{sen}(x)$, assim temos que

$$y \to 0 \quad \text{quando} \quad x \to 0$$

Portanto, podemos escrever

$$\lim_{x\to 0}(1 + \operatorname{sen}(x))^{\cot(x)} = \lim_{x\to 0}(1+y)^{\cos(x)/y} = \lim_{y\to 0}\left[(1+y)^{\frac{1}{y}}\right]^{\lim_{x\to 0}\cos(x)}.$$

Como

$$\lim_{y\to 0}(1+y)^{1/y} = e \quad \Rightarrow \quad \lim_{x\to 0}(1+\operatorname{sen}(x))^{\cot(x)} = e.$$

Exemplo 1.7.6 *Calcular o limite*
$$\lim_{x\to 0}(1+\tan(x))^{1/x}.$$

Solução. Como
$$\lim_{x\to 0}(1+y)^{1/y}=e.$$
Esta identidade nos motiva a escrever
$$(1+\tan(x))^{1/x}=[(1+\tan(x))^{1/\tan(x)}]^{\tan(x)/x}.$$
Como
$$\lim_{x\to 0}\frac{\tan(x)}{x}=1 \quad\text{e}\quad \lim_{x\to 0}(1+\tan(x))^{1/\tan(x)}=e.$$
Concluímos que
$$\lim_{x\to 0}(1+\tan(x))^{1/x}=e.$$

1.8 Limites laterais

Um outro conceito importante no cálculo é o limite lateral. Este limite é o valor que converge uma função quando o ponto x se aproxima ao valor x_0 por valores maiores que x_0 (pela direita) ou por valores menores que x_0 (pela esquerda). Considere os gráficos

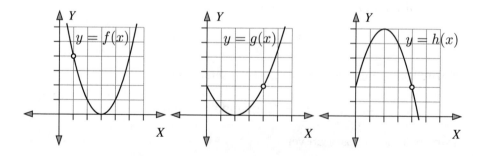

Nos gráficos acima o círculo em branco significa que a função não está definida nesse ponto. Isto é $f(1)$, $g(4)$ e $h(4)$ não estão definidos. Mas mesmo assim podemos observar que o limite existe em cada um dos casos. Por exemplo, $f(x)$ se aproxima de 4 quando x se aproxima de 1. A função g se aproxima de 2 quando x se aproxima de 4. Finalmente, a função h se aproxima de 2 quando x se aproxima de 4.

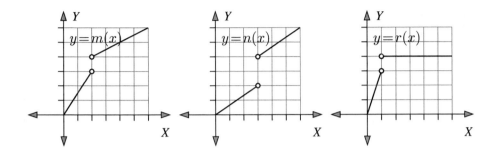

Nestes gráficos as funções m, n e r não estão definidas nos pontos $x = 2$, $x = 3$ e $x = 1$, respectivamente. Quando x se aproxima de 2, a função m se aproxima tanto para $y = 3$ como para $y = 4$. Isto é a função m oscilla de $y = 3$ para $y = 4$ quando x está próximo de 2. Neste caso o limite não existe. Mas podemos afirmar que quando x se aproxima de 2 pela esquerda, então m se aproxima de $y = 3$. Quando x se aproxima de 2 pela direita, então m se aproxima de $y = 4$. Estes valores são conhecidos como os limites laterais de f e se denotam da seguinte forma

$$\lim_{x \to 2^-} m(x) = 3, \qquad \lim_{x \to 2^+} m(x) = 4$$

Onde $x \to 2^-$ significa que x se aproxima de 2 pela esquerda, isto é por valores menores do que 2. Analogamente, $x \to 2^+$ significa que x se aproxima de 2 pela direita, isto é por valores maiores que 2.

Definição 1.8.1 *Diz-se que L_1 é o limite pela esquerda de f quando x se aproxima de a se $\forall \epsilon > 0$ existe $\delta > 0$ tal que*

$$0 < a - x < \delta \quad \Rightarrow \quad |f(x) - L_1| < \epsilon.$$

Este limite é denotado como

$$\lim_{x \to a^-} f(x) = L_1$$

Definição 1.8.2 *Diz-se que L_2 é o limite pela direita de f quando x se aproxima de a se $\forall \epsilon > 0$ existe $\delta > 0$ tal que*

$$0 < x - a < \delta \quad \Rightarrow \quad |f(x) - L_2| < \epsilon.$$

Este limite é denotado como

$$\lim_{x \to a^+} f(x) = L_2$$

Exemplo 1.8.1 *Encontre os limites laterais da função $f(x) = \frac{|x|}{x}$ quando $x \to 0$.*

Solução.

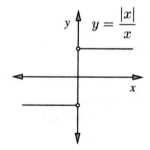

Consideremos os limite pela direita.

$$\lim_{x \to 0^+} \frac{|x|}{x} = \lim_{x \to 0^+} \frac{x}{x} = 1.$$

Pois neste caso x se aproxima de zero apenas por valores positivos. O limite pela esquerda está dado por

$$\lim_{x \to 0^-} \frac{|x|}{x} = \lim_{x \to 0^+} \frac{-x}{x} = -1.$$

Observação 1.8.1 *Quando os limites laterais são diferentes o limite da função não existe.*

Capítulo I. Limites 33

Teorema 1.8.1 *Diremos que uma função $f : [a,b] \to \mathbb{R}$ possui limite no ponto c se e somente se seus limites laterias são iguais. isto é*
$$\lim_{x \to c^-} f(x) = \lim_{x \to c^+} f(x)$$

Exemplo 1.8.2 *Considere a função*
$$f(x) = \begin{cases} 2x - 1 & se \quad x < 0 \\ x + 1 & se \quad x \geq 0 \end{cases}$$

Verifique se existe o limite de f quando $x \to 0$. Que pode afirmar sobre os limites laterais.

Solução. Calculemos os limites laterais de f
$$\lim_{x \to 0^+} f(x) = \lim_{x \to 0^+} x + 1 = 1.$$

Por outro lado
$$\lim_{x \to 0^-} f(x) = \lim_{x \to 0^-} 2x - 1 = -1.$$

Os limites laterais não são iguais, portanto não existe limite de f no ponto $x = 0$.

Exemplo 1.8.3 *Calcular os valores de a e b de tal forma que exista o limite da função f no ponto $x = 0$*
$$f(x) = \begin{cases} 3x + a & se \quad x \geq 0 \\ 7x - b & se \quad x < 0. \end{cases}$$

Solução. Analisando os limites laterais de f temos
$$\lim_{x \to 0^+} f(x) = \lim_{x \to 0^+} 3x + a = a.$$

Por outro lado,
$$\lim_{x \to 0^-} f(x) = \lim_{x \to 0^-} 7x - a = -b.$$

34 Cálculo Light

Para que o limite exista, devemos ter que

$$\lim_{x \to 0^+} f(x) = \lim_{x \to 0^-} f(x).$$

Portanto, os valores de a e b devem ser tais que

$$a = -b.$$

Exercícios

1. Calcular os seguintes limites

   a) $\lim_{x \to 2} \sqrt{|x-2| - x + 2}$,   b) $\lim_{x \to 2^+} \dfrac{x^3 - 8}{|x-2|}$,

   c) $\lim_{x \to 2} \dfrac{1 - \cos(\frac{1}{2}x - 1)}{x - 2}$.

   Resp: a) 0, b) 7, c) 0.

2. Calcular os seguintes limites

   a) $\lim_{x \to 2^-} \dfrac{x^2 - 4}{|x-2|}$,   b) $\lim_{x \to 2^-} \dfrac{x^3 - 8}{|x-2|}$,   c) $\lim_{x \to 2^+} \dfrac{x^2 - 4}{|x-2|}$.

   Resp: a) -4, b) -7, c) 4.

3. Verifique se existe o limite nos seguintes casos

   a) $\lim_{x \to 2} \dfrac{\operatorname{sen}(x-2)}{|x-2|}$,   b) $\lim_{x \to 2} \dfrac{\sqrt{x^2 - 4}}{|x-2|}$,   c) $\lim_{x \to 2} \dfrac{x^4 - 16}{|x-2|}$.

   Resp: a) Não existe, b) Só existe limite pela direita, c) Não existe.

4. Encontre os valores de a de tal forma que existam os limites das seguintes funções

   (a) $f(x) = \begin{cases} 3x - a & \text{se } x < 1 \\ x - 2a & \text{se } x > 1 \end{cases}$, $\lim_{x \to 1} f(x)$

   (b) $f(x) = \begin{cases} 3x^2 - ax + 1 & \text{se } x < 1 \\ 5x - 2a & \text{se } x > 1 \end{cases}$, $\lim_{x \to 1} f(x)$

(c) $f(x) = \begin{cases} x^2 - 4ax^2 - 5x & \text{se } x < 1 \\ x^3 - 5a & \text{se } x > 1 \end{cases}$, $\lim_{x \to 1} f(x)$

(d) $f(x) = \begin{cases} 3x^2 - 3a & \text{se } x < 1 \\ 4x - 2a & \text{se } x > 1 \end{cases}$, $\lim_{x \to 1} f(x)$

(e) $f(x) = \begin{cases} 7x^2 - ax^2 - 1 & \text{se } x < 1 \\ x^2 - 3a + 1 & \text{se } x > 1 \end{cases}$, $\lim_{x \to 1} f(x)$

(f) $f(x) = \begin{cases} x^2 - a\cos(\pi x) - 1 & \text{se } x < 1 \\ x^2 - ax + 2 & \text{se } x > 1 \end{cases}$, $\lim_{x \to 1} f(x)$

(g) $f(x) = \begin{cases} x^2 - 2ax^2 + 1 & \text{se } x < 1 \\ 3x^2 - 3a + 1 & \text{se } x > 1 \end{cases}$, $\lim_{x \to 1} f(x)$

5. Verifique se existem os seguintes limites

(a) $\lim_{x \to 2} \frac{|x-2|}{x-2}$. **Resp:** $\nexists$

(b) $\lim_{x \to 2} \frac{3x-6+|x-2|}{x-2}$. **Resp:** $\nexists$

(c) $\lim_{x \to 2} \frac{x^2-4+|x-2|}{x^3-8}$. **Resp:** $\nexists$

(d) $\lim_{x \to 2} \frac{2x-4+|x-2|}{3x-6}$. **Resp:** $\nexists$

(e) $\lim_{x \to 2} \frac{5x-10+|x-2|}{x-2}$. **Resp:** $\nexists$

(f) $\lim_{x \to 3} \frac{5x-15+|x-2|^3}{x^2-9}$. **Resp:** $\exists$

(g) $\lim_{x \to 1} \frac{3x-3+|x-1|^5}{x^2-1}$. **Resp:** $\exists$

(h) $\lim_{x \to 1} \frac{2x-2+4|x-1|^2}{x^3-1}$. **Resp:** $\exists$

1.9 Limites ao infinito: Definição

Para desenhar o gráfico de uma função o que fazemos é calcular a função em diversos pontos e desenhar estes pontos no sistema de eixos coordenados. A curva que une estes pontos nos dá uma ideia do comportamento da função. Este método nos dá informação do comportamento da função apenas em certos intervalos, nada ou pouco diz sobre o comportamento global da função.

O conceito de limite ao infinito, nos dá uma ideia do comportamento global da função, pois nos diz a que valor a função se aproxima para valores grandes de x. Considere por exemplo, a função $f(x) = 1/x$. Sabemos que

$$\lim_{x \to \infty} \frac{1}{x} = 0.$$

O limite acima nos diz que a função se aproxima de zero para valores grandes de x. Isto é uma informação importante para ter uma ideia global da função $f(x) = 1/x$. Se a isto acrescentamos que o limite da função quando x se aproxima de zero,

$$\lim_{x \to 0^+} \frac{1}{x} = \infty.$$

Isto é, a função cresce indeterminadamente quando x se aproxima de zero. Estes dois limites dão uma ideia de como é o gráfico da função $f(x) = 1/x$ no primeiro quadrante.

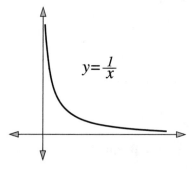

É importante ressaltar que o gráfico acima foi obtido basicamente analisando os limites da função. Antes de definir *limites ao infinito* consideremos o seguinte exemplo.

Exemplo 1.9.1 *Calcular o limite* $\lim_{x \to \infty} \frac{x^2 - 3x - 2}{2x^2 - x + 1}$

Solução. Queremos saber a que valor a função f se aproxima quando x toma valores grandes e positivos. Para isto, dividindo numerador e denominador por x^2,

$$\lim_{x \to \infty} \frac{x^2 - 3x - 2}{2x^2 - x + 1} = \lim_{x \to \infty} \frac{1 - \frac{3}{x} - \frac{2}{x^2}}{2 - \frac{1}{x} + \frac{1}{x^2}} = \frac{1}{2}.$$

Isto quer dizer que a função $\frac{x^2 - 3x - 2}{2x^2 - x + 1}$ está próximo de $\frac{1}{2}$ quando x é grande.

Observação 1.9.1 *O limite*

$$\lim_{x \to \infty} f(x) = L$$

quer dizer que

> Para valores grandes de x, $f(x)$ está próximo de L

Dito de outra forma

> Se $x > N$ com N grande, então $f(x) - L$ é pequeno

Introduzamos o parâmetro ϵ para representar a pequenez da diferença $f(x) - L$. Então L será o limite de f quando x é grande se

> Se $x > N$ implica que $|f(x) - L| < \epsilon$

Repare que se aproximar implica um dinamismo. Da forma que descrevemos acima não existe este dinamismo, porque o parâmetro ϵ é constante. Queremos escrever a implicação anterior ressaltando que a pequenez de $|f(x) - L|$ é arbitrária. Uma possibilidade seria,

> $\forall \epsilon \quad \exists N > 0$ tal que $\quad x > N \quad \Rightarrow \quad |f(x) - L| < \epsilon$

Isto representa melhor o conceito de aproximação. É como se a função caminhasse para seu limite. Isto é, para qualquer distância (ϵ) entre a função e seu limite, deve existir uma distância (δ) entre x e a de tal forma que

$$x > N \quad \Rightarrow \quad |f(x) - L| < \epsilon$$

Estamos em condições de definir o limite ao infinito.

38 Cálculo Light

Definição 1.9.1 *Diz-se que L é o limite da função f quando x vai ao infinito:*
$$\lim_{x \to \infty} f(x) = L,$$
se para todo $\epsilon > 0$ existe $N > 0$ tal que
$$x \geq N \quad \Rightarrow \quad |f(x) - L| < \epsilon.$$

De forma análoga temos que

Definição 1.9.2 *Diz-se que L é o limite da função f quando x vai ao menos infinito:*
$$\lim_{x \to -\infty} f(x) = L,$$
se para todo $\epsilon > 0$ existe $N > 0$ tal que
$$x \leq -N \quad \Rightarrow \quad |f(x) - L| < \epsilon.$$

Observação 1.9.2 *A ideia da demonstração do limite é provar que N, na definição acima, pode ser escrita em termos ϵ.*

Exemplo 1.9.2 *Mostre que*
$$\lim_{x \to \infty} \frac{x}{2x+3} = \frac{1}{2}$$

Solução. Mostraremos que para todo $\epsilon > 0$ existe $N > 0$ verificando
$$x \geq N \quad \Rightarrow \quad \left| \frac{x}{2x+3} - \frac{1}{2} \right| < \epsilon$$

Para isto consideremos

$$\left| \frac{x}{2x+3} - \frac{1}{2} \right| = \frac{3}{4x+6} < \epsilon$$

Tomando $N = \frac{3}{4\epsilon} - \frac{3}{2}$ obtemos

$$x > N \quad \Rightarrow \quad \left| \frac{x}{2x+3} - \frac{1}{2} \right| < \epsilon.$$

1.10 Assíntotas

Uma assíntota horizontal de uma função f é a reta horizontal que se aproxima ao gráfico da função f para valores grandes de x. Isto é, quando x se aproxima ao infinito. Por exemplo considere a função $f(x) = 1/(1+x^2)$.

$$\lim_{x \to \infty} \frac{1}{1+x^2} = 0, \quad \lim_{x \to -\infty} \frac{1}{1+x^2} = 0.$$

Logo, se x cresce indeterminadamente, então f se aproxima a zero. Ou equivalentemente f se aproxima da reta $y = 0$ para valores grandes de x. A reta $y = 0$ é uma assíntota horizontal de f.

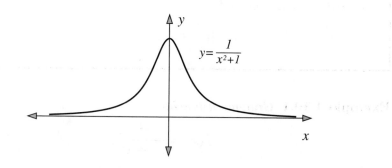

Em geral, o limite

$$\lim_{x \to \infty} f(x) = L \in \mathbb{R}.$$

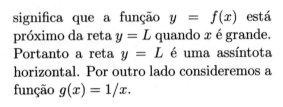

significa que a função $y = f(x)$ está próximo da reta $y = L$ quando x é grande. Portanto a reta $y = L$ é uma assíntota horizontal. Por outro lado consideremos a função $g(x) = 1/x$.

$$\lim_{x \to 0} \frac{1}{x} = \infty$$

Isto significa que quando x se aproxima de zero, a função g se aproxima da reta $x = 0$. Logo $x = 0$ é uma assíntota vertical. Em geral seja $a \in \mathbb{R}$, se

$$\lim_{x \to a} f(x) = \infty,$$

temos que os valores de f crescem a medida que x se aproxima de a. Assim a reta $x = a$ é chamada de assíntota vertical de f. Em resumo temos

---

Definição 1.10.1 *Diz-se que a reta $y = L$ é uma assíntota horizontal de uma função f se*

$$\lim_{x \to \pm\infty} f(x) = L.$$

Analogamente, diremos que a reta $x = a \in \mathbb{R}$ é uma assíntota vertical de uma função f se

$$\lim_{x \to a} f(x) = \pm\infty.$$

Exemplo 1.10.1 *Grafique a função*

$$f(x) = \frac{x^2}{x^2 + 1}$$

Solução. Calculemos primeiro as assíntotas de f

$$\lim_{x \to \infty} f(x) = \lim_{x \to \infty} \frac{x^2}{x^2+1} = 1.$$

De forma análoga temos que

$$\lim_{x \to -\infty} f(x) = \lim_{x \to -\infty} \frac{x^2}{x^2+1} = 1.$$

Portanto, $y = 1$ é uma assíntota horizontal. Como não existe nenhum valor de $x \in \mathbb{R}$ que anule o denominador de f, concluímos que não existem assíntotas verticais. Para fazer o gráfico da função desenhamos primeiro a assíntota, depois plotemos alguns pontos da função.

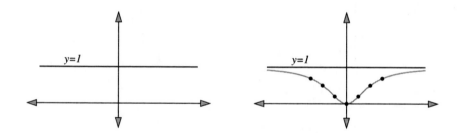

Finalmente, traçando uma linha contínua encontramos

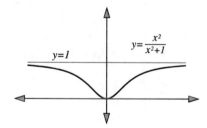

Exemplo 1.10.2 *Fazendo uso das assíntotas, grafique a função*

$$y = x/(x-1)$$

Solução. Calculemos as assíntotas horizontais de f

$$\lim_{x \to \infty} f(x) = \lim_{x \to \infty} \frac{x}{x-1} = 1.$$

42 Cálculo Light

De forma análoga temos que

$$\lim_{x \to -\infty} f(x) = \lim_{x \to -\infty} \frac{x}{x-1} = 1.$$

Concluímos que f só tem uma assíntota horizontal. Para calcular as assíntotas verticais, temos que encontrar os valores $a \in \mathbb{R}$ tais que

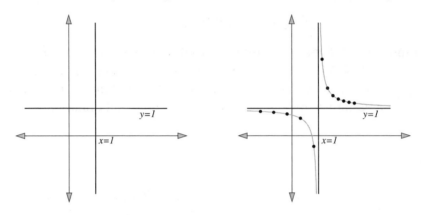

$$\lim_{x \to a} f(x) = \lim_{x \to a} \frac{x}{x-1} = \pm\infty.$$

O único valor que satisfaz a relação acima é $a = 1$. Portanto, $x = 1$ é uma assíntota vertical, graficando as assíntotas e plotando os pontos $x = 3/2$, $x = 2$, $x = 3$ encontramos a figura ao lado. Unindo os pontos de forma contínua encontramos a figura lembrando que para valores grandes de x s função se comporta como a reta $y = 1$ e para valores de x próximos de 1 a função se comporta como a reta $x = 1$.

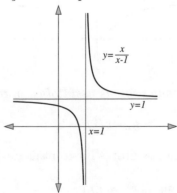

Capítulo I. Limites 43

Exemplo 1.10.3 *Faça o gráfico da função*

$$y = \frac{x^2}{x^2 + x + 1}$$

Solução. Calculemos as assíntotas de f

$$\lim_{x \to \infty} f(x) = \lim_{x \to \infty} \frac{x^2}{x^2 + x + 1} = 1.$$

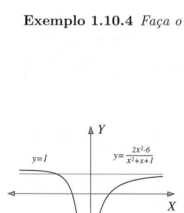

De forma análoga temos que

$$\lim_{x \to -\infty} f(x) = \lim_{x \to -\infty} \frac{x^2}{x^2 + x + 1} = 1.$$

Portanto, $y = 1$ é uma assíntota horizontal. Note que não existe nenhum ponto que anule o denominador de f, portanto não existe assíntota vertical.

Exemplo 1.10.4 *Faça o gráfico da função* $y = \frac{2x^2 - 6}{x^2 + x + 1}$

Solução. Calculemos as assíntotas horizontais,

$$\lim_{x \to \infty} f(x) = \lim_{x \to \infty} \frac{2x^2 - 6}{x^2 + x + 1} = 1.$$

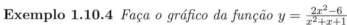

De forma análoga temos que

$$\lim_{x \to -\infty} f(x) = \lim_{x \to -\infty} \frac{2x^2 - 6}{x^2 + x + 1} = 1.$$

Portanto, $y = 1$ é uma assíntota horizontal. O denominador de f é diferente de zero para todo $x \in \mathbb{R}$. Portanto, não existe assíntota vertical.

Exemplo 1.10.5 *Usando o auxílio das assíntotas faça o gráfico da função* $y = \frac{2x^2 - 6}{x^2 - 1}$

44 Cálculo Light

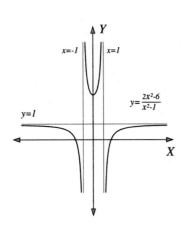

Solução. Calculemos as assíntotas horizontais

$$\lim_{x \to \pm\infty} f(x) = \lim_{x \to \pm\infty} \frac{2x^2 - 6}{x^2 - 1} = 1.$$

Portanto, $y = 1$ é uma assíntota horizontal. Para calcular as assíntotas verticais, temos que encontrar os valores $a \in \mathbb{R}$ tais que

$$\lim_{x \to a} f(x) = \lim_{x \to a} \frac{2x^2 - 6}{x^2 - 1} = \pm\infty.$$

$a = \pm 1$ anula o denominador. Portanto, temos duas assíntotas verticais: $x = 1$ e $x = -1$.

Assíntotas oblíquas

Definição 1.10.2 *A reta $y = mx + b$ é uma assíntota oblíqua de f se*

$$\lim_{x \to \pm\infty} f(x) - mx - b = 0.$$

Exemplo 1.10.6 *Encontrar as assíntotas da função*

$$y = \frac{x^3 + 3x - 2}{x^2 + 1}.$$

Solução. Não existe assíntota vertical, pois o denominador é positivo. Também não existem assíntotas horizontais, pois

$$\lim_{x \to \pm\infty} \frac{x^3 + 3x - 2}{x^2 + 1} = \pm\infty.$$

Procuremos assíntotas oblíquas da forma $y = mx + b$, isto é

$$\lim_{x\to\infty} \frac{x^3+3x-2}{x^2+1} - mx - b = 0.$$

Como

$$\frac{x^3+3x-2}{x^2+1} - mx - b = \frac{(1-m)x^3 - bx^2 + (3-m)x - b - 2}{x^2+1}.$$

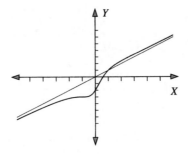

Tomando $m = 1$ e $b = 0$, obtemos

$$\lim_{x\to\infty} \frac{x^3+3x-2}{x^2+1} - x = 0$$

Para qualquer outra escolha, o limite acima é diferente de zero. Portanto, $y = x$ é uma assíntota oblíqua da função f.

Exemplo 1.10.7 *Encontrar as assíntotas da função*

$$y = \frac{2-x^2}{x+1}.$$

Solução. Não existem assíntotas horizontais, pois

$$\lim_{x \to \pm\infty} \frac{2-x^2}{x+1} = \mp\infty.$$

$x = -1$ é assíntota vertical pois

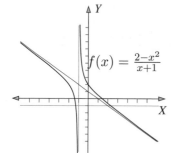

$$\lim_{x \to -1^+} \frac{2-x^2}{x+1} = \infty, \quad \lim_{x \to -1^-} \frac{2-x^2}{x+1} = -\infty$$

Procuremos assíntotas oblíquas. Seja $y = mx + b$, tal que

$$\lim_{x \to \infty} \frac{2-x^2}{x+1} - mx - b = 0.$$

Como

$$\frac{2-x^2}{x+1} - mx - b = \frac{-(1+m)x^2 - (b+m)x - b + 2}{x+1}.$$

Para que o limite da expressão acima se anule quando $x \to \infty$, devemos tomar $m = -1$ e $b + m = 0$, isto é $b = 1$. Qualquer outra escolha de valores de m e b fazem o limite diferente de zero. Portanto, $y = -x + 1$ é uma assíntota oblíqua da função f.

Exercícios

1. Suponha que a função $y = f(x)$ tenha uma assíntota oblíqua, mostre
$$\lim_{x \to \infty} f(x)/x = a < \infty.$$

2. Suponhamos que a função $y = f(x)$ tenha uma assíntota oblíqua, então a função $g(x) = f(x)/x$ tem pelo menos uma assíntota horizontal.

3. Mostre que nenhum polinômio possui assíntotas.

4. Seja $p(x)$ e $q(x)$ dois polinômios de graus m e n respectivamente. Qual é o número máximo e mínimo de assíntotas que pode ter o gráfico da função $f(x) = p(x)/q(x)$. **Resp:** $n+1$, 0.

5. A função $f(x) = (x+2)/\ln(x)$ possui alguma assíntota?

6. Calcular a imagem, o domínio das seguintes funções:

$$a)\ f(x) = |x| + |x+2|,$$

$$b)\ f(x) = \begin{cases} x+5 & se\ x < -5 \\ \sqrt{25-x^2} & se\ -5 \leq x \leq 5 \\ x-5 & se\ 5 < x \end{cases}$$

E faça o gráfico de cada uma delas.

Resp: a) Dom(f)=$\mathbb{R}$, Imag(f)=$\{x \in \mathbb{R};\ x \geq 2\}$. b) Dom($f$)=$\mathbb{R}$, Imag($f$)=$\mathbb{R}$.

7. Calcular os seguintes Limites:

$$a)\ \lim_{x \to 0} \frac{\sqrt{x+9}-3}{x}, \quad b)\ \lim_{x \to 1} \frac{1-x}{1-\sqrt{x}},$$

$$c)\ \lim_{x \to 4} \frac{1-2x}{x-4}, \quad d)\ \lim_{x \to 0^-} \frac{\sqrt{3+x^2}}{x}.$$

a) $\frac{1}{6}$, b) 2, c) Não existe, d) $-\infty$.

8. Laranjeiras no paraná produzem 60 laranjas por ano se não for ultrapassado o número de 20 árvores por acre. Para cada árvore a mais plantada por acre o rendimento baixa em 15 laranjas. Denote por x o número de árvores plantadas por acre. Expresse o número de laranjas produzidas por ano em função de x e mostre que ela é uma função contínua.

9. Verifique se as funções são contínuas

$$f(x) = \begin{cases} x^2+5 & se\ x < -5 \\ \sqrt{25-x^2} & se\ -5 \leq x \leq 5 \\ x-5 & se\ 5 < x \end{cases}$$

$$f(x) = \begin{cases} 3x+5 & \text{se} \quad x < -2 \\ x^2-5 & \text{se} \quad -2 \le x \le 5 \\ 5x-5 & \text{se} \quad 5 < x \end{cases}$$

10. Encontre as assíntotas das seguintes funções

   (a) $f(x) = \frac{x^2-3x+3}{x^2+1}$. **Resp:** $y=1$.
   (b) $f(x) = \frac{x^2+3}{x^2-1}$. **Resp:** $y=1$, $x=1$, $x=-1$.
   (c) $f(x) = \frac{x}{x+1}$. **Resp:** $y=1$, $x=-1$.
   (d) $f(x) = \frac{x^3-1}{x^2-1}$. **Resp:** $x=-1$, $y=x$.
   (e) $f(x) = \sqrt{x^2-1}$. **Resp:** $y=-x$, $y=x$.
   (f) $f(x) = \frac{x^4-1}{x^2-1}$. **Resp:** $x=-1$.
   (g) $f(x) = \frac{x-1}{x^2-1}$. **Resp:** $x=-1$.
   (h) $f(x) = \frac{x^2-2x+1}{x-1}$. **Resp:** $y=x-2$.

11. Mostre que uma assíntota da função $f(x) = (ax^3 + bx^2 + cx + d)/(ex^2 + dx + f)$ é dada por $y = (a/e)x + (b/e)$.

12. Denotemos por $p(x) = a_n x^n + a_{n-1} x^{n-1} + a_{n-1} x^{n-1} + \cdots + a_1 x + a_0$ um polinômio de grau n. Mostre que a função definida por $f(x) = p_{n+1}(x)/p_n(x)$ sempre possui uma assíntota oblíqua.

13. Verifique que a função $f(x) = \sqrt{ax^4 + bx^3 + cx + d}/(x+1)$, $a > 0$ sempre possui uma assíntota oblíqua.

14. Verifique que a expressão $f(x) = (ax^2 + bx + c)/(dx^2 + ex + f)$, não possui assíntotas oblíquas.

15. Mostre que toda função tal que $\lim_{x \to \infty} f(x) = L < \infty$, não possui assíntotas oblíquas.

16. Sejam $f : [a,b] \to \mathbb{R}$ e $g : [a,b] \to \mathbb{R}$ funções tais que

$$\lim_{x \to c} f(x) > \lim_{x \to c} g(x)$$

Mostre que existe $\delta > 0$ tal que

$$\forall \ 0 < |x-c| < \delta \quad \Rightarrow \quad f(x) > g(x)$$

17. Mostre que se $(x_n)_{n\in\mathbb{N}}$ é tal que $\lim_{n\to\infty} p(x_n) = b$, para algum polinômio p, então existe uma subsequência convergente de $(x_n)_{n\in\mathbb{N}}$ para um número a tal que $\lim_{n\to\infty} p(x_n) = p(a)$. Em particular se $b = 0$ então a é uma raiz de p.

18. Diremos que f é uma função coerciva se para toda sequência temos válido
$$\lim_{n\to\infty} x_n = \infty \quad \Rightarrow \quad \lim_{n\to\infty} f(x_n) = \infty$$
Generalize o exercício anterior para qualquer função coerciva.

19. Seja x_n uma sequência. Denotemos por $\mathcal{P}$ o conjunto de todos os pontos limites de x_n. O supremo e o ínfimo de $\mathcal{P}$ são chamados de limite superior e inferior de x_n e são denotados por $\limsup x_n$ e $\liminf x_n$ respectivamente. Mostre que
$$\limsup(-1)^n = 1, \quad \liminf(-1)^n = -1.$$

20. Mostre que se $(x_n)_{n\in\mathbb{N}}$ é uma sequência tal que a sequência definida pelas normas de x_n seja convergente. Mostre se $\liminf x_n > 0$ então $(x_n)_{n\in\mathbb{N}}$ é convergente.

21. Mostre que se $(x_n)_{n\in\mathbb{N}}$ é uma sequência tal que a sequência definida pelas normas de x_n seja convergente. Mostre se $\limsup x_n < 0$ então $(x_n)_{n\in\mathbb{N}}$ é convergente.

22. No exercício anterior elimine a hipótese $\limsup x_n < 0$. Mostre através de um exemplo esta sequência em geral não é convergente.

23. Encontre os pontos limites da função $f(x) = x - x\,\text{sen}(x)$ quando $x \to \infty$.

24. Seja f um função limitada em intervalos limitados. Mostre que
$$\lim_{x\to\infty}[f(x+1) - f(x)] = L \quad \Rightarrow \quad \lim_{x\to\infty} \frac{f(x)}{x} = L.$$

25. Mostre que se $f: [a,b] \to \mathbb{R}$ e $g: [a,b] \to \mathbb{R}$ são funções tais que
$$\lim_{x\to c} \frac{f(x)}{g(x)} = 1, \quad \Rightarrow \quad \lim_{x\to c} f(x) = \lim_{x\to c} g(x)$$
para $c \in]a,b[$.

26. Dê um exemplo de uma função monótona tal que $\lim_{x\to\infty} f(x) = 1$.

27. Mostre que se $\lim_{x\to\infty} f(x) = \infty$, então existe uma sequência de números reais $(x_n)_{n\in\mathbb{N}}$ tal que
$$f(x_n) \geq n$$

28. Mostre que se existe uma sequência $(x_n)_{n\in\mathbb{N}}$ tal que $f(x_n) \geq n$ então a função f não é limitada.

29. Mostre através de um exemplo que se existe uma sequência $(x_n)_{n\in\mathbb{N}}$ tal que $f(x_n) \geq n$ então não necessariamente existe o limite f quando $x \to \infty$.

30. Mostre que se p é um polinômio tal que
$$\lim_{x\to\infty} p(x) = -\lim_{x\to-\infty} p(x),$$
então p tem pelo menos uma raiz real.

31. Aplique o exercício anterior, para mostrar que todo polinômio de grau ímpar tem pelo menos uma raiz real.

32. Mostre que se p é um polinômio de grau par então
$$\lim_{x\to\infty} p(x) = \infty$$

33. Mostre que se $f : [a,b] \to \mathbb{R}$ é uma função satisfazendo
$$\lim_{|x|\to\infty} f(x) = a < \infty$$
Então f é uma função limitada.

34. Mostre que se f é uma função tal que
$$\lim_{x\to\infty} f(x) = \infty.$$
Então existe um $a > 0$ tal que $f(x) > 0$ para todo $x > a$.

35. Sejam $f, g : \mathbb{R} \to \mathbb{R}$ funções positivas. Mostre que
$$\lim_{x\to\infty} \frac{f(x)}{g(x)} = 0 \quad \Rightarrow \quad \exists c > 0 \quad f(x) < g(x) \quad \forall x \geq c$$

36. Sejam $f, g : \mathbb{R} \to \mathbb{R}$ funções positivas. Mostre que se existe $0 < \alpha < 1$ então
$$\lim_{x \to \infty} \frac{f(x)}{g(x)} = \alpha \quad \Rightarrow \quad \exists c > 0 \quad f(x) < g(x) \quad \forall x \geq c$$

37. Sejam $f, g : \mathbb{R} \to \mathbb{R}$ funções positivas. Mostre que se existe $1 < \alpha$ então
$$\lim_{x \to \infty} \frac{f(x)}{g(x)} = \alpha \quad \Rightarrow \quad \exists c > 0 \quad f(x) > g(x) \quad \forall x \geq c$$

38. Nos exercícios anteriores, que podemos afirmar se eliminamos a positividade das funções f e g.

39. Seja $f : [a, b] \to \mathbb{R}$ uma função. Mostre que se $\liminf f(x) > 0$, então existe uma vizinhança onde f é positiva. Que podemos afirmar se $\liminf f(x) < 0$

40. Seja $f : \mathbb{R} \to \mathbb{R}$. Mostre que se
$$\lim_{x \to \infty} \frac{f(x)}{x} = \alpha \in \mathbb{R} \quad \Rightarrow \quad \lim_{x \to \infty} f(x) = 0$$

41. Seja $f : \mathbb{R} \to \mathbb{R}$. Mostre que se
$$\lim_{x \to \infty} \frac{f(x)}{e^x} = \alpha \in \mathbb{R} \quad \Rightarrow \quad \lim_{x \to \infty} p(x)f(x) = 0$$
para todo polinômio p.

42. Seja $f : \mathbb{R} \to \mathbb{R}$. Mostre que se
$$\lim_{x \to \infty} \frac{f(x)}{x} = \alpha \in \mathbb{R} \quad \Rightarrow \quad \lim_{x \to \infty} \ln(x)f(x) = 0$$

43. Calcule as assíntotas da função $f(x) = \frac{x-1}{x+2}$ **Resp:** $y = 1$, $x = -2$.

44. Calcule as assíntotas da função $f(x) = \frac{x-1}{\sqrt{x+2}}$ **Resp:** $x = -2$.

45. Calcule as assíntotas verticais e horizontais das seguintes funções

    (a) $f(x) = \frac{x^2-1}{x^2+3x-4}$. **Resp:** $y = 1$, $x = 1$, $x = -4$.

(b) $f(x) = \frac{x^2+3x-5}{x^2+x-2}$. **Resp:** $y = 1$, $x = 1$, $x = -2$.

(c) $f(x) = \frac{x^3-1}{x^2-3x-4}$. **Resp:** $x = -1$, $x = 4$.

(d) $f(x) = \frac{x^2+2x+3}{x^2+x-4}$.
Resp: $y = 1$, $x = (-1+\sqrt{17})/2$, $x = (-1-\sqrt{17})/2$.

(e) $f(x) = \frac{x^3-8}{x^2+x-4}$.
Resp: $x = (-1+\sqrt{17})/2$, $x = (-1-\sqrt{17})/2$.

(f) $f(x) = \frac{x^2-x+1}{2x^2+x-4}$.
Resp: $y = 1/2$, $x = (-1+\sqrt{32})/4$, $x = (-1-\sqrt{32})/4$.

46. Calcule o número máximos de assíntotas que tem uma função da forma $y = \frac{f(x)}{g(x)}$ onde f e g são funções quadráticas.

47. Calcule o número máximos de assíntotas que tem uma função da forma $y = \frac{f(x)}{g(x)}$ onde f e g são polinômios de grau n.

48. Considere o problema anterior quando f é um polinômio de grau n e g é um polinômio de grau m.

49. Com o auxílio de assíntotas grafique as seguintes funções

    (a) $f(x) = \frac{x^2-2x+3}{x^2-3x-1}$

    (b) $f(x) = \frac{x^3-2x+3}{x^3-x-1}$

    (c) $f(x) = \frac{x^2-2x+3}{x^3+x-1}$

50. Qual dos seguintes gráficos corresponde a funções descritas a seguir.

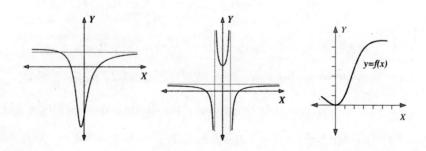

$$f(x) = \frac{x^2 - 1.5}{x^2 - 1}, \qquad f(x) = \frac{3x^2 - 2}{2x^2 + 3x + 2}, \qquad f(x) = 2\frac{x^3 + x^2}{x^2 + 1}.$$

51. Calcule o limite quando x vai para zero das funções com os seguintes gráficos

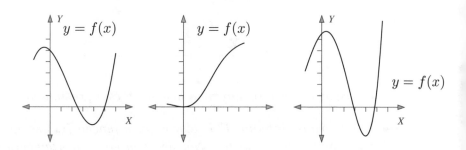

52. Calcular os limites das seguintes funções

   (a) $\lim_{x\to\infty} \frac{x^3-3x+3}{x^3+x^2+x+1}$.**Resp:** 1.

   (b) $\lim_{x\to\infty} \frac{x^2-x+3}{x^3+5x^2+x+1}$.**Resp:** 0.

   (c) $\lim_{x\to-\infty} \frac{x^3-3x+3}{x^3-x^2+5x+1}$.**Resp:** 1.

   (d) $\lim_{x\to\infty} \frac{\sqrt{x^3-3x+3}}{\sqrt{x^3+x^2+x+1}}$.**Resp:** 1.

   (e) $\lim_{x\to\infty} \frac{2x^4-3x+3}{x^4-3x^2+x+1}$.**Resp:** 2.

   (f) $\lim_{x\to\infty} \frac{x^5-5x+3}{x^6+5x^2+x+1}$.**Resp:** 0.

   (g) $\lim_{x\to-\infty} \frac{x^5-3x+3}{x^5-4x^2+x+1}$.**Resp:** 1.

   (h) $\lim_{x\to-\infty} \frac{\sqrt{x^4-3x+3}}{\sqrt{x^4+x^2+x+1}}$.**Resp** :1.

53. Seja $f : \mathbb{R} \to \mathbb{R}$ uma função e $p(x)$ um polinômio de grau um. Se $\lim_{x\to\infty} f(x)/p(x) = a \in \mathbb{R}$, então f tem uma assíntota oblíqua.

Resumo

Definição de Limite

- O conceito de limite é sinônimo de aproximação. Isto é

$$\lim_{x \to a} f(x) = L$$

é o valor a que f se aproxima quando x está próximo de a.

- Limite para o infinito. É o valor a que a função $f(x)$ se aproxima para valores de x grandes. Nos dá ideia do comportamento global da função.

$$\lim_{x \to \infty} f(x) = L$$

- **Teorema do Sanduíche:** facilita o cálculo do limite usando desigualdades, por exemplo para x em radianos,

$$\text{sen}(x) \leq x \leq \tan(x) \quad \Rightarrow \quad 1 \leq \frac{x}{\text{sen}(x)} \leq \frac{1}{\cos(x)}$$

portanto

$$\lim_{x \to 0} \frac{\text{sen}(x)}{x} = 1$$

- **O Número de Neper:** Este número aparece como o seguinte limite

$$\lim_{x \to 0} (1+x)^{\frac{1}{x}} = e$$

$$e = 2.718281828...$$

- **Limites logarítmicos:** *Este limite é calculado usando o teorema do Sanduíche, usando a desigualdade:*

$$0 \leq \ln(\sqrt{x}) \leq \sqrt{x} \quad \Rightarrow \quad 0 \leq \frac{\ln(x)}{x} \leq \frac{2}{\sqrt{x}}$$

Fazendo $x \to \infty$

$$\lim_{x \to \infty} \frac{\ln(x)}{x} = 0$$

- **Limite Lateral:**

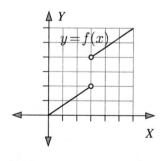

Temos duas formas de aproximação, pela direita ou pela esquerda. O limite quando x se aproxima de a pela direita é o valor ao que a função se aproxima por valores maiores que a. Analogamente, o limite quando x se aproxima de a pela esquerda é o valor ao que a função se aproxima por valores menores que a. Por exemplo, na figura temos que

$$\lim_{x \to 3^-} f(x) = 2, \qquad \lim_{x \to 3^+} f(x) = 4,$$

- **Assíntotas:** *A assíntota de uma função $y = f(x)$ é a reta ao qual a função f se aproxima quando $x \to \infty$.*

56 Cálculo Light

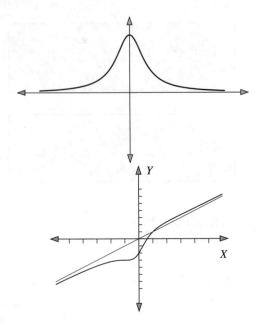

No primeiro gráfico temos o eixo das abscissas é uma assíntota horizontal. No segundo gráfico temos uma assíntota oblíqua.

Capítulo II
Continuidade

$$\lim_{x \to a} f(x) = f(a)$$

$\forall \, \varepsilon > 0, \, \exists \, \delta > 0:$

$|x-a| < \delta \implies |f(x)-f(a)| < \varepsilon$

2.1 Noção de continuidade

Uma função f que possui limite L no ponto $x = a$, possui a propriedade de aproximação nesse ponto. Isto é, quando x está próximo de a então $f(x)$ está próximo de L. Como por exemplo

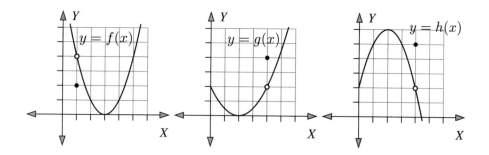

Em todas as figuras acima o limites existem em todos os pontos. Mais ainda, a função $y = f(x)$ está definida em $x = 1$ e $f(1) = 2$ porém o limite quando x se aproxima de 1, é $L = 4$. Situações análogas acontecem com as funções g e h no ponto $x = 4$. É importante ressaltar que

- A função $y = f(x)$ está definida em $x = 1$

- Existe o limite de f quando x se aproxima de 1.

- O limite de f quando x se aproxima de 1 é diferente do valor da função.

É frustante o fato de que o limite da função não coincida com $f(1)$. Portanto, vamos prestar especial atenção às funções que verifiquem as duas primeiras condições citadas acima e ainda que o limite L seja igual ao valor da função em $x = 1$. Batizaremos estas funções como *Contínuas*

Definição 2.1.1 *Diremos que uma função f é contínua no ponto $x = a$ se*

- *f está definida no ponto $x = a$.*
- *Existe o limite $lim_{x \to a} f(x)$*
- *$lim_{x \to a} f(x) = f(a)$*

Da própria definição verificamos que se não existe o limite num ponto $x = a$ então a função não pode ser contínua.

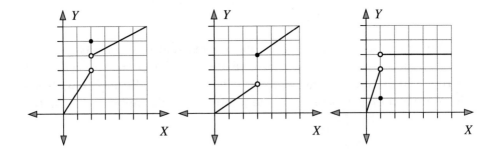

Em cada uma das funções acima temos que a função está definida em todos os pontos do intervalo $]0, 6[$ mas mesmo assim a função é descontínua porque não existe o limite. Isto porque os limites laterais são diferentes.

Observação 2.1.1 *Lembremos que*

$$\lim_{x \to a} f(x) = f(a)$$

significa que

$$\forall \epsilon > 0, \ \exists \ \delta > 0, \ tal \ que \quad |x - a| < \delta \quad \Rightarrow \quad |f(x) - f(a)| < \epsilon.$$

que é a definição de continuidade. Graficamente temos

Capítulo II. Continuidade 61

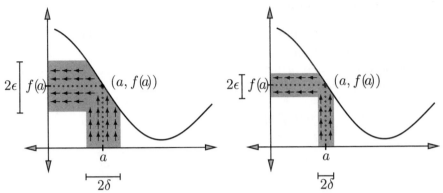

O gráfico acima nos diz que funções contínuas levam intervalos de a em intervalos de $f(a)$. Istó é a imagem do intervalo $]a - \delta, a + \delta[$ é o intervalo $]f(a) - \epsilon, f(a) + \epsilon[$. Os seguintes gráficos correspondem a funções contínuas.

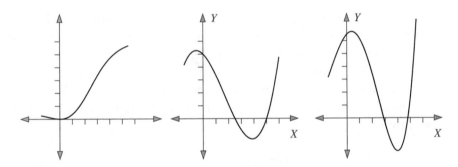

Quando a função não é contínua isto não se verifica. De fato, observe na figura embaixo que a imagem do intervalo $]a-\delta, a+\delta[$ não é um intervalo intervalo. Portanto, não se verifica a condição de aproximação. Isto é se x se aproxima de a pela direita, $f(x)$ não está próximo de $f(a)$.

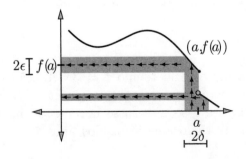

Exemplos de funções contínuas

A trajetória percorrida por um corpo do ponto de partida até o ponto de chegada nos dá uma ideia de função contínua. Pois o corpo percorre todos os pontos desde o princípio até o final de sua trajetória. Considere o gráfico da função $y = f(x)$,

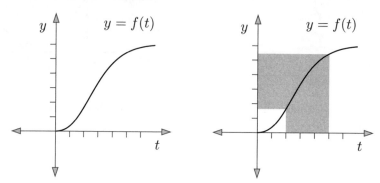

Onde f é uma função que define a posição de um corpo do plano no instante t. O eixo das obscissas corresponde ao tempo e o eixo das ordenadas a posição do corpo. No tempo $t = 0$, o corpo se encontra na origem de coordenadas. Quanto t percorre os valores sobre a área sombreada, a posição do corpo varia sobre a área sombreada nas ordenadas.

Consideremos a mesma situação desta vez descrita por uma função descontínua.

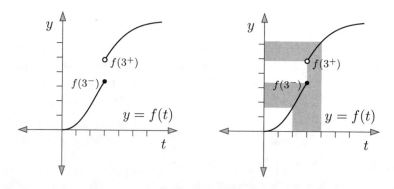

Esta função nos diz que no tempo $t = 3$ a função *desaparece* da posição $f(3^-)$ para aparecer novamente na posição $f(3^+)$. É como se o corpo de desintegrasse e se integrasse novamente, no melhor estilo jornada das estrelas (seriado americano dos anos 70). Esta situação

não corresponde a uma situação realística. Finalmente a imagem do intervalo [2, 4] através desta função não é um intervalo como apreciamos na figura.

Exemplo 2.1.1 *Encontrar os valores de a e b para que a função seja contínua*

$$f(x) = \begin{cases} 2x - a & se\ x < 2 \\ 6x - b & se\ x \geq 2 \end{cases}$$

Solução. O único ponto onde provavelmente f não seja contínua é $x = 2$. Apliquemos a condição de continuidade neste ponto.

$$\lim_{x \to 2^+} f(x) = \lim_{x \to 2^-} f(x)$$

Calculando os limites teremos:

$$\lim_{x \to 2^+} f(x) = 12 - b, \quad \lim_{x \to 2^-} f(x) = 4 - a$$

como os limites laterais devem ser iguais segue que

$$12 - b = 4 - a, \quad \Rightarrow b - a = 8$$

Logo a condição para que a função seja contínua é $b = 8 + a$. Portanto,

$$f(x) = \begin{cases} 2x - a & se\ x < 2 \\ 6x - a - 8 & se\ x \geq 2 \end{cases}$$

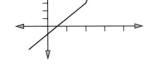

Exemplo 2.1.2 *Encontre a de tal forma que a função*

$$f(x) = \begin{cases} ax + x^2 - 1 & se\ x > 1 \\ -ax - x^3 + 3 & se\ x \leq 1 \end{cases}$$

seja contínua.

Solução. Para $x > 1$ e $x \leq 1$ a função f é contínua. Consideremos o ponto $x = 1$. Por um lado temos que $f(1^+) = a + 1 - 1$, e por outro lado $f(1^-) = -a - 1 + 3$. Para que a função esteja bem definida, fazemos

$$a + 1 - 1 = -a - 1 + 3, \quad \Rightarrow \quad a = 1.$$

De onde temos que f deve ser da forma

$$f(x) = \begin{cases} x + x^2 - 1 & \text{se} \quad x > 1 \\ -x - x^3 + 3 & \text{se} \quad x \leq 1 \end{cases}$$

Definição 2.1.2 *Diremos que uma função $f : \mathbb{R} \to \mathbb{R}$ é contínua num conjunto A, se f é contínua em todo ponto de A*

Limites positivos

Observe os seguintes gráficos e descreva que existe de comum neles.

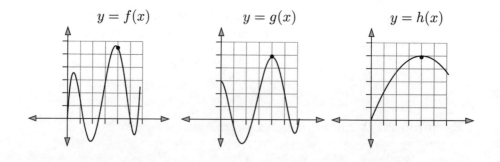

Em comum temos que todas as funções acima são contínuas e seus limites em $x = 4$ são positivos. Em todos os casos concluímos que existe um intervalo contendo $x = 4$ onde a função é positiva. Por exemplo a função

f é positiva no intervalo $]3, 9/2[$. Isto é

$$f(x) > 0, \quad \forall x \in]3, \frac{9}{2}[.$$

De forma análoga temos que

$$g(x) > 0, \quad \forall x \in]3, 5[.$$

Finalmente,

$$h(x) > 0, \quad \forall x \in]1, 6[.$$

Observação 2.1.2 *Seja f uma função contínua no intervalo $[a, b]$ com $f(c) > 0$ para algum $c \in]a, b[$. Então f deve ser positiva num intervalo que contenha c. De fato, considere o ponto $(c, f(c))$, no gráfico embaixo. Como f é contínua, então ela não pode pular o sumir em nenhum ponto. Isto é equivalente a colocar a ponta do lápis no ponto $(c, f(c))$ e deslizar sem pular sobre o plano. Assim poderíamos fazer o seguinte gráfico*

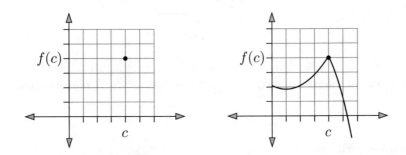

O que significa que existe um intervalo, por exemplo $]c-1, c+1[$ no qual f é positiva. Em conclusão,

---

Se f é contínua e positiva num ponto c, então f é positiva num invertavalo que contem c.

---

em símbolos,

> *Se f é contínua e $f(c) > 0$, então $\exists \epsilon > 0$, tal que*
> $$f(x) > 0, \quad \forall x \in]c - \epsilon, c + \epsilon[$$

Observação 2.1.3 *Esta propriedade não é verdadera se a função não é contínua, por exemplo*

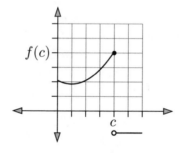

Não existe nemhum intervalo que contenha c, onde f seja positiva.

É simples verificar que

- Todo polinômio é uma função contínua em $\mathbb{R}$
- As funções exponenciais são funções contínua em $\mathbb{R}$
- $y = \cos(x)$ e $y = \text{sen}(x)$ ão funções contínuas em $\mathbb{R}$
- $y = \ln(x)$ é contínua para todo $x > 0$.

Propriedades aritméticas das funções contínuas

Teorema 2.1.1 *Sejam* $f, g : [a, b] \to \mathbb{R}$ *contínuas no intervalo* $[a, b]$, *então*

$$(f + g)(x) = f(x) + g(x), \quad (f \cdot g)(x) = f(x)g(x),$$

são contínuas. Mais ainda se $g(x) \neq 0$ *então o quociente*

$$(f/g)(x) = \frac{f(x)}{g(x)}$$

é também contínua no ponto x.

Demonstração. Como f e g são contínuas, pelas hipótese teremos que para todo $\epsilon > 0$ existe δ_1 e δ_2 tais que

$$|y - x| < \delta_1 \quad \Rightarrow \quad |f(y) - f(x)| < \epsilon$$

$$|y - x| < \delta_2 \quad \Rightarrow \quad |g(y) - g(x)| < \epsilon$$

Tomando $\delta = \min\{\delta_1, \delta_2\}$ teremos que

$$|y - x| < \delta \quad \Rightarrow$$
$$|f(y) \pm g(y) - f(x) \mp g(x)| \leq |f(y) - f(x)| + |g(y) - g(x)| < 2\epsilon$$

De onde segue que $f \pm g$ é uma função contínua. Para mostrar que o produto é também contínuo, basta considerar

$$\begin{aligned} |f(y)g(y) - f(x)g(x)| &= |f(y)g(y) - f(x)g(y) + f(x)g(y) - f(x)g(x)| \\ &\leq |f(y) - f(x)||g(y)| + |g(y) - g(x)||f(x)| \end{aligned}$$

Como f e g são funções contínuas então elas são limitadas em intervalos limitados. Portanto, existem constantes M e N tais que

$$|f(x)| \leq N, \quad |g(x)| \leq M.$$

De onde temos que

$$|f(y)g(y) - f(x)g(x)| \leq |f(y) - f(x)|M + |g(y) - g(x)|N < (M+N)\epsilon$$

De onde segue o resultado. Finalmente, a demostração da continuidade do quociente mostra-se de forma análoga substituindo g por $\frac{1}{g}$.

Exemplo 2.1.3 *Verifique se a função*

$$f(x) = \begin{cases} \dfrac{\operatorname{sen}(3x)}{x} & x \neq 0 \\ 3 & x = 0 \end{cases}$$

é contínua em $\mathbb{R}$

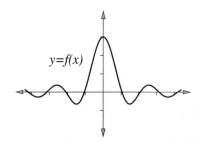

Solução. Sabemos que a função $y = \operatorname{sen}(3x)$ e $y = x$ são funções contínuas. Do Teorema 2.1.1 segue que o quociente será contínuo exceto quando $x = 0$. Por outro lado

$$\lim_{x \to 0} \frac{\operatorname{sen}(3x)}{x} = 3 \lim_{x \to 0} \frac{\operatorname{sen}(3x)}{3x} = 3.$$

Isto é, existe $\lim_{x \to 0} f(x)$ e ainda se verifica que

$$\lim_{x \to 0} f(x) = f(0) = 3$$

Portanto, f é contínua.

Definição 2.1.3 *Diremos que uma função $f : [a,b] \to \mathbb{R}$ é limitada, se existe uma constante positiva M satisfazendo*

$$\forall x \in [a,b] \qquad |f(x)| \leq M$$

Um resultado importante relacionando continuidade e limitação é dada pelo seguinte Teorema.

Capítulo II. Continuidade

Teorema 2.1.2 *Seja $f : [a,b] \to \mathbb{R}$ uma função contínua definida sobre um intervalo fechado e limitado $[a,b]$, então f é uma função limitada.*

O enunciado do Teorema acima é simples mas sua demonstração usa conceitos que estão fora dos objetivos deste texto. A demonstração pode ser encontrada em qualquer texto de Análise Real.

Exemplo 2.1.4 *Verifique que a função*

$$sinal(x) = \begin{cases} 1 & \text{se } x > 0 \\ -1 & \text{se } x < 0 \end{cases}$$

é limitada e descontínua no ponto $x = 0$.

Solução. Claramente

$$|sinal(x)| \leq 1$$

$f(x) = sinal(x)$

Portanto é limitada. Para mostrar que é descontínua no ponto $x = 0$, provaremos que seus limites laterais são diferentes. De fato,

$$\lim_{x \to 0^+} sinal(x) = 1, \quad \lim_{x \to 0^-} sinal(x) = -1.$$

De onde segue que não existe limite no ponto $x = 0$, portanto a função não é contínua neste ponto.

Exemplo 2.1.5 *Verifique que a função*

$$H_a(x) = \begin{cases} 1 & \text{se } x > a \\ 0 & \text{se } x < a \end{cases}$$

é limitada e descontínua no ponto $x = a$.

70 Cálculo Light

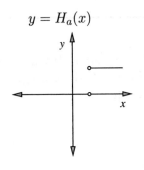

Solução. Claramente

$$|H_a(x)| \leq 1$$

Portanto H_a é limitada. Para mostrar que é descontínua no ponto $x = 0$, provaremos que seus limites laterais são diferentes. De fato,

$$\lim_{x \to a^+} H_a(x) = 1, \quad \lim_{x \to a^-} H_a(x) = 0.$$

De onde segue que não existe limite no ponto $x = a$, portanto a função não é contínua neste ponto.

Nos seguintes gráficos vemos exemplos de funções que são descontínuas e que não são limitadas.

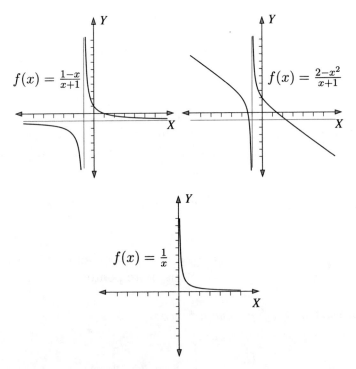

No último gráfico, a função f é contínua no intervalo, aberto em zero, $]0, 6]$, mas não é limitada, pois no ponto $x = 0$ a função vai ao infinito.

Capítulo II. Continuidade 71

Exemplo 2.1.6 *Mostre que* $f(x) = x^3 + 3x + 1$, *é limitada no intervalo* $[-1, 1]$.

Solução. Note que
$$-1 \leq x \leq 1 \quad \Rightarrow \quad -1 \leq x^3 \leq 1.$$
De forma análoga obtemos que
$$-1 \leq x \leq 1 \quad \Rightarrow \quad -3 \leq 3x \leq 3.$$
Das duas implicações anteriores concluímos que
$$-4 \leq x^3 + 3x \leq 4 \quad \Rightarrow \quad -3 \leq f(x) \leq 5.$$
Para todo $x \in [-1, 1]$.
Portanto f é limitada pois $|f(x)| \leq 5$.

Observação 2.1.4 *A estimativa* $|f(x)| \leq 5$ *acima é ótima, pois significa que*
$$-5 \leq f(x) \leq 5$$
quando sabemos que $-3 \leq f(x)$. *Uma estimativa mais precisa para* f *no exercício anterior é*
$$|f(x) + 1| \leq 4$$

Exemplo 2.1.7 *Mostre que* $f(x) = x^3 + 2x^2 - x - 2$, *é limitada no intervalo* $[-3, 2]$.

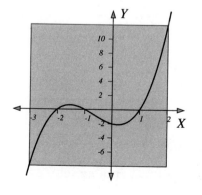

Solução. Note que
$$-3 \leq x \leq 2, \quad 0 \leq x^2 \leq 27,$$
$$-27 \leq x^3 \leq 8.$$
Ou
$$-2 \leq -x \leq 3, \quad 0 \leq 2x^2 \leq 54,$$
$$-27 \leq x^3 \leq 8.$$

72 Cálculo Light

Somando as três desigualdades

$$-27 \leq \underbrace{x^3 + 2x^2 - x + 2}_{=f(x)} \leq 67.$$

$\forall x \in [-1, 1]$. Portanto f é limitada.

Observação 2.1.5 *Na verdade f verifica $-8 \leq f(x) \leq 12$ como mostra o gráfico acima. As cotas encontradas -8 e 12 correspondem ao mínimo e ao máximo de f respectivamente, no intervalo $]-2,3[$. Mostraremos isto quando vejamos máximos e mínimos.*

Exemplo 2.1.8 *Encontre o valor de M de tal forma que a função $f : [-1, 4] \to \mathbb{R}$, definida como*

$$f(x) = \frac{x^3 + x - 1}{x^2 + 4}$$

Verifique: $|f(x)| \leq M$.

Solução. Note que

$$-1 < x < 4 \quad \Rightarrow \quad 0 < x^2 < 16$$
$$\Rightarrow \quad 4 < x^2 + 4 < 20.$$

De onde temos que

$$\frac{1}{20} < \frac{1}{x^2 + 4} < \frac{1}{4} \qquad (2.1)$$

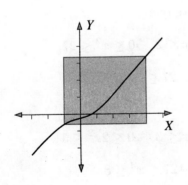

Por outro lado

$$-1 < x < 4 \quad \Rightarrow \quad -1 < x^3 < 64$$
$$\Rightarrow \quad -2 < x^3 + x < 68.$$

De onde segue que

$$-3 < x^3 + x - 1 < 67.$$

Capítulo II. Continuidade 73

Da desigualdade em (2.1) concluímos que

$$-\frac{3}{20} < \frac{x^3 + x - 1}{x^2 + 4} < \frac{67}{4} \quad \forall x \in [-1, 4].$$

Assim podemos tomar $M = \frac{67}{4}$.

Teorema 2.1.3 *Seja g uma função contínua no ponto x_0 e f uma função contínua no ponto $g(x_0)$ então a composição $f \circ g$ é contínua no ponto x_0.*

Demonstração. Como g é contínua no ponto x_0, teremos que para todo $\eta > 0$ existe $\delta > 0$ satisfazendo

$$|x - x_0| < \delta \quad \Rightarrow \quad |g(x) - g(x_0)| < \eta.$$

De forma análoga, concluímos que para todo $\epsilon > 0$ existe $\delta_0 > 0$ satisfazendo

$$|y - g(x_0)| < \delta_0 \quad \Rightarrow \quad |f(y) - f(g(x_0))| < \epsilon.$$

Se tomamos $\eta < \delta_0$, teremos que

$$|x - x_0| < \delta \quad \Rightarrow \quad |g(x) - g(x_0)| < \delta_0 \quad \Rightarrow \quad |f(g(x)) - f(g(x_0))| < \epsilon.$$

Em particular teremos que

$$|x - x_0| < \delta \quad \Rightarrow \quad |f(g(x)) - f(g(x_0))| < \epsilon.$$

O que significa que $f \circ g$ é contínua em x_0.

Exemplo 2.1.9 *Verifique se a função $f \circ g$ é contínua, quando*

$$f(x) = \begin{cases} x + 1 & \text{se } x > 0 \\ x^2 + 1 & \text{se } x \leq 0 \end{cases}, \quad g(x) = x^3$$

Solução. Note que a função f é contínua no ponto $x = 0$ pois seus limites laterais são iguais e ainda satisfazem

$$\lim_{x \to 0} f(x) = f(0).$$

Por outro lado temos que g é um polinômio cúbico, portanto é contínuo. Logo temos que a composição $f \circ g$ deve ser também contínua. De fato,

$$f \circ g(x) = \begin{cases} x^3 + 1 & \text{se } x > 0 \\ x^6 + 1 & \text{se } x \leq 0 \end{cases}$$

Exercícios

1. Verifique se as seguintes funções são contínuas no ponto assinalado.

    (a) $f(x) = x \cos(\frac{2}{x})$, $x = 0$.

    (b) $f(x) = x \cos(\frac{1}{x-1})$, $x = 0$.

    (c) $f(x) = \frac{|x|}{x-2}$, $x = -2$.

    (d) $f(x) = \frac{x^2-1}{|x|-1}$, $x = 1$.

    (e) $f(x) = \frac{|x|^3}{x}$, $x = 0$.

    (f) $f(x) = x \cos(\frac{x(x-1)}{|x-1|})$, $x = 1$.

2. Redefina as seguintes funções de tal forma que elas sejam contínuas.

    (a) $f(x) = x \operatorname{sen}(\frac{2}{x})$.

    (b) $f(x) = x \ln(|x|)$.

    (c) $f(x) = \frac{|x|^2}{x^3 + 2x}$.

    (d) $f(x) = e^{-1/x^2}$.

    (e) $f(x) = \frac{\operatorname{sen}(x)}{x}$.

    (f) $f(x) = \frac{1 - \cos(1-x^2)}{1-x^2}$.

3. Mostre que a função $f(x) = |x|$ é contínua em todo ponto.

4. Mostre que a função $f : \mathbb{R} \to \mathbb{R}$ definida como $f(x) = \max\{0, x\}$ é uma função contínua.

5. Mostre que a função $f : \mathbb{R} \to \mathbb{R}$ definida como $f(x) = \min\{0, -x\}$ é uma função contínua. Mostre que $f(x) \geq 0$

6. Verifique que $f(x) = \min\{0, -x\} \max\{0, x\} = 0$, para todo $x \in \mathbb{R}$.

7. Mostre através de um exemplo que o produto de duas funções descontínuas pode ser uma função contínua.

8. Mostre através de um exemplo que a soma de duas funções descontínuas pode ser uma função contínua.

9. Considere $f : [-1, 1] \to \mathbb{R}$, encontre um valor de M satisfazendo $|f(x)| \leq M$ em cada um dos seguintes casos.

   (a) $f(x) = x \operatorname{sen}(x)$, **Resp:** $M = 1$.
   (b) $f(x) = x/(1 + x^2)$, **Resp:** $M = 1/2$.
   (c) $f(x) = x^3 - 3x + 1$, **Resp:** $M = 3$.

   (d) $f(x) = xe^x$, **Resp:** $M = 3$.
   (e) $f(x) = \ln(1 + x^2)$, **Resp:** $M = 1$.
   (f) $f(x) = 1 + x^3/1 + x^2$, **Resp:** $M = 1$.

10. Encontre os valores de m e M satisfazendo $m \leq f(x) \leq M$ nos exercícios anteriores.

2.2 Teorema do valor intermediário

As imagens de intervalos através de funções contínuas são também intervalos. Consideremos as seguinte figuras,

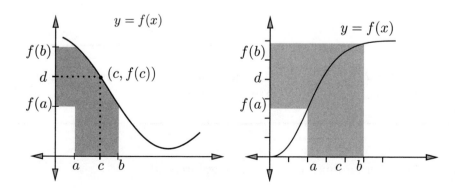

76 Cálculo Light

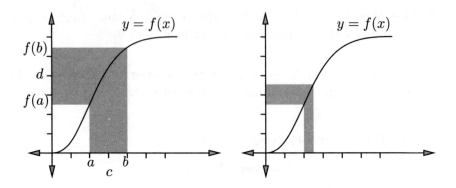

Qualquer que seja o intervalo $]a,b[$ a imagem pela função f é também um intervalo que pode ser apresentado como $]f(a), f(b)[$. Isto quer dizer que se tomamos qualquer ponto $d \in]f(a), f(b)[$, podemos encontrar um ponto c em $]a, b[$ de tal forma que $f(c) = d$. Desta forma podemos estabelecer o seguinte Teorema conhecido como Teorema do valor intermediário.

Teorema 2.2.1 *Seja $f : [a,b] \to \mathbb{R}$ uma função contínua, onde $[a,b]$ é um intervalo fechado e limitado. Seja $f(a) < d < f(b)$ então existe $c \in [a,b]$ tal que $f(c) = d$.*

Como uma consequência do Teorema do valor intermediário temos

Teorema 2.2.2 *Seja $f : \mathbb{R} \to \mathbb{R}$ uma função contínua, então f leva intervalos limitados em intervalos limitados*

Considere agora a função g dada no seguinte gráfico.

Capítulo II. Continuidade 77

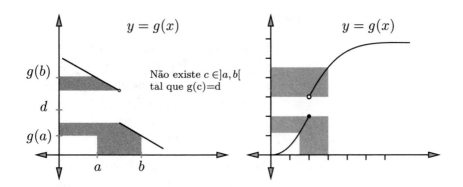

A função g é descontínua no intervalo $]a, b[$. A imagem do intervalo $]a, b[$ pela função g não é um intervalo. De fato, se tomamos $d \in]g(a), g(b)[$, como mostrado no gráfico, vemos que não existe nenhum ponto c em $]a, b[$ de tal forma que $f(c) = d$. Isto é, g não verifica o teorema do valor intermediário. Vejamos algumas aplicações.

Exemplo 2.2.1 *Mostre que todo polinômio cúbico possui pelo menos uma raiz real.*

Solução. Seja $p(x) = x^3 + ax^2 + bx + c$.
Como
$$\lim_{x \to \infty} p(x) = \infty, \qquad \lim_{x \to -\infty} p(x) = -\infty$$
Existe $N > 0$ tal que
$$x > N \quad \Rightarrow \quad p(x) > 0,$$
$$x < -N \quad \Rightarrow \quad p(x) < 0.$$
Da relação acima concluímos que
$$p(-N) < 0 < p(N).$$
Como os polinômios são contínuos, existe $c \in]-N, N[$ tal que $p(c) = 0$. Portanto, c é uma raiz de p.

Exemplo 2.2.2 *Seja f uma função contínua. Mostre que se*
$$f(a)f(b) < 0$$

então existe um ponto α no intervalo $]a, b[$ tal que $f(\alpha) = 0$.

Temos duas possibilidades a) $f(a) > 0$ e $f(b) < 0$ ou b) $f(a) < 0$ e $f(b) > 0$. Suponhamos a) (o mesmo argumento se aplica no caso b), então

$$f(b) < 0 < f(a)$$

Como f é contínua, pelo teorema do valor intermediário, existe $\alpha \in]a, b[$ (ou $]b, a[$) tal que $f(\alpha) = 0$. O que mostra o resultado.

Exercícios

1. Mostre que todo polinômio de grau ímpar possui pelo menos uma raiz real.

2. Mostre através de um exemplo que existem polinômios de grau par sem nenhuma raiz real.

3. Para que valores de a o polinômio $p(x) = x^3 - 3x + a$ possui raízes no intervalo $[0, 1]$. **Resp:** $a \in [-2, 0]$

4. Para que valores de a o polinômio $p(x) = x^4 - 3ax + 1$ possui raízes no intervalo $[0, 1]$. **Resp:** $a \geq 2/3$

5. Descreva uma função que não satizfaça o Teorema do valor intermediário.

6. Que pode afirmar de uma função que não satisfaça o Teorema do Valor intermediário?

7. Seja $f : [a, b] \to \mathbb{R}$ uma função satisfazendo o Teorema do valor intermediário em todo subintervalo de $[a, b]$. Podemos afirmar que f é uma função contínua? Construa um exemplo. **Resp:** Não

8. Verifique que a função $f(x) = \text{sinal}(x)$ não verifica o teorema do valor intermediário.

9. Seja p um polinômio tal que $p(-x) = -p(x)$, mostre que p tem pelo menos uma raiz real.

10. Suponhamos que p seja um polinômio tal que $p(-x) = p(x)$. Mostre que não necessariamente possui uma raiz real.

11. Verifique em que pontos existem descontinuidades nas seguintes funções

(a) $f(x) = \begin{cases} \operatorname{sen}(\dfrac{1+x}{x^2}) & \text{se } x < 0 \\ \dfrac{\operatorname{sen}(x^2)}{x} & \text{se } 0 \leq x \leq \pi \\ x^2 + x - 4 & \text{se } \pi \leq x \end{cases}$ **Resp:** Em $x = 0$

(b) $f(x) = \begin{cases} \cos(\dfrac{1}{x}) & \text{se } x < 0 \\ \dfrac{1 - \cos(x^2)}{x} & \text{se } 0 \leq x \leq \pi \\ x^2 + x - 4 & \text{se } \pi \leq x \end{cases}$ **Resp:** Em $x = 0$.

(c) $f(x) = \begin{cases} x \operatorname{sen}(\dfrac{1}{x}) & \text{se } x < 0 \\ x^2 + 3x & \text{se } 0 \leq x \leq 1 \\ x^4 + x + 2 & \text{se } 1 \leq x \end{cases}$ **Resp:** Não existe.

(d) $f(x) = \begin{cases} 2x - 1 & \text{se } x < 0 \\ x^2 + 3x - 1 & \text{se } 0 \leq x \leq 1 \\ 3x^4 - 2x + 2 & \text{se } 1 \leq x \end{cases}$. **Resp:** Não existe.

12. Seja $f : [-a, a] \to \mathbb{R}$ uma função contínua satisfazendo
$$f(-a)f(a) < 0$$
então f tem um ponto fixo em $[-a, a]$.

13. Mostre que as funções $y = ax$, $y = \cos(x)$ são funções contínuas na reta.

14. Dê um exemplo de uma função que não seja constante e que seja monótona decrescente.

15. Dê um exemplo de uma função que não seja constante e que seja monótona decrescente e contínua.

16. Mostre toda função $f : [a,b] \to \mathbb{R}$ satisfazendo
$$(f(x) - f(y))(x - y) > 0$$
para todo $x, y \in [a, b]$ é monótona.

17. Mostre que toda função $f : [-a, a] \to \mathbb{R}$ de Lipschitz com coeficiente $c = 1$ tem um ponto fixo em $[-a, a]$.

18. Calcular os valores de a, b e c de tal forma que as funções sejam contínuas

$$f(x) = \begin{cases} ax - x^2 + b & \text{se} \quad x \leq 1 \\ 2x - 2ax^2 + 2b & \text{se} \quad 1 \leq x \leq 3 \\ ax^2 - ax - 2b & \text{se} \quad 3 \leq x \end{cases},$$

$$f(x) = \begin{cases} ax^3 - x^2 + bx & \text{se} \quad x \leq 1 \\ 2x^2 - 2ax + 2b & \text{se} \quad 1 \leq x \leq 3 \\ ax^2 - ax - 2b & \text{se} \quad 3 \leq x \end{cases}$$

Resp: a) $a = -1/2$, $b = -9/2$, b) Não Existe.

19. Usando a definição mostre que as funções
$$f(x) = 2x - 1, \quad f(x) = x^2 - 2x - 1,$$
$$f(x) = \operatorname{sen}(x), \quad f(x) = \cos(x)$$
são contínuas no ponto $x = 0$.

20. Quais das seguintes funções é contínua em todo ponto?

(a) $f(x) = \begin{cases} 3x - 1 & \text{se} \quad x < 1 \\ x - 2 & \text{se} \quad x > 1 \end{cases},$

(b) $f(x) = \begin{cases} 3x^2 - x + 1 & \text{se} \quad x < 1 \\ x - 2 & \text{se} \quad x > 1 \end{cases},$

(c) $f(x) = \begin{cases} x^2 - 4x^2 - 5x & \text{se} \quad x < 1 \\ x^3 - 5x & \text{se} \quad x > 1 \end{cases},$

(d) $f(x) = \begin{cases} 3x^2 - 3x - 1 & \text{se} \quad x < 1 \\ 4x - 2 & \text{se} \quad x > 1 \end{cases},$

(e) $f(x) = \begin{cases} 7x^2 - x^2 - 1 & \text{se} \quad x < 1 \\ x^2 - 3x + 1 & \text{se} \quad x > 1 \end{cases}$,

(f) $f(x) = \begin{cases} x^2 - \cos(\pi x) - 1 & \text{se} \quad x < 1 \\ x^2 - x + 2 & \text{se} \quad x > 1 \end{cases}$,

(g) $f(x) = \begin{cases} x^2 - 2x + 1 & \text{se} \quad x < 1 \\ 3x^2 - 3x + 1 & \text{se} \quad x > 1 \end{cases}$,

21. Calcule as assíntotas da curva dada por $y = 3 - \sqrt{x^2 + 1}$ e por $y = 2 + \sqrt{3x^2 + 1}$ **Resp:** a) $y = x + 3$ b) $y = \sqrt{3}x + 2$

22. Calcule as assíntotas da hipérbole $y^2 - x^2 = 1$. **Resp:** $y = \pm x$

23. Numa comunidade de 10.000, pessoas a razão segundo a qual um boato se espalha é conjuntamente proporcional (Diremos que uma função f é conjuntamente proporcional às variáveis xy, se existe uma constante k tal que $f = kxy$) as pessoas que ouviram o boato e ao número de pessoas que não o ouviram. Se o boato esta se espalhando a uma razão de 20 pessoas por hora quando 200 pessoas o ouviram, expresse a taxa segundo o qual o boato está se espalhando como função do número de pessoas que o ouviram. Quan rápido o boato está se espalhando quando 500 pessoas o ouviram. **Resp.** $f(x) = x(10000 - x)/99800$.

24. Laranjeiras no Paraná produzem 60 laranjas por ano se não for ultrapassado o número de 20 árvores por acre. Para cada árvore a mais plantada por acre o rendimento baixa em 15 laranjas. Denote por x o número de árvores plantadas por acre. Expresse o número de laranjas produzidas por ano em função de x e mostre que ela é uma função contínua. **Resp.** $f(x) = x(60 - 15x)$.

25. Duas cidades A e B devem receber suprimento de água de um reservatório a ser localizado às margens de um rio em linha reta que está a 16 Km de A e 9 Km de B. Se os pontos mais próximos de A e B guardam entre si uma distância de 20 Km e A e B estão do mesmo lado do rio, encontre a função que define o comprimento da tubulação em função da posição do reservatório. **Resp.** $f(x) = \sqrt{256 + x^2} + \sqrt{(\sqrt{351} - x)^2 + 81}$.

82 Cálculo Light

26. Verifique quais das seguintes funções são monótonas crescentes:
$$f(x) = \frac{1}{1+2x}, \quad f(x) = \text{sen}(x), \quad f(x) = \frac{3x^2}{2x-1}.$$
Resp: *nenhuma*

27. Verifique quais das seguintes funções são monótonas decrescentes:
$$f(x) = \frac{1}{1-x}, \quad f(x) = e^x, \quad f(x) = \frac{3x}{2x+3}.$$

28. Encontre os intervalos em que a função $f(x) = x^2 - 3x + 1$ é uma função crescente.

29. Verifique o teorema do valor intermediário nos seguintes casos:

   (a) $f(x) = x^2 - 3x + 2$, no intervalo $[0,1]$ e o ponto $y = 1$.
   (b) $f(x) = x^3 - 8$, no intervalo $[0,2]$ e o ponto $y = -3$.
   (c) $f(x) = x^2 + x + 2$, no intervalo $[0,1]$ e o ponto $y = 3$.
   (d) $f(x) = \frac{x}{x+2}$, no intervalo $[0,5]$ e o ponto $y = \frac{1}{3}$.
   (e) $f(x) = \frac{1}{x^2+1}$, no intervalo $[-1,1]$ e o ponto $y = \frac{1}{2}$.

30. Quais das seguintes funções possui limites laterais no ponto $x = 0$.

   (a) $f(x) = \cos(\frac{1}{x})$.
   (b) $f(x) = x\cos(\frac{1}{x-1})$.
   (c) $f(x) = \frac{|x|}{x+2}$.
   (d) $f(x) = \frac{|x|}{|x|-1}$.
   (e) $f(x) = \frac{|x|}{x}$.
   (f) $f(x) = x\cos(\frac{x}{|x-1|})$.

31. Mostre que as seguintes funções possui pelo menos um ponto fixo

   (a) $f(x) = \cos(x)$. No intervalo $[0,1]$
   (b) $f(x) = x\cos(x)$. No intervalo $[0,1]$
   (c) $f(x) = \frac{|x|}{|x|+2}$. No intervalo $[-1,1]$
   (d) $f(x) = \frac{1}{x^2+1}$. No intervalo $[0,2]$
   (e) $f(x) = 4 - x^2$. No intervalo $[0,2]$

Capítulo II. Continuidade 83

32. Mostre que os seguintes polinômio possui pelo menos uma raiz real
   (a) $p(x) = 3x^3 - 2x^2 - x + 3$.
   (b) $p(x) = x^5 + 3x^4 + x^2 - x + 3$.
   (c) $p(x) = x^7 - x^2 - x + 3$.

33. Mostre que a função $f(x) = 1 - x^2$ tem um ponto fixo no intervalo $[0, 1]$.

34. Encontre todos os pontos fixos das seguintes funções
   (a) $f(x) = 3x^2 - 2x$. **Resp:** $x = 0$, $x = 1$.
   (b) $f(x) = x^2 + x - 1$. **Resp:** $x = -1$, $x = 1$.
   (c) $f(x) = x^2 - 2$. **Resp:** $x = -1$, $x = 2$.
   (d) $f(x) = 4x^3 + 3x^2$. **Resp:** $x = 0$, $x = -1$, $x = 1/4$.

35. Mostre que uma função f é monótona se e somente se $(f(x) - f(y))(x - y) > 0$, para todo $x, y \in \mathbb{R}$.

36. Para quais das seguintes funções se verifica o Teorema do valor intermediário?
   (a) $f(x) = \begin{cases} x - x^2 + 1 & \text{se } x \leq 1 \\ 2x - 2x^2 + 2 & \text{se } 1 \leq x \leq 3 \\ x^2 - x - 1 & \text{se } 3 \leq x \end{cases}$. No intervalo $[-1, 4]$.
   Resp: É válido
   (b) $f(x) = \begin{cases} x^2 + 1 & \text{se } x \leq 1 \\ 4 - 3x & \text{se } 1 \leq x \leq 3 \\ 1 - x^2 & \text{se } 3 \leq x \end{cases}$. No intervalo $[-1, 4]$.
   Resp: Não é válido.

37. Encontre as assíntotas das seguintes funções
   (a) $f(x) = \dfrac{3x^3 - 2x + 1}{x^2 + 1}$. **Resp:** $y = 3x$
   (b) $f(x) = \dfrac{x^3 + 2x^2 - 2x + 1}{2x^2 + 5}$. **Resp:** $y = x - 2$
   (c) $f(x) = \dfrac{x^5 - x + 1}{4x^4 + x^2 + 1}$. **Resp:** $y = \frac{1}{4}x$

(d) $f(x) = \dfrac{3x^4 - 2x^3 + x - 1}{x^2 - 1}$. **Resp:** $y = 3x + 2$, $x = 1$, $x = -1$.

(e) $f(x) = \dfrac{2x^3 - 2x + \text{sen}(x^2)}{x^2 + 1}$. **Resp:** $y = 2x$

(f) $f(x) = \dfrac{7x^3 - 6x + \cos(x - 2)}{x^2 + 1}$. **Resp:** $y = 7x$

38. Denotemos por
$$p_n(x) = a_n x^n + a_{n-1} x^{n-1} \cdots a_0,$$
$$q_{n-1}(x) = b_{n-1} x^{n-1} + b_{n-2} x^{n-2} \cdots b_0.$$
Dois polinômios de grau n e $n - 1$ respectivamente. Mostre que uma assíntota oblíqua a função $f(x) = p_n(x)/q_{n-1}(x)$ é dada por $y = a_n/b_{n-1} x + a_{n-1}/b_{n-2}$.

39. Qual das seguintes funções é descontínua, e indique os pontos de descontinuidade.

(a) $f(x) = \begin{cases} 2x - x^2 + 1 & \text{se } x \leq -1 \\ x - 2x^2 + 1 & \text{se } -1 \leq x \leq 1 \\ x - 1 & \text{se } 1 \leq x \end{cases}$ **Resp:** É contínua

(b) $f(x) = \begin{cases} x^2 + 1 & \text{se } x \leq -1 \\ 4 + 2x & \text{se } -1 \leq x \leq 1 \\ 1 - 8x^2 & \text{se } 1 \leq x \end{cases}$ **Resp:** Descontínua em $x = 1$.

(c) $f(x) = \begin{cases} x^2 + x + 1 & \text{se } x \leq -1 \\ 2 + \cos(\pi x) & \text{se } -1 \leq x \leq 1 \\ x^3 + 2x^2 - x & \text{se } 1 \leq x \end{cases}$ **Resp:** Contínua.

(d) $f(x) = \begin{cases} x\,\text{sen}(\frac{1+x}{x^2}) & \text{se } x \leq 0 \\ \frac{1 - \cos(x)}{x} & \text{se } 0 \leq x \leq \pi \\ x - \pi & \text{se } \pi \leq x \end{cases}$ **Resp:** Descontínua em $x = \pi$.

40. Considere $f : \mathbb{R}_+ \to \mathbb{R}$. Verifique quais das seguintes funções é monótona crescente.

(a) $f(x) = 4x^2 + 1$,

(b) $f(x) = x^3 + 3x^2 + 1$,

(c) $f(x) = 3x^5 - x$,

(d) $f(x) = \frac{1}{x+1}$,

(e) $f(x) = x \ln(x + 2)$,

(f) $f(x) = \ln(x + 2)$,

Resp: *a), b), e), f)*

41. Seja $f(x) = x^2+2x+1$. Encontre a e b de tal que $f(]-1,1[) =]a,b[$.
    Resp: $a = 0$, $b = 4$

Resumo

Definição de Continuidade

- *Uma função é contínua se*

$$\lim_{x \to a} f(x) = f(a)$$

- *Toda função $f : [a,b] \to \mathbb{R}$, $a,b \in \mathbb{R}$ é limitada em $[a,b]$.*

- **Teorema do Valor Intermediário:** *Se f é uma função contínua no intervalo $[\alpha, \beta]$ e suponhamos que*

$$f(\alpha) < d < f(\beta) \quad \Rightarrow \quad \exists\, c \in]\alpha, \beta[\quad \text{tal que} \quad f(c) = d.$$

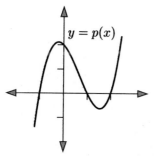

Por exemplo considere $p(x) = x^3 - 2x^2 - x + 2$ temos que $p(-2) = -12$, $p(3) = 4$, isto é

$$p(-2) < 0 < p(3),$$

logo existe $c \in]-2,3[$ tal que $p(\alpha) = 0$. Lembre que o Teorema do valor médio nos diz que existe pelo menos um número c. No gráfico vemos que existem três valores satisfazendo $p(c) = 0$.

- *Imagens de intervalos através de funções contínuas são também intervalos.*

Capítulo III
Derivadas

$$\lim_{h \to 0} \frac{f(x+h)-f(x)}{h}$$

$$\frac{df}{dx} = f'(x)$$

Gottfried Leibniz *nasceu no 1 de Julho de 1646 em Leipzig (atual Alemanha). Em 1661 começou seus estudos na Universidade de Leipzig, onde estudou filosofia. Graduou-se como bacharel em 1663. Seu interesse pelas Matemáticas começou em Jena. Em 1666, obteve sua habilitação em Filosofia e no ano seguinte seu Doutorado em Direito na Universidade de Altdor. A partir de 1670 começou a estudar fenômenos físicos, como o movimento e colições elásticas. Em 1671 publicou seu célebre trabalho Novas hipóteses físicas. Assim como Pascal Leibniz, também fez um projeto para a construção de uma máquina de Calcular. Não foi possível terminar este projeto pelas precárias condições tecnológicas da época. Foi eleito membro da Real Sociedade de Londres em 1673. A partir de 1673 começou a desenvolver os conceitos básicos do cálculo Diferencial, foi ele que introduziu a notação $\int f(x)\,dx$.*

3.1 A reta tangente

Este capítulo tem como objetivo, primeiro definir o conceito de reta tangente e depois calcular as retas tangentes a cualquer curva. Se a curva é um círculo, o problema é simples e foi resolvido inicialmente por Euclides.

Uma reta é tangente a um círculo se elas se interceptam num único ponto

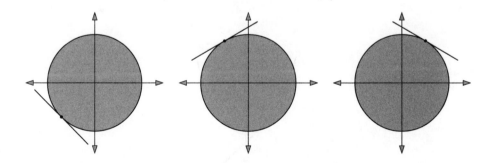

Mais esta definição não é apropriada para outros tipos de curva. Veja os seguintes exemplos

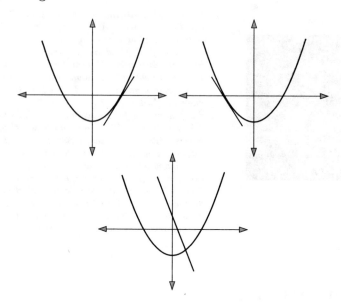

No terceiro gráfico acima vemos que a reta intercepta à curva apenas num ponto, mas esta reta não corresponde ao nosso conceito de tangência. Como podemos definir o conceito de reta tangente?

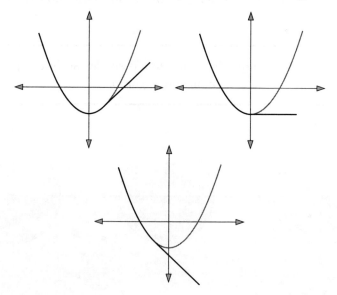

Nos gráficos acima, temos deixado com o mesmo tom a curva e a reta tangente. Nela vemos que a curva possui uma continuação suave sobre a reta tangente. Por exemplo se quisermos construir uma estrada de forma parabólica com continuação reta, a melhor escolha para esta continuação seria a reta tangente. Isto é porque

> *A reta tangente tem a mesma direção que a curva no ponto de tangência.*

Mais veja bem, a observação que temos colocado acima não serve como definição, porque não definimos que é a direção de uma curva. Mas esta observação é importante porque nos dá uma ideia de reta tangente. Para definir tangente a uma curva qualquer, vamos seguir a regra de ouro do Cálculo.

> *Se não conhecemos a solução exata, procuremos uma aproximada.*

Exemplo 3.1.1 *Encontre a equação da reta tangente da função dada pelo gráfico no ponto $P(4,1)$*

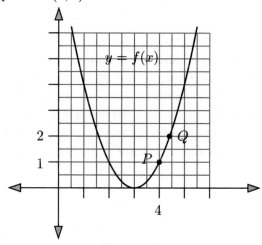

Solução. Em princípio não conhecemos a reta tangente à curva no ponto P, mas podemos calcular ela aproximadamente. Por exemplo, se tomamos o ponto $Q(4.5, 2)$ da curva podemos afirmar que a reta tangente à curva será aproximadamente igual a reta que passa pelos pontos P e Q. Vamos calcular a inclinação m_s da secante $\overline{PQ}$. Do gráfico temos que

$$m_s = \frac{1}{0.5} = 2.$$

Logo a equação da secante será

$$\frac{y-1}{x-4} = 2 \quad \Rightarrow \quad y = 2x - 7.$$

Caso Geral

Vamos definir a tangente por aproximação! Considere os seguintes gráficos

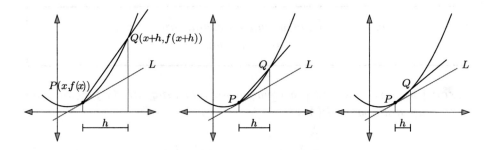

Podemos aproximar a tangente L no ponto P, pela reta secante que passa pelos pontos $\overline{PQ}$. Observe que esta aproximação melhora na medida em que Q se aproxima de P. Isto é quando h é pequeno.

Dado o ponto P da curva, para determinar a reta tangente L bastará calcular sua inclinação que a denotaremos por m. Para isto calculemos primeiro a inclinação da reta secante $\overline{PQ}$, que denotaremos por m_h

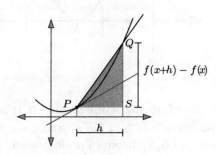

Do gráfico concluímos

$$\tan(\widehat{SPQ}) = m_h = \frac{f(x+h) - f(x)}{h}.$$

Portanto, a inclinação da reta tangente, será o limite quando h vai para zero la inclinação da secante, isto é:

$$\boxed{m = \lim_{h \to 0} \frac{f(x+h) - f(x)}{h}} \qquad (3.1)$$

Exemplo 3.1.2 *Calcular a equação da reta tangente à curva $y = (x-1)^2$ no ponto $(2,1)$.*

Solução. Pela hipótese, a reta tangente passa pelo ponto $(2,1)$. Portanto, para encontrar sua equação bastará calcular sua inclinação. Do discutido anteriormente temos que

$$m = \lim_{h \to 0} \frac{y(2+h) - y(2)}{h}.$$

Substituindo valores encontramos

$$m = \lim_{h \to 0} \frac{(h+1)^2 - 1}{h} \quad \Rightarrow \quad m = \lim_{h \to 0} \frac{h^2 + 2h}{h}.$$

Para valores de $h \neq 0$ temos que

$$m = \lim_{h \to 0} \frac{h^2 + 2h}{h} = \lim_{h \to 0} h + 2 = 2.$$

Lembremos que a equação da reta que passa por $(2,1)$ e inclinação $m = 2$ é dada por
$$\frac{y-1}{x-2} = 2.$$
Portanto, a reta tangente é $y = 2x - 3$.
Podemos então definir a reta tangente à curva $y = f(x)$ no ponto $P(a, f(a))$ como o limite das retas secantes que passa pelos pontos $P(a, f(a))$ e $Q(a+h, f(a+h))$ quando h se aproxima de zero. O ponto central na resolução deste problema é o limite (3.1), que pode existir ou não. No caso que este limite exista diremos que f é diferenciável.

Definição 3.1.1 *Diz-se que a função f é diferenciável em x se existe o limite*
$$\lim_{h \to 0} \frac{f(x+h) - f(x)}{h}.$$
Este limite será chamado de derivada de f no ponto x e o denotaremos como
$$\frac{df}{dx}(x) = \lim_{h \to 0} \frac{f(x+h) - f(x)}{h}.$$

Exemplo 3.1.3 *Calcular a derivada da função $f(x) = x^2$.*

Solução. Da definição
$$\frac{df}{dx} = \lim_{h \to 0} \frac{f(x+h) - f(x)}{h} = \lim_{h \to 0} \frac{(x+h)^2 - x^2}{h}.$$
Lembrando que $(x+h)^2 = x^2 + 2hx + h^2$ temos
$$\frac{df}{dx} = \lim_{h \to 0} \frac{2hx + h^2}{h} = \lim_{h \to 0} 2x + h = 2x.$$

Portanto,
$$\frac{df}{dx} = 2x.$$

Exemplo 3.1.4 *Utilizando derivadas calcular a equação da reta tangente à curva $y = x^2$ no ponto $(1,1)$.*

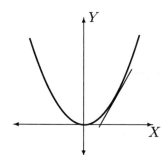

Solução. Para calcular a equação da tangente no ponto $(1,1)$ bastará calcular a inclinação desta reta no ponto $x = 1$. Para isto calculamos a derivada de f.
No exemplo anterior vimos que
$$\frac{df}{dx} = 2x,$$
portanto se $x = 1$, $m = 2$. Logo a equação da reta está dada por
$$\frac{y-1}{x-1} = 2, \quad \Rightarrow \quad y = 2x - 1.$$

Exemplo 3.1.5 *Calcular a derivada da função $f(x) = x^3$.*

Solução. Usando a definição temos que
$$\frac{d}{dx}x^3 = \lim_{h \to 0} \frac{(x+h)^3 - x^3}{h}.$$
Lembrando que $(x+h)^3 = x^3 + 3x^2h + 3xh^2 + h^3$ temos
$$\lim_{h \to 0} \frac{(x+h)^3 - x^3}{h} = \lim_{h \to 0} \frac{3x^2h + 3xh^2 + h^3}{h} = 3x^2.$$
Logo
$$\frac{d}{dx}x^3 = 3x^2.$$

Exemplo 3.1.6 *Calcular a derivada da função $f(x) = x^4$.*

Solução. Da definição
$$\frac{d}{dx}x^4 = \lim_{x \to 0} \frac{(x+h)^4 - x^4}{h}.$$
Usando $(x+h)^4 = x^4 + 4x^3h + 6x^2h^2 + 4xh^3 + h^4$ encontramos
$$\lim_{h \to 0} \frac{(x+h)^4 - x^4}{h} = \lim_{h \to 0} \frac{4x^3h + 6x^2h^2 + 4xh^3 + h^4}{h}.$$
De onde temos
$$\lim_{h \to 0} \frac{(x+h)^4 - x^4}{h} = 4x^3 \quad \Rightarrow \quad \frac{d}{dx}x^4 = 4x^3.$$

Observação 3.1.1 *Dos exercícios anteriores, encontramos que*
$$\frac{d}{dx}x = 1, \quad \frac{d}{dx}x^2 = 2x, \quad \frac{d}{dx}x^3 = 3x^2, \quad \frac{d}{dx}x^4 = 4x^3, \cdots$$
De uma simples inspeção verificamos

$$\boxed{\frac{d}{dx}x^n = nx^{n-1}}$$

3.2 Cinemática

Denotemos por $y = f(t)$ a função que define a posição de um corpo em cada instante de tempo. Suponhamos que o corpo se movimenta sobre o eixo das ordenadas. Suponhamos também que a distância a medimos em metros e o tempo em segundos. Isto é, no tempo $t = a$ segundos o corpo está a $f(a)$ metros da origem de coordenadas. No segundo $t = b$ a posição do corpo é o ponto $f(b)$.

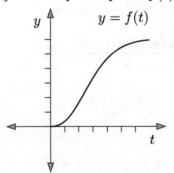 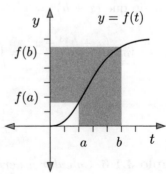

Isto significa que em $b - a$ segundos o corpo percorreu uma distância de $f(b) - f(a)$ metros. Portanto, se quisermos calcular a velocidade média com que este corpo se movimentou basta aplicar a fórmula $\overline{v} = d/T$. Assim temos

$$\overline{v} = \frac{f(b) - f(a)}{b - a}$$

Observe que se reduzimos o intervalo $(b \to a)$, a velocidade média cada vez mais se aproxima a velocidade instantânea no ponto a, isto é a velocidade do corpo no instante $t = a$. Podemos então fazer $b = a + h$, onde $h \to 0$, então a velocidade média pode ser reescrita como

$$\overline{v} = \frac{f(a + h) - f(a)}{h}$$

Isto nos diz que a velocidade instantânea é igual à derivada de f com relação ao tempo. Portanto, a velocidade do corpo no instante $t = a$ é igual à derivada de f no ponto $t = a$.

$$v(a) = \frac{df}{dt}(a).$$

Exemplo 3.2.1 *A posição de um móvel que se movimenta em linha reta é dada pela função: $y = t^2 + 2t$, onde y é medido em metros e o tempo em segundos. Calcule a velocidade com que este móvel se movimenta no tempo $t = 10$ seg. e $t = 20$ seg.*

Solução. A velocidade no tempo $t = 10$ e $t = 20$ corresponde a velocidade instantânea. Portanto, calculando a derivada de y com relação ao tempo encontramos

$$\frac{dy}{dt} = 2t + 2 \quad \Rightarrow \quad \frac{dy}{dt}(10) = 22, \quad \frac{dy}{dt}(20) = 42$$

Isto é a velocidade é $v = 22$ m/seg e $v = 42$m/seg respectivamente.

Derivada e velocidade

Seja $y = f(t)$ uma função que define a posição de um corpo no instante de tempo t, então a derivada com relação a t representa a velocidade com que o corpo se movimenta no instante t.

3.3 Aritmética das derivadas

Para facilitar o cálculo das derivadas, forneceremos nesta seção algumas propriedades importantes.

Derivada da soma de funções

Pela linearidade do limite, a soma de funções é igual a soma das derivadas destas funções. Resumimos esto no seguinte teorema.

Teorema 3.3.1 *Sejam* $f : [a,b] \to \mathbb{R}$ *e* $g : [a,b] \to \mathbb{R}$ *funções diferenciáveis no ponto* $x \in]a,b[$. *Então a soma das funções* f *e* g *é também diferenciável no ponto* x *e ainda temos que*

$$\frac{d}{dx}\{f(x) + g(x)\} = \frac{df}{dx}(x) + \frac{dg}{dx}(x)$$

Demonstração. Da hipótese, existem os seguintes limites,

$$\lim_{h \to 0} \frac{f(x+h) - f(x)}{h} = \frac{d}{dx}f, \quad \lim_{h \to 0} \frac{g(x+h) - g(x)}{h} = \frac{d}{dx}g$$

Portanto, o também existe o limite da soma. De fato,

$$\lim_{h \to 0} \frac{f(x+h) + g(x+h) - f(x) - g(x)}{h}$$
$$= \lim_{h \to 0} \frac{f(x+h) - f(x)}{h} + \lim_{h \to 0} \frac{g(x+h) - g(x)}{h}$$

Isto é soma de funções diferenciáveis é diferenciável e ainda verifica que

$$\frac{d}{dx}\{f(x) + g(x)\} = \frac{df}{dx}(x) + \frac{dg}{dx}(x)$$

Exemplo 3.3.1 *Calcular a derivada de* $f(x) = x^4 + x^3$

Solução. Lembremos que a derivada de x^n é dada por
$$\frac{d}{dx}x^n = nx^{n-1}$$
Isto é,
$$\frac{d}{dx}x^4 = 4x^3, \quad \frac{d}{dx}x^3 = 3x^2.$$
Aplicando que a derivada da soma de funções é igual à derivada da soma, encontramos que
$$\frac{d}{dx}\left\{x^4 + x^3\right\} = 4x^3 + 3x^2.$$

Derivada do produto de funções

Interpretemos a derivada de um produto geometricamente através da área de um retângulo. A área do quadrado com lados incrementados é dado por

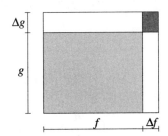

$$(f + \Delta f)(g + \Delta g) = fg + f\Delta f + g\Delta f + \Delta f \Delta g.$$
De onde temos
$$\frac{(f + \Delta f)(g + \Delta g) - fg}{\Delta x} = f\frac{\Delta g}{\Delta x} + g\frac{\Delta f}{\Delta x} + \frac{\Delta f}{\Delta x}\Delta g.$$
Tomando limites encontramos que
$$\lim_{\Delta x \to 0} \frac{(f + \Delta f)(g + \Delta g) - fg}{\Delta x}$$
$$= f \lim_{\Delta x \to 0} \frac{\Delta g}{\Delta x} + g \lim_{\Delta x \to 0} \frac{\Delta f}{\Delta x} + \lim_{\Delta x \to 0} \frac{\Delta f}{\Delta x}\Delta g$$
$$= f\frac{dg}{dx} + g\frac{df}{dx}.$$

Como ilustração, mostraremos as fórmulas da derivada de um produto, usando a definição. De fato,

$$\frac{d}{dx}\{f(x)g(x)\} = \lim_{h \to 0} \frac{f(x+h)g(x+h) - f(x)g(x)}{h}.$$

Para facilitar a escrita, introduzamos o operador incremento:

$$\Delta f(x) = f(x+h) - f(x).$$

A ideia para encontrar uma fórmula que relacione a derivada de um produto com a derivada de cada um dos fatores é reescrever o incremento de um produto como

$$\begin{aligned}\Delta fg(x) &= f(x+h)g(x+h) - f(x+h)g(x) \\ &\quad + f(x+h)g(x) - f(x)g(x) \\ &= f(x+h)\Delta g(x) + g(x)\Delta f(x).\end{aligned}$$

Calculando o limite

$$\begin{aligned}\frac{d}{dx}\{f(x)g(x)\} &= \lim_{h \to 0} \frac{f(x+h)\Delta g + g(x)\Delta f(x)}{h} \\ &= f(x)\frac{d}{dx}g(x) + g(x)\frac{d}{dx}f(x)\end{aligned}$$

Temos mostrado assim o seguinte Teorema

Teorema 3.3.2 *Sejam $f : [a,b] \to \mathbb{R}$ e $g : [a,b] \to \mathbb{R}$ funções diferenciáveis no ponto $x \in]a,b[$. Então o produto das funções f e g é também diferenciável no ponto x e ainda temos que*

$$\frac{d}{dx}\{f(x)g(x)\} = \frac{df}{dx}g(x) + f(x)\frac{dg}{dx}$$

Capítulo III. Derivadas 101

Exemplo 3.3.2 *Calcular a derivada de* $f(x) = x^5$

Solução. Podemos considerar x^5 como o produto de x^4 com x e aplicando as fórmulas de derivada de um produto teremos

$$\frac{d(x^4)}{dx} = 4x^3, \quad \frac{dx}{dx} = 1,$$

Finalmente,

$$\frac{d(x^5)}{dx} = \frac{d(x^4 x)}{dx} = \frac{d(x^4)}{dx}x + x^4\frac{dx}{dx} = 4x^4 + x^4 = 5x^4$$

De onde,

$$\frac{d}{dx}x^5 = 4x^4.$$

Exemplo 3.3.3 *Calcular a derivada da função* $f(x) = x^4 - 3x^3 + 5x^2 - x + 1$

Solução. Usando a relação anterior e como a derivada da soma de funções é igual à derivada da soma obtemos

$$\frac{d}{dx}f = 4x^3 - 9x^2 + 10x - 1.$$

Exemplo 3.3.4 *Calcular a derivada da função:* $f(x) = (3x^3 - 2x^2 + x - 1)(x^2 - 3x + 7)$

Solução. É simples verificar que f é um polinômio de grau 5, para calcular sua derivada temos duas possibilidades. A primeira é fazer o produto e depois derivar aplicando a fórmula da derivada de uma potência. A segunda possibilidade é utilizar a fórmula da derivada de um produto. Por simplicidade ficaremos com a segunda opção. Denotemos por $g(x) = 3x^3 - 2x^2 + x - 1$ e $h(x) = x^2 - 3x + 7$. Portanto, $f(x) = g(x)h(x)$. Usando a fórmula da derivada de um produto encontramos

$$\frac{d}{dx}f(x) = g'(x)h(x) + g(x)h'(x)$$

Calculando as derivadas obtemos

$$\frac{d}{dx}f = (9x^2 - 4x + 1)(x^2 - 3x + 7) + (3x^3 - 2x^2 + x - 1)(2x - 3).$$

Derivada de um quociente

Da definição

$$\frac{d}{dx}\left\{\frac{f(x)}{g(x)}\right\} = \lim_{h\to 0}\frac{\left\{\frac{f(x+h)}{g(x+h)}\right\} - \left\{\frac{f(x)}{g(x)}\right\}}{h}$$

Note que

$$\Delta\left\{\frac{f(x)}{g(x)}\right\} = \frac{f(x+h)}{g(x+h)} - \frac{f(x+h)}{g(x)} + \frac{f(x+h)}{g(x)} - \frac{f(x)}{g(x)}$$

$$= -\frac{f(x+h)\Delta g(x)}{g(x+h)g(x)} + \frac{\Delta f(x)}{g(x)}$$

Lembrando a definição da derivada de f e de g teremos que

$$\frac{d}{dx}f(x) = \lim_{h\to 0}\frac{\Delta f(x)}{h}, \qquad \frac{d}{dx}g(x) = \lim_{h\to 0}\frac{\Delta g(x)}{h}.$$

Portanto

$$\frac{d}{dx}\left\{\frac{f(x)}{g(x)}\right\} = \lim_{h\to 0}\frac{1}{h}\Delta\left\{\frac{f(x)}{g(x)}\right\}$$

$$= -\lim_{h\to 0}\frac{f(x+h)\Delta g(x)}{hg(x+h)g(x)} + \lim_{h\to 0}\frac{\Delta f(x)}{hg(x)}$$

$$= -\frac{f(x)g'(x)}{g(x)^2} + \frac{f'(x)}{g(x)}$$

$$= \frac{g(x)f'(x) - g'(x)f(x)}{g(x)^2}$$

De onde obtemos:

Teorema 3.3.3 *Sejam* $f : [a,b] \to \mathbb{R}$ *e* $g : [a,b] \to \mathbb{R}$ *funções diferenciáveis no ponto* $x \in]a,b[$. *Então se* $g(x) \neq 0$, *o quociente das funções* f *e* g *é também diferenciável no ponto* x *e ainda temos que*

$$\frac{d}{dx}\left\{\frac{f(x)}{g(x)}\right\} = \frac{g(x)f'(x) - g'(x)f(x)}{g(x)^2}$$

Capítulo III. Derivadas   103

Exemplo 3.3.5 *Calcular a derivada de* $f(x) = x^{-n}$

Consideraremos a função f como o quociente da função constante igual a 1 e o polinômio x^n, portanto, aplicando as fórmulas teremos que

$$\frac{d}{dx}\left\{\frac{1}{x^n}\right\} = \frac{0 - nx^{n-1}}{x^{2n}} = -nx^{-n-1}.$$

De onde segue que

$$\boxed{\frac{d}{dx}x^{-n} = -nx^{-n-1} \qquad \forall n \in \mathbb{N}.}$$

Exemplo 3.3.6 *Calcule a derivada da função*

$$f(x) = \frac{x^2 - 2x + 3}{x^2 + 4}$$

Solução. Aplicando diretamente a fórmula teremos

$$\begin{aligned}\frac{d}{dx}f(x) &= \frac{(2x-2)(x^2+4) - (x^2-2x+3)(2x)}{(x^2+4)^2} \\ &= \frac{2x^3 - 2x^2 + 8x - 8 - 2x^3 + 4x^2 - 6x}{(x^2+4)^2} \\ &= \frac{2x^2 + 14x - 8}{(x^2+4)^2}\end{aligned}$$

Exemplo 3.3.7 *Calcular a derivada da função* $f(x) = \frac{x-1}{x+1}$.

Solução. Aplicando a fórmula temos

$$\frac{df}{dx} = \frac{x+1-(x-1)}{(x+1)^2} = \frac{2}{(x+1)^2}$$

Exemplo 3.3.8 *Calcular a derivada da função* $f(x) = (x^2+5)/(x^3+1)$

Neste caso usaremos a fórmula da derivada de um quociente. Isto é

$$\begin{aligned}\frac{d}{dx}f(x) &= \frac{d}{dx}\left\{\frac{x^2+5}{x^3+1}\right\} \\ &= \frac{2x(x^3+1) - (x^2+5)(3x^2)}{(x^3+1)^2} \\ &= \frac{-x^4 - 15x^2 + 2x}{(x^3+1)^2}\end{aligned}$$

3.4 Gráficos de funções diferenciáveis

A derivada de uma função f é a inclinação da reta tangente à curva $y = f(x)$. Podemos nos perguntar, que tipo de funções são aquelas que não possuem derivadas. De acordo com o estudado na seção anterior, as funções que não são diferenciáveis, não possuem uma reta tangente nesse ponto. Consideremos por exemplo a função $f(x) = |x|$.

Exemplo 3.4.1 *Verifique se a função $f(x) = |x|$ é diferenciável no ponto $x = 0$*

Solução. O gráfico da função valor absoluto é dado por

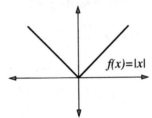

Observando o gráfico da função ao lado, o único ponto onde não é claro o desenho de uma reta tangente é $x = 0$. Nos outros pontos a tangente coincide com parte do gráfico. Apliquemos a definição de derivada, para verificar se a função $f(x) = |x|$ é diferenciável no ponto $x = 0$. Consideremos o limite

$$\lim_{h \to 0} \frac{f(h) - f(0)}{h}.$$

Substituindo os valores encontramos

$$\lim_{h \to 0} \frac{f(h) - f(0)}{h} = \lim_{h \to 0} \frac{|h|}{h}.$$

O limite pela direita é

$$\lim_{h \to 0^+} \frac{|h|}{h} = \lim_{h \to 0^+} \frac{h}{h} = 1.$$

O limite pela esquerda é

$$\lim_{h \to 0^-} \frac{|h|}{h} = \lim_{h \to 0^-} \frac{-h}{h} = -1.$$

Capítulo III. Derivadas   105

Como os limites laterais são diferentes então não existe a derivada de $f(x) = |x|$ no ponto $x = 0$. Isto é $f(x) = |x|$ não é diferenciável.

Observação 3.4.1 *O gráfico do valor absoluto apresenta um bico no ponto $(0,0)$. Se quisermos traçar uma reta tangente neste ponto, esta reta ficaria indeterminada. Portanto, todo gráfico que apresente bicos, representam funções não diferenciáveis.*

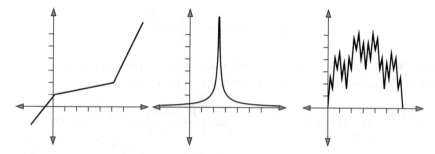

Nenhuma das funções acima é diferenciável no ponto onde apresenta um bico. Em compensação as funções diferenciáveis não apresentam bicos e são suaves, veja os seguintes exemplos

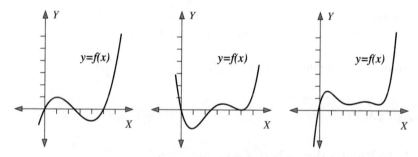

Observe como as curvas não apresentam bicos e transmitem a sensação de ser suaves. Isto é se deslizássemos sobre ela, seria de uma forma suave.

3.5 Diferenciabilidade e Continuidade

Toda função diferenciável é contínua. O recíproco desta propriedade é falso, basta considerar a função $f(x) = |x|$ que é contínua no ponto $x = 0$ mas não é diferenciável nesse ponto como vimos no exemplo anterior.

Teorema 3.5.1 *Seja $f : [a, b] \to \mathbb{R}$ uma função diferenciável no ponto x. Então f é contínua em x.*

Demonstração. Das hipótese existe o limite,

$$f'(x) = \lim_{h \to 0} \frac{f(x+h) - f(x)}{h}.$$

Como o limite do quociente existe quando h vai para zero, então o limite do numerador deve ser nulo quando $h \to 0$. Isto é

$$\lim_{h \to 0} f(x+h) - f(x) = \lim_{h \to 0} \left[\frac{f(x+h) - f(x)}{h} \right] h = 0$$

Fazendo $y = x + h$ temos que

$$y \to x \quad \text{se e somente se} \quad h \to 0$$

Portanto,

$$\lim_{y \to x} f(y) = f(x).$$

De onde segue a continuidade de f.

Exercícios

1. Calcular a derivada das seguintes funções:

    (a) $f(x) = x/x + 1$,
    Resp: $1/(x+1)^2$.

    (b) $f(x) = x(x+1)$,
    Resp: $2x + 1$.

    (c) $f(x) = x^2/x + 1$,
    Resp: $1 - 1/(x+1)^2$.

    (d) $f(x) = x/(x+1)^2$,
    Resp: $(1-x)/(x+1)^3$.

    (e) $f(x) = \frac{1}{ax+b}$,
    Resp: $-\frac{a}{(ax+b)^2}$.

    (f) $f(x) = x\sqrt{x+1}$,
    Resp: $(3x+2)/2\sqrt{x+1}$.

    (g) $f(x) = x/(x^2+1)$,
    Resp: $(1-x^2)/(1+x^2)$

    (h) $f(x) = \sqrt{x+1} - x$,
    Resp: $1/2\sqrt{x+1} - 1$

2. Mostre que
$$\frac{d}{dx}\{x^r\} = rx^{r-1}$$
Para todo número racional.

3. Seja $f : \mathbb{R} \to \mathbb{R}$ uma função diferenciável verificando: $f(x)f(y) = f(x+y)$. Mostre que f é uma função diferenciável.

4. Sejam $f, g, h : [a, b] \to \mathbb{R}$ funções diferenciáveis, então verifique que
$$\frac{d}{dx}\{f(x)g(x)h(x)\} = f'(x)g(x)h(x) + f(x)g'(x)h(x) + f(x)g(x)h'(x)$$

5. Verifique se as funções são diferenciáveis
$$f(x) = \begin{cases} x^2 \cos(\frac{1}{x}) & \text{se } x \neq 0 \\ 0 & \text{se } x = 0 \end{cases}, \quad f(x) = \begin{cases} x \cos(\frac{1}{x}) & \text{se } x \neq 0 \\ 0 & \text{se } x = 0 \end{cases}$$

6. Calcular a reta tangente à curva $y = x^2 + 1$ no ponto $(1, 2)$.

7. Mostre que toda reta tangente ao círculo é ortogonal a toda reta que passa pelo centro do círculo e o ponto de tangência.

8. Mostre que não é possível traçar uma reta tangente ao círculo a partir de de um ponto interior a ele.

9. Encontre a equação da reta tangente ao círculo $x^2 + y^2 = 1$, que passa pelo ponto $(0, 10)$.

10. Quantas retas tangentes à curva $x^2 + 2y^2 = 1$ podem ser traçadas a partir do ponto $(1, -10)$.

11. É possível traçar uma reta tangente a parábola $y = x^2$ a partir do ponto $(0, 10)$? Justifique sua resposta.

12. Encontre todas as retas tangentes a parábola $y = x^2 - x$ que podem ser traçadas do ponto $(0, -10)$.

13. Mostre que de um ponto exterior a um círculo podem ser traçadas duas retas tangentes ao círculo.

14. Encontre o valor de m de tal forma que a reta $y = mx + 2$ seja tangente ao círculo $x^2 + y^2 = 1$. **Resp:** $y = \pm\sqrt{3}x + 2$

15. Encontre os pontos de tangência das duas retas tangentes à parábola $y = -x^2$, que passa pelo ponto $(0, 4)$. **Resp:** (2,-4), (-2,-4)

16. Da origem de coordenadas, quantas retas tangentes podem ser traçadas a hipérbole de equação $x^2 - y^2 = 1$?. Encontre os pontos de tangência.

17. verifique graficamente que de qualquer ponto do plano é possível traçar uma reta tangente à curva $y = x^3$.

18. Mostre que de um ponto exterior a um círculo somente podem ser traçadas duas retas tangentes ao círculo.

19. Quantas retas tangentes a uma parábola podem ser traçadas do exterior de uma parábola?. Mostre com exemplos. **Resp:** Uma ex. $y = x^2$, $(4, 1)$, no máximo duas ex. $y = x^2$ $(0, -3)$

20. Verifíque graficamente que de um ponto exterior a uma elipse somente podem ser traçadas duas retas tangentes a elipse.

21. Mostre que a equação $x^2 + ax + b$ possui duas raízes iguais se e somente se $a^2 = 4b$.

22. Em que ponto da parábola $y = x^2$ existe uma tangente horizontal. **Resp:** $(0, 0)$

23. Em que ponto da parábola $y = x^2$ existe uma tangente paralela a diagonal. **Resp:** $(1/2, 1/4)$

24. Usando a definição calcule a derivada das seguintes funções.
    - $f(x) = x^2 - x$,
    - $f(x) = \frac{1}{x+1}$,
    - $f(x) = x^3$,
    - $f(x) = x/(x+1)$,
    - $f(x) = 3x^3 + x$,
    - $f(x) = x/(x+2)^2$,

25. Calcular a equação da reta tangente da função f nos pontos indicados.
    - $f(x) = x^2 - x$, $x = 1$.
    - $f(x) = \frac{1}{x+1}$, $x = 1$.
    - $f(x) = x^3$, $x = 2$.
    - $f(x) = x/(x+1)$, $x = -2$.
    - $f(x) = 3x^3 + x$, $x = 4$.
    - $f(x) = x/(x+2)^2$, $x = 3$.

26. Seja f uma função diferenciável. Mostre que

$$\frac{d}{dx}\{xf(x)\} = f(x) + xf'(x)$$

3.6 Derivadas de funções especiais

Nesta seção calcularemos as derivadas da função exponencial, logarítmica e trigonométricas. Nosso ponto de partida será a função exponencial.

Derivada do exponencial

O ponto central para calcular estas derivadas é o limite

$$\lim_{h \to 0} \frac{e^h - 1}{h} = 1.$$

Exemplo 3.6.1 *Calcular a derivada da função $f(x) = e^{ax}$. Onde por a estamos denotando uma constante real.*

Solução. Temos que calcular o limite:

$$\lim_{h \to 0} \frac{e^{a(x+h)} - e^{ax}}{h} = \lim_{h \to 0} \frac{e^{ax}(e^{ah} - 1)}{h} = e^{ax} \lim_{h \to 0} \frac{e^{ah} - 1}{h}$$

Lembrando que

$$\lim_{h \to 0} \frac{e^h - 1}{h} = 1.$$

Temos

$$\lim_{h \to 0} \frac{e^{a(x+h)} - e^{ax}}{h} = ae^{ax} \lim_{h \to 0} \frac{e^{ah} - 1}{ah} = ae^{ax}$$

Portanto,

$$\boxed{\frac{d}{dx} e^{ax} = ae^{ax}}$$

Exemplo 3.6.2 *Calcular a equação da reta tangente à curva $y = e^{x/2}$ no ponto $(1, \sqrt{e})$.*

110 Cálculo Light

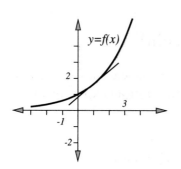

Solução. Derivando a função $f(x) = e^{x/2}$ temos

$$f'(x) = \frac{1}{2}e^{\frac{x}{2}} \quad \Rightarrow \quad f'(1) = \frac{1}{2}\sqrt{e}.$$

Como a reta passa pelo ponto $(1, \sqrt{e})$ encontramos que a equação da reta tangente é dada por

$$\frac{y - \sqrt{e}}{x - 1} = \frac{1}{2}\sqrt{e} \quad \Rightarrow \quad y = \frac{x}{2}\sqrt{e} + \frac{\sqrt{e}}{2}.$$

Que é a equação da tangente.

Derivada do Logaritmo

Lembremos que

$$\lim_{h \to 0} (1 + h)^{\frac{1}{h}} = e.$$

Exemplo 3.6.3 *Calcular a derivada da função* $f(x) = \ln(x)$.

Solução. Note que

$$\frac{\ln(x+h) - \ln(x)}{h} = \ln(1 + \frac{h}{x})^{\frac{1}{h}}.$$

Como

$$\lim_{h \to 0}(1 + \frac{h}{x})^{\frac{1}{h}} = \lim_{h \to 0}[(1 + \frac{h}{x})^{\frac{x}{h}}]^{\frac{1}{x}} = e^{\frac{1}{x}}.$$

Segue que

$$\lim_{h \to 0} \frac{\ln(x+h) - \ln(x)}{h} = \ln e^{\frac{1}{x}} = \frac{1}{x}.$$

Portanto,

$$\boxed{\frac{d}{dx}\ln(x) = \frac{1}{x}}$$

Exemplo 3.6.4 *Usando derivadas, calcular a equação da reta tangente à curva $y = 5\ln(x)$ no ponto $(2, 5\ln(2))$.*

Solução. Derivando a função $f(x) = 5\ln(x)$ temos

$$f'(x) = \frac{5}{x} \quad \Rightarrow \quad f'(1) = \frac{5}{2}.$$

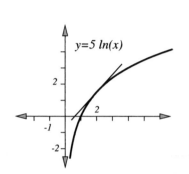

Como a reta passa pelo ponto $(2, 5\ln(2))$ encontramos que a equação da reta tangente é dada por

$$\frac{y - 5\ln(2)}{x - 2} = \frac{5}{2} \quad \Rightarrow \quad y = \frac{5}{2}x - 5 + 5\ln(2).$$

Que é a equação da tangente.

Derivadas de funções trigonométricas

Nesta seção calcularemos as derivadas das funções trigonométricas. Para isto primeiro calcularemos as fórmulas para a função seno e cosseno. Estas fórmulas serão baseadas nos seguintes limites.

$$\lim_{h \to 0} \frac{\text{sen}(h)}{h} = 1, \quad \lim_{h \to 0} \frac{1 - \cos(h)}{h} = 0.$$

As derivadas das outras funções trigonométricas serão calculadas utilizando as fórmulas da derivada de um quociente.

Exemplo 3.6.5 *Calcular a derivada da função $f(x) = \text{sen}(x)$.*

Solução. Lembremos que

$$\text{sen}(x + h) = \text{sen}(x)\cos(h) - \cos(x)\text{sen}(h)$$

Portanto

$$\frac{\text{sen}(x + h) - \text{sen}(x)}{h} = \frac{\text{sen}(x)(\cos(h) - 1) - \cos(x)\text{sen}(h)}{h}$$

Tomando limite encontramos

112 Cálculo Light

$$\lim_{h\to 0}\frac{\operatorname{sen}(x+h)-\operatorname{sen}(x)}{h} = \lim_{h\to 0}\operatorname{sen}(x)\frac{(\cos(h)-1)}{h}$$
$$-\lim_{h\to 0}\frac{\cos(x)\operatorname{sen}(h)}{h}$$

Lembrando que

$$\lim_{h\to 0}\frac{1-\cos(h)}{h}=0, \qquad \lim_{h\to 0}\frac{\operatorname{sen}(h)}{h}=1.$$

Encontramos que

$$\lim_{h\to 0}\frac{\operatorname{sen}(x+h)-\operatorname{sen}(x)}{h}=\cos(x)$$

Portanto,

$$\boxed{\frac{d}{dx}\operatorname{sen}(x)=\cos(x)}$$

Exemplo 3.6.6 *Usando derivadas, calcular a equação da reta tangente à curva $y = 3\operatorname{sen}(x) + 1$ no ponto $(\pi/3, 3\sqrt{3}/2 + 1)$.*

Derivando a função $f(x) = 3\operatorname{sen}(x) + 1$ temos

$$f'(x) = 3\cos(x) \quad \Rightarrow \quad f'(\frac{\pi}{3}) = \frac{3}{2}.$$

Como a reta passa pelo ponto $(\pi/3, 3\sqrt{3}/2 + 1)$ encontramos que a equação da reta tangente é dada por

$$\frac{y - 3\sqrt{3}/2 - 1}{x - \pi/3} = \frac{3}{2}$$

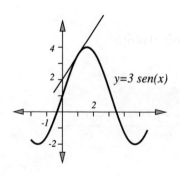

Assim

$$y = \frac{3}{2}x - \frac{\pi}{2} + 3\frac{\sqrt{3}}{2} + 1.$$

Que é a equação da reta tangente.

Exemplo 3.6.7 *Calcular a derivada da função $f(x) = \cos(x)$.*

Solução. Note que

$$\cos(x+h) = \cos(x)\cos(h) - \text{sen}(x)\,\text{sen}(h)$$

Tomando $\cos(x)$ como fator comum, encontramos que

$$\lim_{h\to 0}\frac{\cos(x+h)-\cos(x)}{h} = \lim_{h\to 0}\cos(x)\frac{(\cos(h)-1)}{h}$$
$$-\lim_{h\to 0}\frac{\text{sen}(x)\,\text{sen}(h)}{h}$$

Lembrando que

$$\lim_{h\to 0}\frac{1-\cos(h)}{h} = 0, \qquad \lim_{h\to 0}\frac{\text{sen}(h)}{h} = 1.$$

Encontramos que

$$\lim_{h\to 0}\frac{\cos(x+h)-\cos(x)}{h} = -\text{sen}(x)$$

Portanto,

$$\boxed{\frac{d}{dx}\cos(x) = -\text{sen}(x)}$$

Exemplo 3.6.8 *Usando derivadas, calcular a equação da reta tangente à curva $y = 3\cos(x)$ no ponto $(\pi/4, 3\sqrt{2}/2)$.*

Solução. Derivando a função $f(x) = 3\,\text{sen}(x)$ temos

$$f'(x) = -3\cos(x) \quad\Rightarrow\quad f'(\frac{\pi}{4}) = -3\frac{\sqrt{2}}{2}.$$

Como a reta passa pelo ponto $(\pi/4, 3\sqrt{2}/2)$ encontramos que a equação da reta tangente é dada por

$$\frac{y - 3\sqrt{2}/2}{x - \pi/4} = -3\frac{\sqrt{2}}{2} \quad\Rightarrow\quad y = -3\frac{\sqrt{2}}{2}x + 3\frac{\sqrt{2}}{8}\pi + 3\frac{\sqrt{2}}{2}.$$

114 Cálculo Light

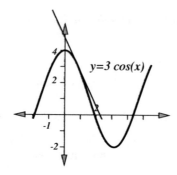

Exemplo 3.6.9 *Calcular a derivada da função* $y = \sec(x)$.

Solução. Da fórmula da derivada de um quociente,

$$\frac{d}{dx}\sec(x) = \frac{d}{dx}\left\{\frac{1}{\cos(x)}\right\} = \frac{\operatorname{sen}(x)}{\cos^2(x)} = \sec(x)\tan(x).$$

Portanto, temos que

$$\boxed{\frac{d}{dx}\sec(x) = \sec(x)\tan(x).}$$

Exemplo 3.6.10 *Calcular a derivada da função* $y = \csc(x)$.

Solução. Usando a fórmula da derivada do quociente,

$$\frac{d}{dx}\csc(x) = \frac{d}{dx}\left\{\frac{1}{\operatorname{sen}(x)}\right\} = -\frac{\cos(x)}{\operatorname{sen}^2(x)} = -\csc(x)\cot(x).$$

Portanto, temos que

$$\boxed{\frac{d}{dx}\csc(x) = -\csc(x)\cot(x).}$$

Exemplo 3.6.11 *Calcular a derivada da função* $y = \tan(x)$.

Solução. Da fórmula da derivada de um quociente,

$$\frac{d}{dx}\tan(x) = \frac{d}{dx}\left\{\frac{\operatorname{sen}(x)}{\cos(x)}\right\} = \frac{\cos^2(x) + \operatorname{sen}^2(x)}{\cos^2(x)} = \sec^2(x).$$

Portanto, temos que

Capítulo III. Derivadas 115

$$\frac{d}{dx}\tan(x) = \sec^2(x).$$

Exemplo 3.6.12 *Calcular a derivada da função* $y = \cot(x)$.

Solução. Para calcular a derivada da secante, utilizaremos a fórmula da derivada de um quociente,

$$\frac{d}{dx}\left\{\frac{\cos(x)}{\text{sen}(x)}\right\} = \frac{-\text{sen}^2(x) - \cos^2(x)}{\text{sen}^2(x)} = -\csc^2(x).$$

Portanto, temos que

$$\frac{d}{dx}\cot(x) = -\csc^2(x).$$

Exemplo 3.6.13 *Calcular a derivada da função* $y = x\cos(x)$.

Esta função é o produto das funções $f(x) = x$ e $g(x)$. Portanto, para calcular a derivada de y usaremos às fórmulas de derivada de um produto.

$$\frac{dy}{dx} = \frac{dx}{dx}\cos(x) + x\frac{d}{dx}\cos(x) = \cos(x) - x\,\text{sen}(x).$$

$$\frac{dy}{dx} = \cos(x) - x\,\text{sen}(x).$$

Exercícios

1. Calcular as derivadas das seguintes funções.

- $f(x) = xe^{3x-1}$,
  Resp: $e^{3x-1}(1 - x + 3x^2)$.

- $f(x) = x^3$, **Resp:** $2x^2$.

- $f(x) = 3x^5 + x$, **Resp:** $15x^4 + 1$.

- $f(x) = x^2\cos(x)$,
  Resp: $2x\cos(x) - x^2\,\text{sen}(x)$.

- $f(x) = \frac{1}{x+1}$, **Resp:** $-\frac{1}{(x+1)^2}$.

- $f(x) = x\ln(x+2)$,
  Resp: $\ln(x+2) + \frac{x}{x+1}$.

- $f(x) = \ln(x+2)$,
  Resp: $-\frac{1}{x+2}$

- $f(x) = x\ln(x+2)$,
  Resp: $\ln(x+2) + \frac{x}{x+2}$

116 Cálculo Light

2. Calcular as derivadas das seguintes funções.
   - $f(x) = e^{3x-1}/(3x-1)$,
   - $f(x) = \frac{\text{sen}(x)}{x+1}$,
   - $f(x) = x^3/\text{sen}(x)$,
   - $f(x) = e^x \ln(x+2)$,
   - $f(x) = 3x/\ln(x)$,
   - $f(x) = \text{sen}(x) \ln(x+2)$,
   - $f(x) = \cos(2x)\cos(x)$,
   - $f(x) = x^n \ln(x+2)$,

3. Calcule as derivadas das seguintes funções.
   - $f(x) = x^n e^{ax}$,
   - $f(x) = \text{sen}(2x)\,\text{sen}(x)$,
   - $f(x) = x^n/\text{sen}(ax)$,
   - $f(x) = \text{sen}(ax)\cos(bx)$,
   - $f(x) = x^n \ln(x)$,
   - $f(x) = \text{sen}(ax) \ln(x+2)$,
   - $f(x) = x + 1/(x-1)$,
   - $f(x) = x^n e^x$,

3.7 Regra da cadeia

É chamada assim a fórmula de diferenciação da composição de funções. Nas seções anteriores calculamos as derivadas das funções trigonométricas, como $y = \cos(x)$, $y\,\text{sen}(x)$, etc. Estas fórmulas de pouco serviriam se quisermos calcular a derivada de $y = \cos(x^2)$ ou $y = \cos(\sqrt{x})$, teríamos que aplicar a definição novamente o que faría do cálculo de derivadas uma tarefa extremamente aborrecida. A regra da cadeia vem para amenizar estes cálculos.

Esta regra diz que se conhecemos a derivada de $y = \cos(x)$ e a derivada de $y = x^2$ então conhecemos também a derivada de $y = \cos(x^2)$. De fato, sejam $f, g : \mathbb{R} \to \mathbb{R}$, a composição de funções $f \circ g$ é definida como

$$f \circ g : \mathbb{R} \to \mathbb{R},$$

$$f \circ g(x) = f(g(x))$$

Teorema 3.7.1 *Denotemos por* $f : [a,b] \to \mathbb{R}$ *e* $g : [c,d] \to \mathbb{R}$ *funções tais que* $g([c,d]) \subset [a,b]$. *Suponhamos que* g *é diferenciável em* $t \in]c,d[$ *e* f *diferenciável em* $g(t)$ *então a* $f \circ g$ *é diferenciável em* $t \in]c,d[$ *e ainda temos que*

$$\frac{d}{dt} f \circ g = f'(g(t))g'(t)$$

Demonstração. Da definição obtemos

$$\frac{d}{dt} f \circ g(t) = \lim_{h \to 0} \frac{f \circ g(t+h) - f \circ g(t)}{h}.$$

Denotando como

$$\frac{\Delta f \circ g(t)}{h} = \frac{f(g(t+h)) - f(g(t))}{h}.$$

Denotando por

$$S(t,h) = \frac{g(t+h) - g(t)}{h},$$

encontramos que

$$g(t+h) = g(t) + hS(t,h).$$

Substituindo na expressão acima encontramos que

$$\begin{aligned}\frac{\Delta f \circ g(t)}{h} &= \frac{f(g(t) + hS(t,h)) - f(g(t))}{h} \\ &= \frac{f(g(t) + hS(t,h)) - f(g(t))}{hS(t,h)} S(t,h).\end{aligned}$$

Tomando limites na expressão acima e lembrando que

$$\lim_{h \to 0} S(t,h) = g'(t), \qquad \lim_{h \to 0} hS(t,h) = 0,$$

concluímos que

$$\frac{d}{dt} f \circ g(t) = f'(g(t))g'(t).$$

De onde segue o resultado.

118 Cálculo Light

> **Regra da Cadeia:** *Para derivar uma função composta, derivamos a função de forma habitual e avaliamos-na no argumento. Finalmente, multiplicamos esta pela derivada do argumento da função*

Exemplo 3.7.1 *Calcular a derivada da função*

$$F(x) = (2x^2 + 1)^{20}$$

Solução. Seja $g(x) = 2x^2 + 1$ e $f(x) = x^{20}$. É simples verificar que

$$F(x) = f \circ g(x) = f(g(x)).$$

Por outro lado sabemos que

$$g'(x) = 4x, \qquad f'(x) = 20x^{19}.$$

Aplicando a regra da cadeia concluímos que

$$\begin{aligned} \frac{d}{dx}F(x) &= f'(g(x))g'(x) \\ &= 20(2x^2+1)^{19} \cdot 4x \\ &= 80x(2x^2+1)^{19}. \end{aligned}$$

Nota.- Podemos chegar a mesma conclusão notando que

$$F(x) = \left(\boxed{2x^2 + 1} \right)^{\boxed{20}}.$$

Derivamos primeiro o *parênteses* e depois multiplicamos este resultado pela derivada do que está dentro do parênteses.

$$\frac{d}{dx}F(x) = 20\left(2x^2+1\right)^{20-1} 4x = 80x\left(2x^2+1\right)^{19}.$$

Exemplo 3.7.2 *Calcular a derivada da função* $F(x) = e^{3x^2}$

Capítulo III. Derivadas   119

Solução. Aplicamos a regra da cadeia que consiste em derivar a função e posteriormente multiplicar este resultado pela derivada do argumento. Note que a função é um exponencial com potência $3x^2$.

$$F(x) = e^{\boxed{3x^2}}$$

$$\frac{d}{dx}F(x) = e^{3x^2}(6x) = 6xe^{3x^2}.$$

Exemplo 3.7.3 *Calcular a derivada da função* $y = \ln(ax^2 + b)$.

Solução. Novamente, calculamos a derivada do logaritmo no ponto $ax^2 + b$ e depois multiplicamos este resultado pela derivada do argumento da função. Isto é

$$\frac{d}{dx}\ln(ax^2+b) = \frac{1}{ax^2+b}(2ax) = \frac{2ax}{ax^2+b}.$$

Exemplo 3.7.4 *Calcular a derivada da função* $y = e^{e^x}$.

Solução. Fazemos $F(x) = e^{e^x}$, escrevemos $f(x) = e^x$ e $g(x) = e^x$. Portanto, $F(x) = f \circ g(x)$.

$$\frac{d}{dx}e^{e^x} = e^{e^x}e^x.$$

Exemplo 3.7.5 *Calcular a derivada de* $y = \text{sen}(2(x^2+1)^5)$

Solução. Aplicando diretamente a regra da cadeia teremos

$$\begin{aligned}\frac{dy}{dx} &= \cos(2(x^2+1)^5)\left\{\frac{d}{dx}(2(x^2+1)^5)\right\} \\ &= \cos(2(x^2+1)^5)(10(x^2+1)^4)\left\{\frac{d}{dx}(x^2+1)\right\} \\ &= \cos(2(x^2+1)^5)(10(x^2+1)^4)2x\end{aligned}$$

De onde encontramos que

$$\frac{d}{dx}\left\{\text{sen}(2(x^2+1)^5)\right\} = 20x(x^2+1)^4\cos(2(x^2+1)^5).$$

120 Cálculo Light

Exemplo 3.7.6 *Calcular a derivada da função* $f(x) = x\sqrt{x^2+1}$.

Solução. Aplicando as fórmulas de derivada de um produto obtemos
$$\frac{df}{dx} = \sqrt{x^2+1} + x\frac{2x}{2\sqrt{x^2+1}}$$
De onde obtemos que
$$\frac{df}{dx} = \frac{2x^2+1}{\sqrt{x^2+1}}.$$

Exercícios

1. Verifique se as seguintes funções são diferenciáveis
   (a) $f(x) = |x|$ no ponto $x = 0$. **Resp:** Não é diferenciável.
   (b) $f(x) = |x|^3$ no ponto $x = 0$. **Resp:** é diferenciável.
   (c) $f(x) = |x|x$ no ponto $x = 0$. **Resp:** é diferenciável.
   (d) $f(x) = |x|\operatorname{sen}(x)$ no ponto $x = 0$. **Resp:** é diferenciável.
   (e) $f(x) = \sqrt{|x|}$ no ponto $x = 0$. **Resp:** Não é diferenciável.

2. Verifique se as seguintes funções são diferenciáveis
   (a) $f(x) = \frac{1}{x}\operatorname{sen}x^2$ no ponto $x = 0$. **Resp:** É diferenciável.
   (b) $f(x) = x\operatorname{sen}\frac{1}{x}$ no ponto $x = 0$. **Resp:** Não é diferenciável.
   (c) $f(x) = x\cos\frac{1}{x}$ no ponto $x = 0$. **Resp:** Não é diferenciável.
   (d) $f(x) = x^3\operatorname{sen}\frac{1}{x}$ no ponto $x = 0$. **Resp:** É diferenciável.
   (e) $f(x) = \operatorname{sen}(x)\operatorname{sen}\frac{1}{x}$ no ponto $x = 0$.
       Resp: Não é diferenciável.

3. Encontre os valores de a e b de tal forma que as seguintes funções sejam diferenciáveis no ponto $x = 0$.
   (a) $f(x) = \begin{cases} x^2 + 2ax + 2b & x < 0 \\ x^3 + 5bx - 3a & x \geq 0 \end{cases}$ **Resp:** $a = b = 0$
   (b) $f(x) = \begin{cases} x^2 + (a+1)x + b & x < 0 \\ x^3 - bx - 3a & x \geq 0 \end{cases}$ **Resp:** $a = \frac{1}{2}$, $b = -\frac{3}{2}$.
   (c) $f(x) = \begin{cases} x^2 - 3ax + b & x < 0 \\ 6x - 3a & x \geq 0 \end{cases}$ **Resp:** $a = -2$, $b = 6$.

3.8 Diferenciação implícita

Em muitos casos encontramos funções que não estão definidas de forma explícita, mas através de uma equação irredutível, ou complexa, como por exemplo

$$x^3 - xy^5 + 3xy + y^2 = 3$$

Aqui y é uma função que depende de x, mas não é definida de forma explícita. De fato, para cada valor de x que fixemos, temos um polinômio em y de grau 5, para o qual não temos nenhuma fórmula para calcular seus valores. Mais ainda, relação acima não define y de forma unívoca, pois y pode tomar até 5 valores reais diferentes para cada valor de x pré-definido. Apesar destas dificuldades, é possível calcular a derivada de y com relação a x de uma forma relativamente simples. Basta seguir a seguinte seguinte regra:

> **Regra para derivação implícita:** *Considere y como uma função de x, isto é $y = f(x)$ e derive a equação considerando as fórmula das derivadas do produto, quociente e da soma de funções assim como a regra da cadeia. Finalmente, resolva a equação resultante em y'.*

Exemplo 3.8.1 *Calcule a derivada da função $y = f(x)$ definida implicitamente através da equação*

$$y^5 + xy - x^3 = 0$$

Solução. Derivando a equação, considerando y como uma função de x

$$5y^4 \frac{dy}{dx} + \frac{d}{dx}(xy) - 3x^2 = 0$$

Aplicando as fórmulas da derivada de um produto,

$$5y^4 \frac{dy}{dx} + y + x \frac{dy}{dx} - 3x^2 = 0$$

Ou equivalentemente

$$(5y^4 + x)\frac{dy}{dx} + y - 3x^2 = 0.$$

122 Cálculo Light

Resolvendo a equação em y' encontramos

$$\frac{dy}{dx} = -\frac{y - 3x^2}{5y^4 + x}.$$

Note como a derivada de uma função implícita depende também da variável dependente (y).

Exemplo 3.8.2 *Calcular a derivada da função y com relação a x dada implicitamente na seguinte equação*

$$y^5(1 + x^2) + 3x^2y^3 - x^2 + y - 1 = 0$$

Solução. Utilizando a regra da derivação derivamos termo a termo a equação acima, obtemos

$$\frac{d}{dx}\left\{y^5(1+x^2)\right\} + 3\frac{d}{dx}\left\{x^2y^3\right\} - 2x + \frac{dy}{dx} = 0$$

Aplicando regra da cadeia e as fórmulas de derivação de um produto, obtemos

$$5y^4\frac{dy}{dx}(1+x^2) + 2y^5x + 6xy^3 + 9x^2y^2\frac{dy}{dx} - 2x + \frac{dy}{dx} = 0$$

Fatorando os termos com fator comum a derivada de y com relação a x, obtemos

$$\left\{5y^4(1+x^2) + 9x^2y^2 + 1\right\}\frac{dy}{dx} + 2y^5x + 6xy^3 - 2x = 0$$

De onde segue que

$$\left\{5y^4(1+x^2) + 9x^2y^2 + 1\right\}\frac{dy}{dx} = -2y^5x - 6xy^3 + 2x$$

Assim temos

$$\frac{dy}{dx} = \frac{-2y^5x - 6xy^3 + 2x}{5y^4(1+x^2) + 9x^2y^2 + 1}$$

Observação 3.8.1 *A derivada de uma função $y = f(x)$ dada de forma implícita, em geral depende também de y.*

Capítulo III. Derivadas 123

Exemplo 3.8.3 *Calcular a reta tangente ao círculo de raio 1 e com centro na origem, no ponto $(\sqrt{2}/2, -\sqrt{2}/2)$.*

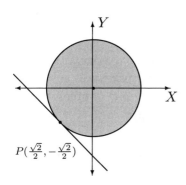

Solução. A equação do círculo é dada por $x^2 + y^2 = 1$. Derivando a equação de forma implícita encontramos,

$$2x + 2y\frac{dy}{dx} = 0 \quad \Rightarrow \quad \frac{dy}{dx} = -\frac{x}{y}.$$

No ponto $(\sqrt{2}/2, -\sqrt{2}/2)$ a derivada esta valendo $\frac{dy}{dx} = 1$. A equação da reta tangente é da forma $y = mx + b$ onde $m = 1$. Para calcular o valor de b aplicamos a condição de que a reta passa pelo ponto de tangência,

$$\frac{\sqrt{2}}{2} = -(1)\frac{\sqrt{2}}{2} + b \quad \Rightarrow \quad b = \sqrt{2}$$

Portanto, a equação da reta é dada por

$$\boxed{y = x + \sqrt{2}.}$$

Exemplo 3.8.4 *Encontrar a derivada da função definida implicitamente pela equação*

$$\ln(x) + \operatorname{sen}(x)e^y + y^3 + 2x - 10 = 0$$

Solução. Usando diferenciação implícita temos

$$\frac{1}{x} + \cos(x)e^y + \operatorname{sen}(x)e^y y' + 3y^2 y' + 2 = 0,$$

ou

$$(\operatorname{sen}(x)e^y + 3y^2)y' = -\frac{1}{x} - \cos(x)y - 2$$

De onde encontramos que

$$y' = -\frac{\frac{1}{x} + \cos(x)y + 2}{\operatorname{sen}(x)e^y + 3y^2}.$$

124 Cálculo Light

Exemplo 3.8.5 *Calcular a derivada da função $y = f(x)$ definida implicitamente através da equação*

$$x^3 - 3xy^2 - 3x^2y + y^3 = 0.$$

Solução. É complexo encontrar a função $y = f(x)$. Porém podemos calcular a derivada de uma forma simples usando diferenciação implícita

$$3x^2 - 3\frac{d}{dx}\left\{xy^2\right\} - 3\frac{d}{dx}\left\{x^2y\right\} + 3y^2y' = 0$$

Usando as fórmulas da derivada de um produto encontramos que a equação anterior pode ser reescrita como

$$3x^2 - 3(y^2 + 2xyy') - 3(2xy + x^2y') + 3y^2y' = 0$$

Tomando y' como fator comum encontramos

$$(-6xy - 3x^2 + 3y^2)y' = -3x^2 + 3y^2 + 6xy.$$

Finalmente, temos,

$$y' = \frac{-3x^2 + 3y^2 + 6xy}{-6xy - 3x^2 + 3y^2}.$$

3.9 Derivada da função inversa

Dada uma função $f : \mathbb{R} \to \mathbb{R}$ chamaremos de função inversa de f a função $g : \mathbb{R} \to \mathbb{R}$, satisfazendo:

$$f \circ g(x) = f(g(x)) = x$$

Interpretação geométrica da função inversa

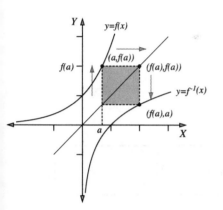

Dado o gráfico de uma função, podemos calcular o gráfico de sua inversa. Tomemos um ponto qualquer da curva $y = f(x)$, por exemplo o ponto $(a, f(a))$, através de uma reta horizontal interceptamos a diagonal no ponto $(f(a), f(a))$. Neste ponto traçamos uma reta vertical e a interceptamos com a reta horizontal partindo do ponto (a, a). Este ponto terá como coordenadas $(f(a), a)$ e pertence ao gráfico da função inversa de f, pois $(f(a), f^{-1}(f(a))) = (f(a), a)$. Do discutido acima concluímos que o gráfico da função f e o gráfico de sua inversa são simétricas com relação a diagonal.

Em resumo, uma função e sua inversa são simétricas com relação à diagonal

Usando as técnicas de derivação implícita, calcularemos a derivada da função inversa. Dada uma função $y = f(x)$ sua função inversa é denotada por $y = f^{-1}(x)$. Para calcular a derivada da função inversa consideramos

$$y = f^{-1}(x) \iff f(y) = x$$

Derivando implicitamente esta última expressão obtemos:

$$f'(y)\frac{dy}{dx} = 1 \quad \Rightarrow \quad \frac{dy}{dx} = \frac{1}{f'(y)}$$

Exemplo 3.9.1 *Calcular a derivada da função* $y = \arccos x$

126 Cálculo Light

Solução. Usaremos diferenciação implícita, isto é

$$y = \arccos x \quad \Rightarrow \quad \cos y = x$$

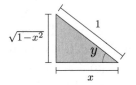

Derivando,

$$-\operatorname{sen}(y) y' = 1 \quad \Rightarrow \quad y' = -\frac{1}{\operatorname{sen}(y)}$$

Como

$$\cos(y) = x \quad \Rightarrow \quad \operatorname{sen}(y) = \sqrt{1 - x^2}.$$

Temos

$$\boxed{\frac{d}{dx}\{\arccos(x)\} = -\frac{1}{\sqrt{1-x^2}}}$$

Exemplo 3.9.2 *Calcular a derivada da função* $y = \arctan x$

Solução. Da definição de função inversa,

$$y = \arctan x \quad \Rightarrow \quad \tan y = x$$

Derivando implicitamente encontramos que

$$\sec^2(y) y' = 1 \quad \Rightarrow \quad y' = \frac{1}{\sec^2(y)}$$

Como $\tan(y) = x$ então $\sec(y) = \sqrt{1 + x^2}$. De onde temos que

$$\boxed{\frac{d}{dx}\{\arctan(x)\} = \frac{1}{1+x^2}}$$

Exemplo 3.9.3 *Calcular a derivada da função* $y = \operatorname{arcsen} x$

Capítulo III. Derivadas 127

Solução. Reescrevendo a função de forma implícita encontramos

$$y = \operatorname{arcsen} x \quad \Rightarrow \quad \operatorname{sen} y = x$$

Derivando implicitamente encontramos

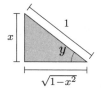

$$\cos(y) y' = 1 \quad \Rightarrow \quad y' = \frac{1}{\cos(y)}$$

Como $\operatorname{sen}(y) = x$ então $\cos(y) = \sqrt{1-x^2}$. De onde segue que

$$\boxed{\frac{d}{dx}\{\operatorname{arcsen}(x)\} = \frac{1}{\sqrt{1-x^2}}}$$

Exemplo 3.9.4 *Calcular a derivada da função $y = \operatorname{arccot} x$*

Solução. Da definição de função inversa temos

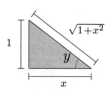

$$y = \operatorname{arccot} x \quad \Rightarrow \quad \cot y = x$$

Derivando implicitamente encontramos

$$-\csc^2(y) y' = 1 \quad \Rightarrow \quad y' = -\frac{1}{\csc^2(y)}$$

Como $\cot(y) = x$ então teremos que $\csc(y) = \sqrt{1+x^2}$. De onde temos que

$$\boxed{\frac{d}{dx}\{\operatorname{arccot}(x)\} = -\frac{1}{1+x^2}}$$

Exemplo 3.9.5 *Usando funções inversas, calcule a derivada da função $y = \ln(x)$*

Solução. Note que

$$y = \ln(x) \iff e^y = x.$$

Derivando implicitamente a última expressão obtemos

$$e^y y' = 1 \Rightarrow y' = \frac{1}{e^y} = \frac{1}{x}.$$

De onde obtemos que

$$\frac{d}{dx}\ln(x) = \frac{1}{x}.$$

Resumiremos os resultados obtidos no seguinte quadro

$\frac{d}{dx}x^n = nx^{n-1}$	$\frac{d}{dx}e^x = e^x$	$\frac{d}{dx}\ln x = \frac{1}{x}$
$\frac{d}{dx}\operatorname{sen}(x) = \cos(x)$	$\frac{d}{dx}a^x = \ln(a)a^x$	$\frac{d}{dx}\cos(x) = -\operatorname{sen}(x)$
$\frac{d}{dx}\tan(x) = \sec^2(x)$	$\frac{d}{dx}\arctan(\frac{x}{a}) = \frac{1}{a^2+x^2}$	$\frac{d}{dx}\tan(x) = \sec^2(x)$
$\frac{d}{dx}\cot = -\csc^2(x)$	$\frac{d}{dx}\arcsin(\frac{x}{a}) = \frac{1}{\sqrt{a^2-x^2}}$	$\frac{d}{dx}\sec(x) = \sec(x)\tan(x)$

Exercícios

1. Encontre a derivada da composição de funções $f \circ g$ em cada caso:

   - $f(x) = 3x^2 - 3x + \frac{1}{x}$, $g(x) = \operatorname{sen}(x)$.
   - $f(x) = 3(x-2)(x-3)(x-5)$, $g(x) = e^x$.
   - $f(x) = (x-2)^2(x-3)^3(x-5)^5$, $g(x) = xe^x$.
   - $f(x) = (x^2+x-1)^2(x^2-3x-7)^6(x^3-x-2)^5$, $g(x) = x^2e^x$.

- $f(x) = x^2 - 3x + \cos(x)$, $g(x) = x^2 \operatorname{sen}(x)$.
- $f(x) = 3(x-2)(x-3)(x-5)$, $g(x) = \tan(x)$.
- $f(x) = 3(x^2 - 2x + 5)(x-5)$, $g(x) = x^2 \ln(x)$.

2. Encontre as derivadas das inversas das seguintes funções
   - $f(x) = xe^{3x-1}$,
   - $f(x) = \frac{1}{x+1}$,
   - $f(x) = x^3$,
   - $f(x) = x\ln(x+2)$,
   - $f(x) = 3x^5 + x$,
   - $f(x) = \ln(x+2)$,

3. Encontre as funções cujas derivadas estão graficados a seguir

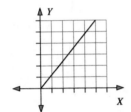
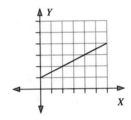
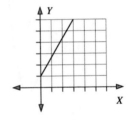

4. Calcule as derivadas, de forma aproximada nos pontos onde $x = 1$, $x = 3$, $x = 4$, nos gráficos dados a seguir.

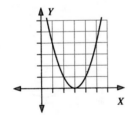
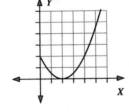
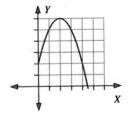

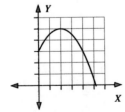
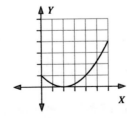
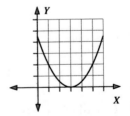

5. Dado o gráfico das funções,

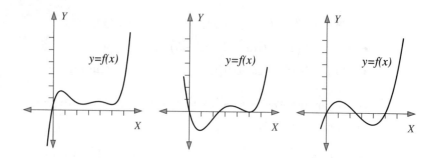

identifique o gráfico das correspondentes derivadas.

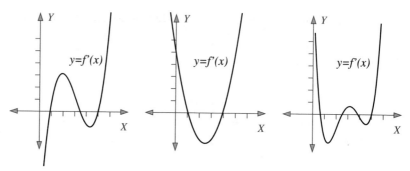

6. Quais dos seguintes gráficos corresponde a um polinômio de grau 4?

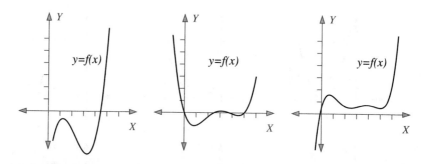

7. Calcular as derivadas das seguintes funções

$x^3y+3x^2y^2-y^3+2=0$, $\quad y^3x+3x^2y^2-y+2=0$, $\quad xe^y+\ln(xy)=0$.

8. Calcular a derivada das funções

$f(x) = \arccos(x^2+1)$, $\quad f(x) = \ln(3x^2-1)$, $\quad f(x) = x\ln(x+1)$.

9. Usando a definição calcule as derivadas das seguintes funções
$$f(x) = 3x - 1, \quad f(x) = x^2 + x, \quad f(x) = \cos(x).$$

10. Calcule a derivada das seguintes funções
$$f(x) = 3x^2 + 3x - 1, \quad f(x) = x^3 + 3x^2 + 2x - 1, \quad f(x) = \frac{1}{x} + x.$$
e encontre os pontos onde a derivada se anula

11. Encontre a derivada das funções
$$f(x) = \sqrt{1 + \sqrt{1+x}}, \quad f(x) = \sqrt{1 + \sqrt{1 + \sqrt{1+x}}},$$

12. Calcular a derivada da função
$$f(x) = \ln(1 + \ln(1+x)), \quad f(x) = \ln(1 + \ln(1 + \ln(1+x))).$$

13. Mostre que se f, g e h são funções diferenciáveis então é válido
$$\frac{d}{dx}\{f(x)g(x)h(x)\} = f'(x)g(x)h(x) + f(x)g'(x)h(x) + f(x)g(x)h'(x).$$

14. Encontre as retas tangentes as curvas nos pontos indicados:
   - $(x+y)^2 + 3xy = 1$, no ponto $(0, 1)$.
   - $x^3 + y^3 - 3xy = -1$ no ponto $(-1, 0)$
   - $x^2 + y^2 = 25$, no ponto $(3, 4)$.

15. Calcule a derivada das seguintes funções
   - $f(x) = 3x^2 - 3x + \frac{1}{x}$.
   - $f(x) = 3(x-2)(x-3)(x-5)$.
   - $f(x) = (x-2)^2(x-3)^3(x-5)^5$
   - $f(x) = (x^2 + x - 1)^2(x^2 - 3x - 7)^6(x^3 - x - 2)^5$
   - $f(x) = (x^2 + 3x - 1)^4(3x^3 - 3x - 7)^6(x^5 - 4x - 2)^7$
   - $f(x) = \frac{(x^2+x-1)^2(x^2-3x-7)^6}{(x^3-x-2)^5}$
   - $f(x) = \frac{(x^2+3x-1)^4}{(3x^3-3x-7)^6(x^5-4x-2)^7}$
   - $f(x) = (x-2)^{17}\cos(x)$
   - $f(x) = (x-2)^{17}\frac{\cos(x)}{e^x}$
   - $f(x) = e^{17x}\cos(x)$

Resumo

Definição de Diferenciabilidade:

- *Uma função é diferenciável se existe o limite*

$$\lim_{h \to 0} \frac{f(x+h)-f(x)}{h} = f'(x)$$

- *Toda função diferenciável é contínua.*
- *Geometricamente, a derivada $f'(x)$ no ponto $(x, f(x))$ é a inclinação da reta tangente nesse ponto.*
- *Funções diferenciáveis não apresentam "bicos" no gráfico.*
- *Fórmulas básicas:*

$$\frac{d}{dx} x^n = nx^{n-1}$$

$$\frac{d}{dx} sen(x) = cos(x)$$

$$\frac{d}{dx} e^{ax} = ae^{ax}$$

$$\frac{d}{dx} cos(x) = -sen(x)$$

$$\frac{d}{dx} ln(x) = \frac{1}{x}$$

- **Aritmética das derivadas:**

$$(f+g)' = f' + g'$$

$$(fg)' = f'g + fg'$$

$$(f/g)' = (f'g - fg')/g^2$$

$$(f \circ g)'(x) = f'(g(x))g'(x)$$

Capítulo IV
Aplicações das Derivadas

$$f'(x)=0$$

$f''(x)>0 \Rightarrow f(x) \text{ min}$

$f''(x)<0 \Rightarrow f(x) \text{ max}$

Capítulo IV. Aplicações das Derivadas 137

4.1 Taxas relacionadas

A prática nos mostra que existem quantidades mas simples de calcular que outras. Por exemplo, quando introduzimos água numa piscina, é simples obter o crescimento do volume de água, pois basta ter um medidor de água para conhecer o volume. Porém calcular a altura do nível de água na piscina em termos do volume, exige conhecer as dimensões da piscina. Nesta seção estudaremos problemas deste tipo e usaremos a diferenciação para encontrar taxas de crescimento.

Exemplo 4.1.1 *Os lados de um retângulo crescem com velocidade de $3m/seg$ e $4m/seg$. Encontrar a velocidade com que está crescendo a área do retângulo, quando os lados tem 4 e 5 metros respectivamente.*

Solução. sejam x e y os lados do retângulo. A área do retângulo é dada por $A = xy$. O problema consiste em calcular dA/dt. Note que x e y são funções de t. Derivando encontramos

$$\frac{dA}{dt} = y\frac{dx}{dt} + x\frac{dy}{dt}.$$

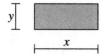

Das hipóteses temos que $\frac{dx}{dt} = 5$, $\frac{dy}{dt} = 4$, quando $x = 4$ e $y = 5$, portanto encontramos que

$$\frac{dA}{dt} = 5(3) + (4)(4) = 31, \ m^2/seg.$$

Exemplo 4.1.2 *O volume de um cubo cresce a $10\,cm^3/min$. Encontrar a velocidade com que está crescendo um de seus lados quando ele tem 5 cm de comprimento*

138 Cálculo Light

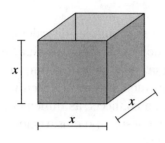

Solução. Denotemos por x a arista do cubo. O volume está dado por

$$V(x) = x^3 \quad \Rightarrow \quad \frac{dV}{dt} = 3x^2 \frac{dx}{dt}.$$

Por hipótese sabemos que $\frac{dV}{dt} = 10$. Substituindo os valores encontramos

$$10 = 3(5)^2 \frac{dx}{dt}, \quad \Rightarrow \quad \frac{dx}{dt} = \frac{2}{15}.$$

Exemplo 4.1.3 *Um cateto cresce ao dobro da velocidade do outro. A que velocidade cresce a hipotenusa quando os catetos são iguais a b*

Solução. Sejam x e y os catetos do triângulo retângulo. seja v a velocidade do cateto x e $2v$ a velocidade do cateto y. A hipotenusa é dada por

$$x^2 + y^2 = h^2.$$

Derivando

$$2x(t)x'(t) + 2y(t)y'(t) = 2h(t)h'(t).$$

No instante em que os catetos são iguais a b temos que a hipotenusa é igual a $h = \sqrt{b^2 + b^2} = \sqrt{2}b$. Dos dados temos que $x = y = b$, $x'(t) = v$, $y'(t) = 2v$. De onde segue que

$$bv + 2bv = b\sqrt{2}h'(t) \quad \Rightarrow \quad h'(t) = \frac{3v}{\sqrt{2}}.$$

Portanto, a velocidade com que cresce a hipotenusa é igual a $3v\sqrt{2}/2$.

Exemplo 4.1.4 *Uma escada de 5m de comprimento se encontra apoiada numa parede e sobre um plano horizontal. Se o lado inferior é arrastrado com uma velocidade de 2m/seg quando está a 4m de distância da parede, encontrar a velocidade com que o outro extremo da escada esta descendo.*

Capítulo IV. Aplicações das Derivadas 139

Solução. As quantidades relacionadas neste problema são os lados de um triângulo, onde a hipotenusa permanece constante. Denotemos por x o deslocamento sobre o plano horizontal e por y o deslocamento vertical, relacionaremos estes valores através do teorema de Pitágoras. Queremos determinar dy/dt quando $x = 4$ e $dx/dt = 2m/seg$.

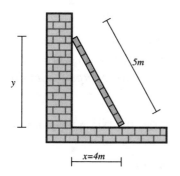

De fato,
$$25 = x^2 + y^2. \tag{4.1}$$

Se os lados estão se movimentando, então a amplitude de cada lado é uma função do tempo, portanto $x = x(t)$, $y = y(t)$. Derivando a relação (4.1) com respeito ao tempo encontramos:

$$0 = 2x\frac{dx}{dt} + 2y\frac{dy}{dt}. \tag{4.2}$$

Da relação (4.1) quando $x = 4$ obtemos

$$25 = 16 + y^2, \quad \Rightarrow \quad y^2 - 9 = 0 \quad \Rightarrow \quad y = 3.$$

A raiz negativa não faz sentido em nosso problema. Substituindo os valores de x, y e $\frac{dx}{dt} = 2$ na equação (4.2) encontramos

$$0 = 8(2) + 2(3)\frac{dy}{dt} \quad \Rightarrow \quad 6\frac{dy}{dt} = -16.$$

De onde encontramos que $dy/dt = -8/3$.

Exemplo 4.1.5 *Um volume esférico aumenta a uma taxa de $3cm^3/seg$. Encontrar a taxa com que aumenta o raio r quando $r = 1$.*

Solução. O volume da esfera de raio r é $V = 4r^3\pi/3$. Das condições do problema encontramos $dV/dt = 3$. Queremos determinar dr/dt quando $r = 1$. Derivando o volume com relação ao tempo

$$\frac{dV}{dt} = 4\pi r^2 \frac{dr}{dt}$$

Substituindo

$$3 = 4\pi \frac{dr}{dt} \quad \Rightarrow \quad \frac{dr}{dt} = \frac{3}{4\pi}.$$

Exemplo 4.1.6 *A altura de um triângulo isósceles está crescendo a uma velocidade de 3 m/seg, enquanto que a base está fixa com 2 mts. Encontre a velocidade com que está crescendo a área do triângulo quando a altura aumenta em 50% e 100%.*

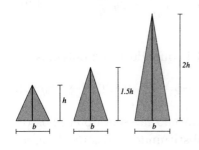

Solução. A área de um triângulo é dada por

$$A = \frac{1}{2}bh.$$

Onde b é constante e h está variando. Temos portanto que A é uma função de h. O comprimento da altura é uma função do tempo, portanto $h = h(t)$, $A = A(t)$. Derivando com respeito ao tempo encontramos:

$$\frac{dA}{dt} = \frac{b}{2}\frac{dh}{dt}.$$

De onde a velocidade de crescimento da área, depende apenas da velocidade de crescimento da altura. Portanto, a área está crescendo a $\frac{dA}{dt} = \frac{3}{2}b$. Isto é o crescimento da área independe do tamanho da altura, apenas da velocidade com que esta cresce.

Exemplo 4.1.7 *Um corpo inicialmente situado a 100 metros acima da superfície está caindo pela ação da gravidade. Encontre a velocidade* com que diminui o ângulo de elevação de um observador que está na superfície 100 metros a esquerda da trajetória da queda, quando $h = 50$. Assuma que a velocidade inicial da queda é nula.

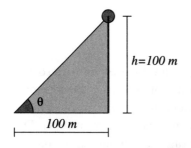

Solução. Denotemos por θ o ângulo de elevação. Da figura concluímos que $\tan(\theta) = \frac{h}{100}$, derivando esta expressão encontramos

$$\sec^2(\theta)\frac{d\theta}{dt} = \frac{1}{100}\frac{dh}{dt}$$

lembremos que $\sec(\theta) = \sqrt{100^2 + h^2}/100$. Daí obtemos

$$\frac{d\theta}{dt} = \frac{100}{100^2 + h^2}\frac{dh}{dt}.$$

Finalmente, das fórmulas da cinemática concluímos que a altura em cada unidade de tempo é dada por

$$h = \frac{1}{2}gt^2 \quad \Rightarrow \quad t = \sqrt{\frac{2h}{g}},$$

enquanto que a velocidade da queda em cada instante de tempo é dada por

$$\frac{dh}{dt} = -gt.$$

Tomando $h = 50$ encontramos que $t = 10$. Portanto, a velocidade com que cai o corpo na altura de $50m$ é igual a $\frac{dh}{dt} = -10g$. Finalmente, o ângulo θ diminui com uma velocidade igual a

$$\frac{d\theta}{dt} = -\frac{100}{100^2 + 50^2}10g = -\frac{2}{25}g \quad Rad/seg.$$

Exemplo 4.1.8 *Dois corpos se movimentam em trajetórias paralelas com uma separação de 10 metros, e com direções opostas. Se um corpo* se movimenta a 10 m/seg e o outro a 5 m/seg, encontre a velocidade com que estes corpos se acercam quando a distância horizontal entre eles é 5m.

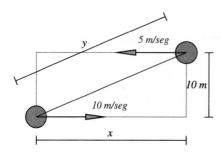

Solução. Suponhamos que as trajetórias paralelas sejam horizontais. Denotemos por x a distância horizontal entre os corpos e por y a distância entre ambos. Do teorema de Pitágoras encontramos que

$$x^2 + 10^2 = y^2.$$

O problema consiste em calcular $\frac{dy}{dt}$. Derivando a expressão anterior encontramos

$$2x\frac{dx}{dt} = 2y\frac{dy}{dt}.$$

Se $x = 5$ temos que $y = 5\sqrt{5}$. Note que a velocidade horizontal com que os corpos se acercam é igual a $\frac{dx}{dt} = 10 + 5 = 15$. Concluímos assim que

$$2(5)(15) = 2(5\sqrt{5})\frac{dy}{dt} \quad \Rightarrow \quad \frac{dy}{dt} = 3\sqrt{5}.$$

Exemplo 4.1.9 *Dois blocos estão munidos por uma corda de 6 m, que passa por uma roldana situado a 1.5 m de altura. Se o bloco A se movimenta a 2m/seg, com que velocidade se movimentará o bloco B quando o comprimento da corda entre a roldana e o bloco A seja igual a 2.5 m. Considere nulas as forças de atrito.*

Capítulo IV. Aplicações das Derivadas 143

Solução. O comprimento do cabo permanece constante o que faz com que a soma dos segmentos $\overline{AR}$ e $\overline{RB}$ seja constante. Note que o cabo define um triângulo de vértices A, B e R de altura $h = 1.5$ fixo onde os lados $\overline{AR}$ e $\overline{RB}$ tem soma constante igual a $6m$, isto é, de acordo com o gráfico teremos que

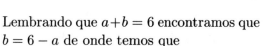

$$a + b = 6.$$

Sabemos que m está crescendo a $2m/seg$, e queremos determinar a que velocidade n está crescendo.

Do gráfico obtemos que

$$a^2 - m^2 = h^2, \quad b^2 - n^2 = h^2$$

De onde

$$n^2 = b^2 + m^2 - a^2. \qquad (4.3)$$

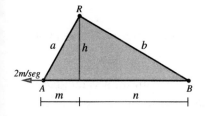

Lembrando que $a+b = 6$ encontramos que $b = 6 - a$ de onde temos que

$$b^2 - a^2 = (6-a)^2 - a^2 = 36 - 12a.$$

Substituindo em (4.3) e lembrando que $a = \sqrt{h^2 + m^2}$ encontramos

$$\begin{aligned} n^2 &= 36 - 12a + m^2 \\ &= 36 - 12\sqrt{h^2 + m^2} + m^2. \end{aligned}$$

Finalmente, derivando com relação ao tempo, encontramos

$$2n\frac{dn}{dt} = -12\frac{m}{\sqrt{h^2 + m^2}}\frac{dm}{dt} + 2m\frac{dm}{dt}.$$
$$(4.4)$$

Note que quando $a = 2.5$, temos que $b = 3.5$ de onde segue que

$$m = \sqrt{2.5^2 - 1.5^2} \Rightarrow m = 2$$

$$n = \sqrt{3.5^2 - 1.5^2} \Rightarrow n = \sqrt{10}$$

substituindo estes valores em (4.4) encontramos que

$$2\sqrt{10}\frac{dn}{dt} = -12\frac{2}{2.5}2 + 2(2)(2) = -\frac{56}{5}$$

De onde

$$\frac{dn}{dt} = -\frac{14}{25}\sqrt{10} \approx -1.77.$$

Exercícios

1. Considere a equação $ax + by = c$. Se $\frac{dx}{dt} = b$, encontre $\frac{dy}{dt}$. **Resp:** $\frac{dy}{dt} = -a$.

2. Considere a equação $x^2 + y^2 = 25$. Se $\frac{dx}{dt} = 1$, quando $x = 3$ $y = 4$. Calcule $\frac{dy}{dt}$. **Resp:** $\frac{dy}{dt} = -\frac{3}{4}$.

3. Considere a equação $x^2 + y = 1$. Se $\frac{dx}{dt} = 1$ quando $x = 1$, encontre $\frac{dy}{dt}$. **Resp:** $\frac{dy}{dt} = -2$.

4. Numa bexiga de forma esférica se introduz ar com uma velocidade de $10cm^3$ por segundo. A que velocidade está crescendo o raio da bexiga quando $r = 1$. **Resp:** $v = 4\pi$.

5. Considere a equação $x^3 + y^3 = 10$. Se $\frac{dx}{dt} = 1$ quando $x = 1$, encontre $\frac{dy}{dt}$. **Resp:** $\frac{dy}{dt} = -\frac{1}{4}$.

6. Uma escada de 6m de comprimento se encontra apoiada numa parede e sobre um plano inclinado que faz um ângulo de 60 graus com a horizontal. Se o lado inferior é arrastrado com uma velocidade de 1m/seg quando está a 4m de distância da parede, encontrar a velocidade com que o outro extremo da escada está descendo.

Capítulo IV. Aplicações das Derivadas   145

7. Suponha no exercício anterior que o plano é horizontal. Encontrar a velocidade com que o outro extremo da escada está descendo.

8. A água de um tanque na forma de um cubo está saindo a 3 cm^3/seg, encontre a velocidade com que o nível de água está descendo no tanque quando o nível no tanque é de $1m$. **Resp:** $10^{-4} cm/seg$.

9. O volume de água num tanque de forma de um cone reto invertido de base circular de raio $1m$, está aumentando a 4 litros por segundo. A que velocidade está aumentando a altura do cone que marca o nível de água? **Resp:** $v = \frac{3}{\pi} 10^{-2} dm^3$.

10. Num tanque vazio se introduz água a 5 litros por minuto. Se o tanque tem base quadrado de lado L, calcule a velocidade com que o nível de água vai aumentando quando o nível está a 0.5 m.

11. Os lados de um triângulo retângulo aumentam a uma velocidade de 10 e 5 cm por minuto. Encontre a velocidade com que aumenta a hipotenusa, no instante em que os catetos são iguais a 5 cm

12. Dois automóveis se aproximam um de outro sobre uma estrada retilínea. Se um tem vai a uma velocidade de 100 Km/hora e o outra está a 140 Km/hora, com que velocidade está diminuindo a distância entre eles?

13. Os lados de um triângulo retângulo isósceles de lado inicialmente igual a b, crescem com velocidade igual a v cm/seg. Calcular a velocidade com que cresce a altura correspondente à hipotenusa. **Resp:** $bv/\sqrt{2}$

14. Considere a função $y = f(x)$. Se o ponto da abscissa x se movimenta com velocidade igual a v. A que velocidade se está movimentando a ordenada y no ponto $x = a$. **Resp:** $f'(a)v$.

15. Num cilindro de base circular de raio $R = 20$ cm, se insere água a 0.1 m^3 por minuto. A que velocidade está crescendo à altura do nível de água no cilindro, quando o volume está a 0.5 m^3

16. Considere dois cilindros, uma de base circular e outra de base quadrada. Suponha que em ambos os cilindros se insere água a v

m^3 por minuto. Se às áreas destas bases são iguais, verifique com que velocidades crescem as alturas do nível de água nos cilindros.

17. Encontrar as tangentes comuns às parábolas $y = x^2 + 2$ e $y = -x^2 - 1$. **Resp:** $y = \sqrt{6}x + \frac{1}{2}$, $y = -\sqrt{6}x + \frac{1}{2}$

18. Encontrar as tangentes comuns às parábolas $y = -x^2 + x + 2$ e $y = x^2 - 1$. **Resp:** $y = -2.2838x - 0.3040$, $y = 3.2838x - 1.6059$

19. Encontrar as tangentes comuns às parábolas $y = x^2 + 10x + 2$ e $y = x^2 + 4$. **Resp:** $y = -\frac{54}{10}x - \frac{329}{10}$.

20. Encontrar as tangentes comuns às parábolas $y = x^2 + 10x + 2$ e $y = 9x^2 + 5$. **Resp:** $y = -\frac{21}{2}x - \frac{31}{16}$. $y = 12x + 1$.

21. Encontrar as tangentes comuns às parábolas $y = x^2 + 2x + 10$ e $y = 9x^2 - x + 5$. **Resp:** $y = -\frac{5}{2}x - \frac{79}{16}$. $y = \frac{29}{4}x + \frac{199}{64}$.

22. Encontrar as tangentes comuns às parábolas $y = x^2 + 2x + 16$ e $y = 7x^2 + 2x + 10$. **Resp:** $y = (2\sqrt{7}+2)x + 9$. $y = (-2\sqrt{7}+2)x + 9$.

23. Considere às parábolas $y = a_1 x^2 + a_2 x + a_3$, $y = b_1 x^2 + b_2 x + b_3$. Mostre que os pontos de tangência comuns entre às parábolas satisfazem a equação

$$(a_1 - b_1)x_1^2 + (a_2 - b_2)x_1 + \frac{(a_2 - b_2)^2}{4a_1} + \frac{b_1(a_3 - b_3)}{a_1} = 0.$$

24. Para que par de parábolas $y = ax^2 + bx + c$, $y = dx^2 + ex + f$ existe apenas uma única reta tangente comum? **Resp:** $a = d$, $b \neq e$.

25. Para que par de parábolas $y = a_1 x^2 + a_2 x + a_3$, $y = b_1 x^2 + b_2 x + b_3$, não existem nenhuma reta tangente comum?

26. Encontre os valores de a, b e c de tal forma que não existam tangentes comuns às parábolas $y = ax^2 + bx + c$, $y = x^2 + x + 1$. **Resp:** $c < -(b-1)^2$.

4.2 Diferenciabilidade e monotonia

Observe as seguintes funções

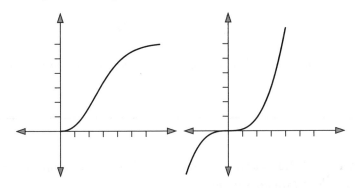

A propriedade em comum que tem elas é que representam funções crescentes. Enquanto que as funções

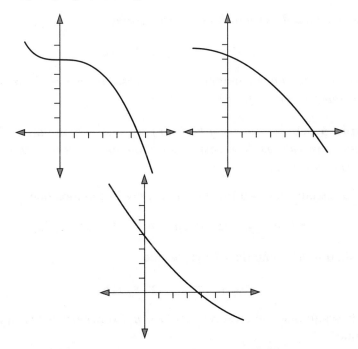

representam funções decrescentes. Para observar estas propriedades foi necessário conhecer o gráfico da função o que em geral não é uma tarefa simples.

Definição 4.2.1 *Diremos que uma função* $f : [a,b] \to \mathbb{R}$ *é monótona crescente quando*

$$x < y \quad \Rightarrow \quad f(x) < f(y).$$

De forma análoga, diremos que uma função é monótona decrescente quando

$$x < y \quad \Rightarrow \quad f(x) > f(y)$$

Observação 4.2.1 *Também é muito usado o termo monótona não crescente quando a função satisfaz*

$$x < y \quad \Rightarrow \quad f(x) \geq f(y).$$

É chamada monótona não decrescente quando

$$x < y \quad \Rightarrow \quad f(x) \leq f(y).$$

Um exemplo de função monótona não crescente e não decrescente simultaneamente são as funções constantes.

Exemplo 4.2.1 *Mostre que a Função* $f(x) = x^2$ *é uma função monótona crescente para valores de x positivos e é monótona decrescente para valores negativos de x.*

Solução. Sejam $x, y > 0$ tais que $x < y$ então teremos que

$$x < y \quad \Rightarrow \quad x^2 < xy < y^2 \quad \Rightarrow \quad x^2 < y^2.$$

Lembrando a definição de f teremos que

$$x < y \quad \Rightarrow \quad f(x) < f(y).$$

De onde segue que f é crescente. Se x e y são negativos tais que $x < y$ segue que

$$x < y \quad \Rightarrow \quad x^2 > xy > y^2 \quad \Rightarrow \quad x^2 > y^2 \quad \Rightarrow \quad f(x) > f(y).$$

De onde concluímos que f é decrescente.

Capítulo IV. Aplicações das Derivadas   149

Exemplo 4.2.2 *Mostre que a função* $f : \mathbb{R}_+ \to \mathbb{R}$ *dada por* $f(x) = 2\sqrt{x} + 1$ *é crescente.*

Solução. Tomemos $x < y$, é simples verificar que

$$\sqrt{x} < \sqrt{y} \quad \Rightarrow \quad 2\sqrt{x} < 2\sqrt{y} \quad \Rightarrow \quad \underbrace{2\sqrt{x}+1}_{=f(x)} < \underbrace{2\sqrt{y}+1}_{=f(y)}.$$

De onde concluímos que

$$x < y \quad \Rightarrow \quad f(x) < f(y).$$

Portanto, f é monótona crescente.

Mostrar que uma função é monótona usando a definição não é uma tarefa simples. O seguinte teorema nos fornece uma aplicação das derivadas para determinar se uma função é crescente ou decrescente.

Teorema 4.2.1 *Seja* $f : \mathbb{R} \to \mathbb{R}$ *uma função diferenciável.*
Se $f'(x)$ *é positiva em* $[a,b]$ *então* f *é crescente em* $[a,b]$.
Reciprocamente,
se $f'(x)$ *é negativa em* $[a,b]$ *então* f *é decrescente em* $[a,b]$.

Demonstração. Da definição de diferenciabilidade, temos que existe o limite

$$f'(c) = \lim_{h \to 0} \frac{f(c+h) - f(c)}{h}.$$

Portanto, para todo $\epsilon > 0$ existe $\delta > 0$ tal que

$$|h| < \delta \quad \Rightarrow \quad |\frac{f(c+h) - f(c)}{h} - f'(c)| < \epsilon$$

Como $f'(c) > 0$ podemos tomar $\epsilon = f'(c)$ e $h = x - c$ de onde segue que

$$-\delta + c < x < \delta + c \quad \Rightarrow \quad 0 < \frac{f(x) - f(c)}{x - c}.$$

Portanto,
$$c < x \implies f(c) < f(x)$$
De forma análoga temos que
$$c > x \implies f(c) > f(x)$$
Mostrando o resultado.

Exemplo 4.2.3 *Verifique se a função $f(x) = x^3$ é uma função monótona*

Solução. Portanto, para verificar se é monótona derivamos a função e analisamos o sinal da derivada.
$$f(x) = x^3, \implies f'(x) = 3x^2 \geq 0, \quad \forall x \in \mathbb{R}.$$
Portanto, a derivada é positiva para todo valor de x, logo f é monótona crescente.

Exemplo 4.2.4 *Encontre os intervalos onde a função $f(x) = x^2 - 4x - 2$ é função é crescente e decrescente*

Solução. Derivando
$$f(x) = x^2 - 4x - 2, \implies f'(x) = 2x - 4.$$
Então,
$$f'(x) \geq 0, \iff 2x - 4 \geq 0 \iff x \geq 2.$$
Analogamente
$$f'(x) \leq 0, \iff 2x - 4 \leq 0 \iff x \leq 2.$$
Portanto, f é crescente no intervalo $[2, \infty[$ e é decrescente para $]-\infty, 2]$.

Exemplo 4.2.5 *Encontre os intervalos onde a função $f(x) = x^3 + x^2 - x$ é monótona crescentes ou decrescente.*

Solução. Para verificar se é monótona derivamos a função e analisamos como muda de sinal da derivada.
$$f(x) = x^3 + x^2 - x, \implies f'(x) = 3x^2 + 2x - 1.$$

Capítulo IV. Aplicações das Derivadas   151

Para determinar os pontos onde a derivada muda de sinal, primeiro encontramos as raízes da derivada de f,

$$f'(x) = 3x^2 + 2x - 1 = 0 \quad \Rightarrow \quad x = -1, \quad x = \frac{1}{3}.$$

Portanto, a derivada pode ser reescrita como

$$f'(x) = (3x-1)(x+1).$$

Os pontos onde $f'(x)$ se anula são $x = 1/3$, $x = -1$, estes pontos dividem a reta em três intervalos:

$$\mathbb{R} = \underbrace{]-\infty, -1[}_{f'(x)>0} \cup \underbrace{[-1, \frac{1}{3}]}_{f'(x)\leq 0} \cup \underbrace{]\frac{1}{3}, \infty[}_{f'(x)>0}$$

Logo

$$f'(x) > 0 \iff x \in]-\infty, -1[\cup]\frac{1}{3}, \infty[$$

$$f'(x) < 0 \iff x \in]-1, \frac{1}{3}[$$

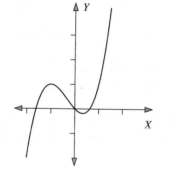
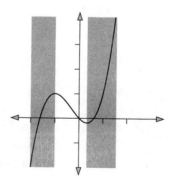

A função é crescente nas áreas sombreadas. Nas região clara a função é decrescente.

Exemplo 4.2.6 *Faça o gráfico da função $f(x) = 0.1(x^3 + 2x^2 - x - 10)$, mostre os intervalos onde a função é crescente ou decrescente e compare o gráfico de f com o gráfico de sua derivada.*

Solução. Para determinar os intervalos onde f é monótona calculamos a derivada da função e procuramos pelos intervalos onde f' é positiva ou negativa. Neste caso teremos

$$f'(x) = 0.1(3x^2 + 4x - 1).$$

Os pontos onde a função é crescente verificam

$$3x^2 + 4x - 1 \geq 0 \quad \Rightarrow \quad 3(x + \frac{2}{3})^2 - \frac{4}{3} - 1 \geq 0.$$

A expressão acima é equivalente a

$$3(x + \frac{2}{3})^2 \geq \frac{7}{3} \quad \Rightarrow \quad (x + \frac{2}{3})^2 \geq \frac{7}{9}.$$

Resolvendo a desigualdade acima encontramos que

$$x \geq -\frac{2}{3} + \frac{\sqrt{7}}{3} \quad \text{ou} \quad x \geq -\frac{2}{3} - \frac{\sqrt{7}}{3}$$

Portanto, a função será crescente no intervalo

$$]-\infty, -\frac{2}{3} - \frac{\sqrt{7}}{3}[\;\cup\;]-\frac{2}{3} + \frac{\sqrt{7}}{3}, \infty[$$

Portanto, será decrescente no intervalo

$$[-\frac{2}{3} - \frac{\sqrt{7}}{3}, -\frac{2}{3} + \frac{\sqrt{7}}{3}[$$

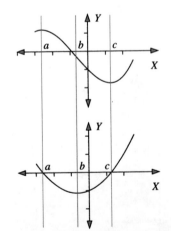

Na figura $a = -\frac{2}{3} - \frac{\sqrt{7}}{3}$, $c = -\frac{2}{3} + \frac{\sqrt{7}}{3}$. O ponto b é o ponto onde a curva muda de concavidade.

Exercícios

1. Verifique se as seguintes funções são crescentes:

$$f(x) = e^x, \quad f(x) = \ln(x^2 + 1), \quad f(x) = \frac{x^2 + 1}{x + 1}.$$

Capítulo IV. Aplicações das Derivadas   153

2. Encontre os intervalos onde as funções
$$f(x) = x^2 + 3x - 1, \quad f(x) = x^3 - 3x + 2, \quad f(x) = 5x^2 - 3x.$$
são crescentes ou decrescentes

3. Mostre que se uma função possui derivada nula então ela deve ser constante.

4. Usando o método de Newton, encontrar a raiz das seguintes funções no intervalo $[0, 1]$

   a) $f(x) = x^3 + 4x - 1$ b) $f(x) = \ln(1 + x) + 4x - 1$

   c) $f(x) = e^x + x^2 - 3$.

5. Os lados de um triângulo retângulo estão decrescendo a uma velocidade de 9cm/min e 6cm/min respectivamente. Calcular a que velocidade está decrescendo a hipotenusa do triângulo, quando os lados estão a 0,02cm e 0.015 cm respectivamente. **Resp:** 10.8 cm/min.

6. O volume de um cone de base circular de raio 4m e altura 16m está crescendo a 2 m^3/min. Suponha que o cone esteja invertido. Encontre a velocidade com que a profundidade do cone está crescendo no instante em que a profundidade é de 5m. **Resp:** $32/25\pi$

7. Uma partícula se movimenta de acordo com a equação $s(t) = 1 + 3t - 4t^2$ Calcule a velocidade da partícula no tempo $t = 5$.

8. Uma escada de 6m de comprimento se encontra apoiada numa parede e sobre um plano inclinado que faz um ângulo de 10 graus com a horizontal. Se o lado inferior é arrastado com uma velocidade de 2m/seg quando está a 4m de distância da parede, encontrar a velocidade com que o outro extremo da escada está descendo.

9. Uma escada de h m de comprimento se encontra apoiada numa parede e sobre um plano inclinado que faz um ângulo de α graus com a horizontal. Se o lado inferior é arrastado com uma velocidade de v_x m/seg quando está a a m de distância da parede, encontrar a velocidade com que o outro extremo da escada está descendo.

10. Encontre os valores de a de tal forma que a função seja crescente no intervalo $[0, 10]$

(a) $f(x) = x^2 - ax + 2$, **Resp:** $a \leq 0$

(b) $f(x) = ax^2 + x + 2$, **Resp:** $a \leq 0$

(c) $f(x) = ax^2 + 5x + 2$, **Resp:** $a \leq 0$

(d) $f(x) = ax^2 - x + 2$, **Resp:** Não existe

(e) $f(x) = \frac{ax+1}{x+2}$, **Resp:** $a > \frac{1}{2}$

(f) $f(x) = \frac{x+a}{x+2}$, **Resp:** $a < 2$

(g) $f(x) = \frac{x+1}{ax+2}$, **Resp:** $a > 2$

11. Encontre os intervalos onde as seguintes funções sejam crescentes

(a) $f(x) = x^2 - 4x + 2$, **Resp:** $[2, \infty[$

(b) $f(x) = x^2 - x + 5$, **Resp:** $[\frac{1}{2}, \infty[$

(c) $f(x) = x^3 - 12x + 5$, **Resp:** $[2, \infty[\cup]-\infty, -2[$

(d) $f(x) = x^3 - 27x + 4$, **Resp:** $[3, \infty[\cup]-\infty, -3[$

(e) $f(x) = x^4 - 32x + 1$, **Resp:** $[2, \infty[$

(f) $f(x) = x^3 - 24x + 7$, **Resp:** $[2\sqrt{2}, \infty[\cup]-\infty, -2\sqrt{2}[$

(g) $f(x) = x^5 - 80x + 1$, **Resp:** $[2, \infty[\cup]-\infty, -2]$

(h) $f(x) = x^4 - 4x + 3$, **Resp:** $[1, \infty[$

12. Quais dos seguintes gráficos corresponde a derivada da função $f(x) = -\frac{1}{3}x^3 + 2x^2 + 2x + 10$.

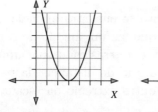 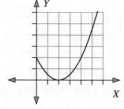 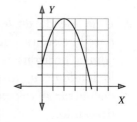

Capítulo IV. Aplicações das Derivadas 155

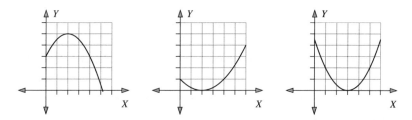

4.3 Máximos e mínimos

Uma aplicação importante do cálculo diferencial é encontrar os pontos de máximo e mínimo de uma função. Considere os seguintes gráficos.

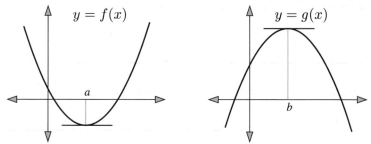

No primeiro gráfico a função f alcança seu valor mínimo no ponto $x = a$ e a função g seu valor máximo no ponto b. Em ambos os casos a reta tangente nos pontos de mínimo ou máximo é horizontal. Isto é, a derivada nesses pontos é nula.

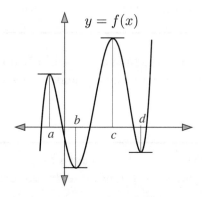

No gráfico acima vemos que uma função pode ter vários pontos que anulam a derivada e mais de um ponto onde a função assume seu máximo

156 Cálculo Light

local. Note que f alcança seu maior valor no ponto $x = c$, mas também alcança um máximo no ponto $x = a$. Chamaremos este ponto de **ponto de máximo local**. Os pontos b e d são **pontos de mínimo local**.

Definição 4.3.1 *Diremos que x_0 é ponto de máximo local de f : $[a, b] \to \mathbb{R}$ se existe uma vizinhança $V \subset]a, b[$ de x_0 tal que*

$$f(x_0) \geq f(x), \qquad \forall x \in V$$

Analogamente, x_0 é chamado ponto de mínimo local para f se existe uma vizinhança $V \subset]a, b[$ de x_0 tal que

$$f(x_0) \leq f(x), \qquad \forall x \in V$$

Definimos a seguir os pontos de extremo global.

Definição 4.3.2 *Diz-se que x_0 é ponto de máximo global de f : $[a, b] \to \mathbb{R}$ se*

$$f(x_0) \geq f(x), \qquad \forall x \in [a, b]$$

Diz-se que x_0 é um ponto de mínimo global de f se

$$f(x_0) \leq f(x), \qquad \forall x \in [a, b]$$

O seguinte teorema fornece uma caracterização dos pontos de máximo e mínimo de uma função diferenciável, quando eles estão no interior de seu domínio.

Teorema 4.3.1 *Seja $f : [a, b] \to \mathbb{R}$ uma função contínua em $[a, b]$ e diferenciável em $]a, b[$, se f tem um extremo local no ponto $x_0 \in]a, b[$ então*

$$f'(x_0) = 0$$

Capítulo IV. Aplicações das Derivadas

Demonstração. Razonemos por contradição. Suponhamos que $f'(x_0) \neq 0$ e que x_0 é um ponto de máximo relativo, então existe um $\delta > 0$ tal que

$$x_0 - \delta < x < x_0 + \delta \quad \Rightarrow \quad f(x) \leq f(x_0) \qquad (4.5)$$

Podemos supor que $f'(x_0) > 0$. Pelo Teorema 4.2.1, existe $\delta > 0$ tal que

$$x_0 < x < x_0 + \delta \quad \Rightarrow \quad f(x_0) < f(x)$$

Mais isto é contraditório com (4.5). Chegamos também à mesma contradição quando supomos que $f'(x_0) < 0$. Esta contradição vem de supor que $f'(x_0) \neq 0$, logo devemos ter que $f'(x_0) = 0$

Exemplo 4.3.1 *Calcular o ponto de extremo da função* $f(x) = ax^2 + bx + c$

Solução. O primeiro passo é verificar se existem pontos que anulam a derivada.

$$f'(x) = 2ax + b = 0 \quad \Rightarrow \quad x = -\frac{b}{2a}.$$

Como a função f é uma parábola, então ela tem um máximo se $a < 0$ ou um mínimo absoluto se $a > 0$. Portanto, $x = -b/2a$ é um ponto de extremo global, e ainda temos que $f(-b/2a) = -b^2/2a + c$.

Exemplo 4.3.2 *Laranjeiras no Paraná produzem 120 laranjas se não for ultrapassado o número de 20 árvores por acre. Para cada árvore plantado a mais o rendimento baixa em 5. Calcular o número de árvores que devem ser plantados de tal forma que a produção seja máxima.*

Solução. Organizando as informações do problema temos que

20 arv	→	20× (120-0)	= 20× 120 = 2400	lar
21 arv	→	21× (120-5)	= 21× 115 = 2415	lar
22 arv	→	22× (120-10)	= 22× 110 = 2420	lar
23 arv	→	23× (120-15)	= 23× 105 = 2415	lar

De uma simples inspeção concluímos que a produção será máxima quando sejam plantados 22 árvores por acre pois desta forma teremos 2420 laranjas produzidas, número maior que nos outros casos. O método de resolução é correto e simples porém se os números não fossem tão generosos teríamos que fazer uma quantidade maior de operações até chegar à resposta.

158 Cálculo Light

Exemplo 4.3.3 *Laranjeiras produzem "a" laranjas se não for ultrapassado o número de "b" árvores por acre. Para cada árvore plantada a mais o rendimento baixa em "c" laranjas. Calcular o número de árvores que devem ser plantados de tal forma que a produção seja máxima.*

Solução. O número de laranjas coletadas por acre esta dado por
laranjas =x,   # laranjas/árvore = $a - c(x - b)$
Portanto
$$f(x) = x(a - c(x - b)) = (a + bc)x - cx^2.$$
Usando derivadas para encontrar o valor que maximiza f temos
$$f'(x) = (a + bc) - 2cx \quad \Rightarrow \quad x = \frac{a}{2c} + \frac{b}{2}.$$
Portanto, o valor máximo de laranjas é
$$f(\frac{a}{2c}) = \frac{a^2}{4c} - \frac{b^2 c}{4} \quad \square$$

Exemplo 4.3.4 *Na época das colonizações, cada colono podia pegar qualquer extensão de terreno. A única condição era que devia estar demarcada com arame farpado. Supondo que os lotes sejam de forma retangular, calcular as dimensões do lote de tal forma que a área seja a maior possível.*

Solução.

Suponhamos que o colono tenha p metros de arame. Sejam x e y os lados do retângulo. Então, $2x + 2y = p$. Queremos encontrar x e y de tal forma que a área $A = xy$ seja máxima. Portanto,
$$A(x) = x(\frac{p}{2} - x) = x\frac{p}{2} - x^2$$

Capítulo IV. Aplicações das Derivadas   159

Derivando a expressão acima e igualando a zero, encontramos

$$A'(x) = \frac{p}{2} - 2x = 0 \quad \Rightarrow \quad x = \frac{p}{4}.$$

De onde obtemos que

$$y = \frac{p}{4}.$$

Isto é $x = y$, portanto o retângulo de perímetro constante com maior área é o quadrado.

Exemplo 4.3.5 *Deseja-se construir uma caixa a partir de uma lâmina retangular de dimensões a e b. Calcular o valor do corte x da lâmina de tal forma que o volume da caixa resultante seja o maior possível.*

Solução. O volume da caixa está dado pelo produto de suas três dimensões

$$V(x) = x(b - 2x)(a - 2x).$$

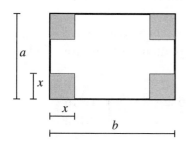

Das condições do problema encontramos que $0 < x < b/2$, $x < a/2$. Caso contrário não teríamos uma caixa. Claramente o valor que deve tomar x para maximizar o volume da caixa deve pertencer ao interior do intervalo $]0, c[$, onde $c = \min\{a/2, b/2\}$. Portanto as derivadas devem ser nulas neste ponto.

Derivando o volume, encontramos

$$\begin{aligned} V'(x) &= (b-2x)(a-2x) - 2x(a-2x) \\ &\quad -2x(b-2x) \\ &= 4x^2 - 2x(a+b) + ab + 8x^2 \\ &\quad -2(a+b)x \\ &= 12x^2 - 4x(a+b) + ab \\ &= 0 \end{aligned}$$

160 Cálculo Light

De onde,

$$x = \frac{4(a+b) \pm \sqrt{16(a+b)^2 - 48ab}}{24}$$

$$= \frac{a+b \pm \sqrt{(a+b)^2 - 3ab}}{6}$$

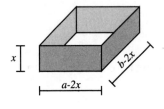

Para garantir que a solução satisfaça $x < a/2$ e $x < b/2$ devemos escolher o sinal negativo, portanto

$$x = \frac{a+b - \sqrt{(a-b)^2 + ab}}{6}$$

Exemplo 4.3.6 *Encontrar os extremos globais da função $f(x) = x^3 - 3x^2 + x - 1$ no intervalo $[-5, 5]$, indicando se é ponto de máximo ou de mínimo*

Solução. Pelo Teorema 4.3.1 sabemos que se o extremo de f está no interior do intervalo então a derivada se anula nesse ponto. Se o ponto de extremo não está no interior, então está na fronteira $x = -5$ ou $x = 5$. Portanto, temos apenas duas possibilidades. O ponto de extremo está no interior do intervalo e anula a derivada, ou está na fronteira $x = -5$ ou $x = 5$.

Para encontrar estes pontos calcularemos os pontos críticos da função e depois compararemos os valores com os pontos de fronteira. Calculando a a derivada:

$$\frac{df}{dx} = 3x^2 - 6x + 1 = 0 \quad \Rightarrow \quad x = \frac{6 \pm \sqrt{24}}{6} \approx \begin{cases} 1.816 \\ 0.183 \end{cases}$$

Calculando os valores na função obtemos que

$$f(1.816) = -3.089, \quad f(0.183) = -0.924,$$

$$f(-5) = -204, \quad f(5) = 54.$$

Portanto o ponto de mínimo de f no intervalo $[-5, 5]$ é dado por $x = -5$ e o ponto de máximo global de f é $x = 5$.

Capítulo IV. Aplicações das Derivadas   161

Exemplo 4.3.7 *Um corpo se movimenta em linha reta com velocidade constante sobre uma superfície rugosa pela ação de uma força constante aplicada ao corpo através de um cabo que faz um ângulo de θ graus respeito a horizontal. Calcule θ para que o movimento se realize com a mínima força possível. Considere o coeficiente de atrito igual a μ,*

Solução. Para que o corpo se movimente com velocidade constante, a resultante do sistema deve ser nula. Isto é a soma das forças verticais como a soma das forças horizontais devem ser nula. Denotemos por N, m e F a força normal, a massa do corpo e a força que produz o movimento. Então temos que

$$N + F\,\text{sen}(\theta) - mg = 0 \quad \Rightarrow \quad N = mg - F\,\text{sen}(\theta).$$

A soma das forças horizontais deve ser zero, portanto podemos concluir que

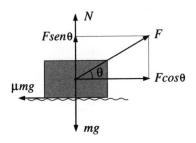

$$F\cos(\theta) - \mu N = 0 \quad \Rightarrow \quad F\cos(\theta) = \mu\,(mg - F\,\text{sen}(\theta))$$

De onde a força está dada por

$$F = \frac{\mu mg}{\cos(\theta) + \mu\,\text{sen}(\theta)}$$

Esta força é uma função do ângulo θ. Para encontrar o valor de θ que minimiza F, derivamos e igualamos a zero,

$$F'(\theta) = \frac{\mu mg(-\text{sen}(\theta) + \mu\cos(\theta))}{(\cos(\theta) + \mu\,\text{sen}(\theta))^2} = 0,$$

De onde

$$-\text{sen}(\theta) + \mu\cos(\theta) = 0$$

Portanto, $\tan(\theta) = \mu$, logo o ângulo que minimiza a força F é $\theta = \arctan(\mu)$. Isto significa que se o coeficiente de atrito é pequeno, então o ângulo também deve ser pequeno para que o esforço seja mínimo. De forma análoga, se coeficiente de atrito é elevado, então o ângulo deve ser grande, para minimizar a força F.

Exemplo 4.3.8 *Encontre as dimensões do retângulo de maior área inscrito num círculo de raio R.*

Solução. Denotemos por x e y os lados do retângulo. Da figura vemos que x e y são os catetos do triângulo retângulo que tem como hipotenusa o diâmetro do círculo.

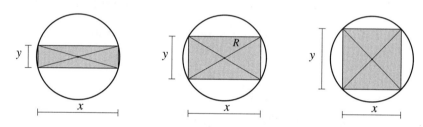

Do teorema de Pitágoras

$$x^2 + y^2 = (2R)^2 = 4R^2$$

Logo a área do retângulo é

$$A(x) = xy = x\sqrt{4R^2 - x^2}$$

Derivando A com respeito a x e igualamos a zero,

$$\sqrt{4R^2 - x^2} + x\frac{-x}{\sqrt{4R^2 - x^2}} = 0 \quad \Rightarrow \quad 4R^2 - 2x^2 = 0$$

De onde $x = \sqrt{2}R$, como $x^2 + y^2 = 4R^2$ segue $y = \sqrt{2}R$. Portanto o retângulo inscrito com maior área é o quadrado.

Exemplo 4.3.9 *Duas cidades A e B devem receber suprimento de água de um reservatório a ser localizado as margens de um rio em linha reta que está a 20 Km de A e 10 Km de B. Se os pontos mais próximos de A e B guardam entre si uma distância de 20 Km e A e B estão do mesmo lado do rio, qual deve ser a localização do reservório para que se gaste o mínimo com tubulação?*

Capítulo IV. Aplicações das Derivadas 163

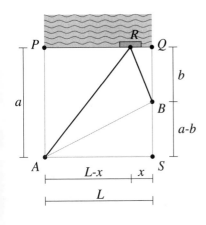

Solução. Das hipóteses $a = 20$, $b = 10$, $\overline{AB} = 20$, como $\overline{AB}$ é a hipotenusa do triângulo ABS, $L = \sqrt{20^2 - 10^2} = 10\sqrt{3}$. O comprimento da tubulação de A para o reservatório R é a hipotenusa do triângulo APR e $\overline{RB}$ é a hipotenusa do retângulo RQB. Portanto a função que define o comprimento da tubulação em função de x, esta será:

$$f(x) = \sqrt{(L-x)^2 + a^2} + \sqrt{x^2 + b^2}.$$

Derivando e igualando a zero.

$$f'(x) = -\frac{L-x}{\sqrt{(L-x)^2 + a^2}} + \frac{x}{\sqrt{x^2 + b^2}} = 0.$$

De onde temos

$$\frac{(L-x)^2}{(L-x)^2 + a^2} = \frac{x^2}{x^2 + b^2}$$

De onde segue que

$$(L-x)^2(x^2 + b^2) = [(L-x)^2 + a^2]x^2$$

De onde

$$b^2(L-x)^2 = a^2 x^2$$

extraindo a raiz temos $b(L - x) = ax$, não aceitamos o valor negativo. De onde $x = bL/(a + b)$. Substituindo os valores encontramos que $x = 10\sqrt{3}/3$.

Exemplo 4.3.10 *Encontre as dimensões do cilindro reto de maior volume que pode ser inserido num cone reto de base circular de raio $r = a$ e altura h.*

164 Cálculo Light

O problema consiste em encontrar a função V que defina o volume do cilindro em termos de x e depois encontrar o valor de x que faça máximo V.

Usando semelança de triângulos encontramos

$$\frac{x}{a} = \frac{h-y}{h} \quad \Rightarrow \quad y = h - h\frac{x}{a}.$$

Portanto o volume do cilindro está dado pelo produto da superfície da base pela altura:

$$V(x) = \pi x^2 (h - h\frac{x}{a}) = \pi x^2 h - h\pi \frac{x^3}{a}.$$

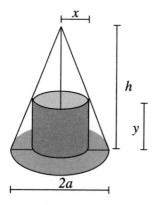

Para encontrar o valor máximo de V derivamos e igualamos a zero.

$$V'(x) = 2\pi x h - 3h\pi \frac{x^2}{a} = 0.$$

Assim
$$hx\pi(2 - 3\frac{x}{a}) = 0.$$

De onde encontramos que $x = \frac{2}{3}a$. O valor $x = 0$ corresponde ao valor mínimo de V, portanto, as dimensões do cilindro devem ser $x = \frac{2}{3}a$ e $y = \frac{h}{3}$.

Exemplo 4.3.11 *Encontrar as dimensões que deve ter uma lata de forma de um cilindro reto de um litro de volume, tal que o material usado na sua fabricação seja mínimo*

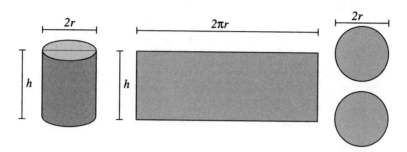

Solução. O material usado para a fabricação de uma lata é descrito na seguinte figura O volume deve ser igual a 1 litro. Lembremos que o volume de um cilindro é dado pelo produto da superfície da base vezes a altura.

$$V = \pi r^2 h \quad \Rightarrow \quad h = \frac{1}{\pi r^2}.$$

Minimizar a quantidade do material é equivalente a minimizar a superfície do cilindro. A superfície é dada por

$$S = 2\pi r h + 2\pi r^2.$$

Substituindo h encontramos que

$$S = S(r) = \frac{2}{r} + 2\pi r^2.$$

Para minimizar S, derivamos e igualamos a zero

$$S'(r) = -\frac{2}{r^2} + 4\pi r = 0 \quad \Rightarrow \quad 4\pi r^3 - 2 = 0.$$

Portanto $r = \sqrt[3]{\frac{1}{2\pi}}$, logo $h = \frac{1}{\pi}\sqrt[3]{4\pi^2}$. Que são os valores que minimizam o material usado.

Exemplo 4.3.12 *Deseja-se fazer uma pirâmide de base quadrada a partir de uma lâmina quadrada de lado L. De que magnitude deve ser feito o corte x mostrado na figura, de tal forma que a pirâmide tenha o maior volume possível?*

Solução. Temos que calcular o volume da pirâmide em termos do corte x.

166 Cálculo Light

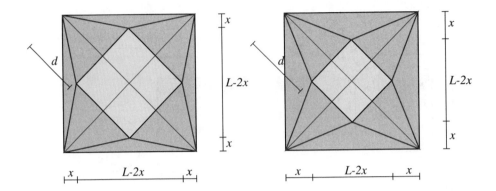

O volume de uma pirâmide é igual à terceira parte da superfície da base vezes a altura. O valor do lado do quadrado é igual a $(L-2x)/\sqrt{2}$. Portanto a superfície da base é dada por $(L-2x)^2/2$. Para calcular o volume falta apenas calcular a altura da pirâmide. Note que d é pode ser calculado a partir da figura acima,

$$\begin{aligned} d &= L\frac{\sqrt{2}}{2} - (L-2x)\frac{1}{2\sqrt{2}} \\ &= L\frac{\sqrt{2}}{4} + 2x\frac{\sqrt{2}}{4} \\ &= \frac{\sqrt{2}}{4}(L+2x). \end{aligned}$$

Para calcular a altura da pirâmide consideremos a seguinte figura

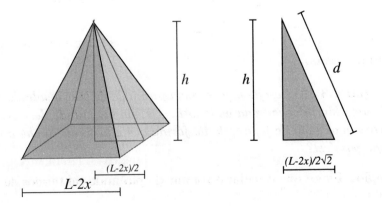

Usando o teorema de Pitágoras encontramos que

$$h = \sqrt{d^2 - \frac{(L-2x)^2}{8}}$$
$$= \sqrt{\frac{1}{8}(L+2x)^2 - \frac{1}{8}(L-2x)^2}$$
$$= \sqrt{Lx}$$

Portanto o volume da pirâmide é dada por

$$V(x) = \frac{1}{3}(L-2x)^2\sqrt{Lx}$$

Derivando e igualando a zero encontramos

$$V'(x) = -\frac{4}{3}(L-2x)\sqrt{Lx} + \frac{1}{6}(L-2x)^2\frac{\sqrt{L}}{\sqrt{x}} = 0.$$

Fazendo, $L-2x = 0$, temos $x = L/2$. Porém esta solução não é aceitável, pois nesse caso não é possível construir a pirâmide. Dividindo por $(L-2x)$ temos

$$-4\sqrt{x} + \frac{1}{2}(L-2x)\frac{1}{\sqrt{x}} = 0 \quad \Rightarrow \quad -2x + \frac{1}{4}(L-2x) = 0.$$

Simplificando a expressão acima encontramos

$$L - 2x = 8x \quad \Rightarrow \quad x = \frac{L}{10}.$$

Vamos generalizar o exercício anterior.

Exemplo 4.3.13 *Deseja-se construir um cone a partir de uma lâmina circular de raio r, calcular o valor do ângulo θ para que o cone resultante tenha volume máximo*

Solução. Temos que expressar o volume do cone em termos do corte de ângulo θ. Para isto reparemos que o comprimento do círculo da base do cone, será igual a $2\pi R - \theta R$. Denotemos por r o raio da base do cone. Portanto $r = (2\pi R - \theta R)/2\pi$.

168 Cálculo Light

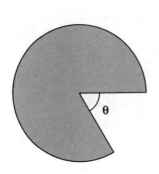
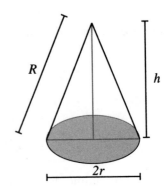

Usando o teorema de Pitágoras,

$$h^2 = R^2 - r^2 = R^2 \frac{2\pi\theta - \theta^2}{4\pi^2} \quad \Rightarrow \quad h = R\frac{\sqrt{2\pi\theta - \theta^2}}{2\pi}.$$

Portanto, o volume do cone em termos do ângulo de corte é dado pela a terceira parte da superfície da base vezes a altura:

$$V(\theta) = \frac{R^3}{24\pi^2}(2\pi - \theta)^2\sqrt{2\pi\theta - \theta^2}.$$

Derivando e igualando a zero encontramos

$$V'(\theta) = -\frac{R^3}{12\pi^2}(2\pi - \theta)\sqrt{2\pi\theta - \theta^2} + \frac{R^3}{24\pi^2}(2\pi - \theta)^2\frac{\pi - \theta}{\sqrt{2\pi\theta - \theta^2}} = 0.$$

De onde segue que

$$-\sqrt{2\pi\theta - \theta^2} + \frac{1}{2}(2\pi - \theta)\frac{\pi - \theta}{\sqrt{2\pi\theta - \theta^2}} = 0$$

Ou equivalentemente

$$\frac{1}{2}(2\pi - \theta)(\pi - \theta) = (2\pi\theta - \theta^2) \quad \Rightarrow \quad 3\theta^2 - 7\pi\theta + 2\pi^2 = 0.$$

Resolvendo encontramos que $\theta = \frac{1}{3}\pi$ ou $\theta = 2\pi$. Que correspondem aos pontos de máximo e mínimo respectivamente. Portanto o corte deve ter um ângulo de $\pi/3$.

Exemplo 4.3.14 *Encontre dois números reais positivos, cujo produto seja constante igual a "a" e a soma seja a mínima possível.*

Solução. Sejam x e y estes números. A condição é que $xy = a$. Queremos minimizar a soma: $x + y$. Como $y = a/x$. Temos que encontrar x tal que minimize a função

$$f(x) = x + \frac{a}{x} \quad \Rightarrow \quad f'(x) = 1 - \frac{a}{x^2} = 0.$$

De onde temos que $x = \pm\sqrt{a}$. A resposta negativa não é aceitável. Logo como $x = \sqrt{a}$ temos que $y = \sqrt{a}$. Portanto a menor soma é dada por $f(\sqrt{a}) = 2\sqrt{a}$.

Observação 4.3.1 *O problema análogo que maximize a soma, possui solução trivial, e está é quando x ou y se aproxima ao infinito.*

Observação 4.3.2 *Verifique que $x = -\sqrt{a}$ é um ponto de máximo local. E que isto não contradiz o fato de que a maior soma se obtém quando x ou y se aproxima do infinito.*

Exercícios

1. Calcule os extremos relativos das seguintes funções

$$f(x) = x^2 - 3x + 1, \quad f(x) = x^3 + 3x^2 + 1, \quad f(x) = x^7 - 3x^5 + 1,$$

$$f(x) = \cos(x) + \operatorname{sen}(x), \quad f(x) = \cos(x) + \cos(2x) + \cos(3x)$$

2. Encontre a frequência e amplitude das seguintes funções

   (a) $f(x) = \cos(5x + \pi/4)$. **Resp:** $A = 1$, $freq. = \frac{5}{\pi}$.
   (b) $f(x) = 2\cos(x) + 3\operatorname{sen}(x)$. **Resp:** $A = \sqrt{13}$, $freq. = \frac{1}{\pi}$.
   (c) $f(x) = 4\cos(3x) + 3\operatorname{sen}(3x)$. **Resp:** $A = 5$, $freq. = \frac{3}{\pi}$.

3. Encontre os extremos absolutos no intervalo $[-5, 5]$ das seguintes funções

$$f(x) = x^2 - 3x - 5, \quad f(x) = x^3 - 4x - 5, \quad f(x) = \frac{x}{x+1}.$$

4. Seja $a > 0$. Mostre que $x^p e^{-ax} \leq (p/a)^p e^{-p}$ para todo $x > 0$.

5. Mostre que o triângulo inscrito numa circunferência com maior área é o triângulo equilátero.

6. Encontre um par de números, cuja soma seja constante igual a a e que seu produto seja o máximo. **Resp:** $x = a/2$.

7. Mostre as seguintes desigualdades

$$x^2 + y^2 \leq 2xy, \qquad ax^2 + bx + c \geq -\frac{b^2}{2a} + c, \quad a > 0, \forall x \in \mathbb{R}$$

8. Encontre uma condição nos coeficientes para que a função $f(x) = ax^2 + bx + c$ sempre tenha um ponto de mínimo. **Resp:** $a > 0$

9. Em que pontos as funções $y = \text{sen}(x)$ e $y = \cos(x)$ tomam valores mínimos e máximos. **Resp:** a) $x = \frac{\pi}{2} + 2k\pi$ max, $x = -\frac{\pi}{2} + 2k\pi$ min b) $x = 2k\pi$ max, $x = \pi + 2k\pi$ min

10. Encontre a trajetória que deve seguir um raio luminoso que partindo do ponto $A(0, -20)$ se reflita num espelho situado sobre o eixo das abscissas e chega ao ponto $B(10\sqrt{3}, -10)$. Utilize o princípio de Fermat que diz que it a distância que segue um raio luminoso é aquela que minimiza o tempo de percorrido. **Resp:** $A(0,-20)$ reta que passa por A vai até o ponto $C(20\sqrt{3}/3, 0)$ e depois para $B(0, -10)$

11. Usando o princípio de Fermat deduza a Lei de Snell.

12. Encontrar um par de números reais cujo produto seja igual a 4 e sua soma a maior possível.

13. Encontrar as dimensões do maior cilindro reto de base circular que pode ser inserido numa esfera de Raio R.

14. Encontrar as dimensões do maior paralelepípedo reto que pode ser inserido numa esfera de Raio R.

15. Encontre uma relação entre os coeficientes a, b, c e d, de tal forma que o polinômio $p(x) = ax^3 + bx^2 + cx + d$ tenha dois pontos críticos.

16. Mostre que todo polinômio cúbico ou não tem ponto de extremo local, ou tem dois pontos de extremos.

Capítulo IV. Aplicações das Derivadas   171

17. Verifique no para polinômios de grau 4 o resultado de exercício anterior não se verifica.

18. Verifique que polinômios de grau ímpares, devem ter um número par de pontos de extremos locais.

19. Mostre que
$$-\sqrt{2} \leq \cos(x) + \operatorname{sen}(x) \leq \sqrt{2}.$$

20. Encontre o ponto de máximo e mínimo da função $f(x) = \operatorname{sen}(x) + \operatorname{sen}(2x)$. **Resp:** $x = \arccos(1 \pm \sqrt{33}/8$

21. Encontre os pontos extremos absolutos da função $f(x) = \cos(x) + \cos(2x)$. **Resp:** Max $x = 0$

22. Encontre o ponto máximo da função $f(x) = \cos(x) + \cos(2x) + \cos(3x)$. **Resp:** Max $x = 0$

23. Generalize o exercício anterior para n termos. Isto é, encontre os máximo da função $f(x) = \sum_{k=1}^{n} \cos(kx)$.

24. Encontre o máximo e o mínimo da função $f(x) = 4\cos(x) + 3\operatorname{sen}(x)$. **Resp:** ± 5

25. Encontre o ponto de máximo e o mínimo da função $f(x) = \cos(x) + \operatorname{sen}(x)$. **Resp:** $x = \pi/4$, $x = 5\pi/4$,

26. Encontre as dimensões do maior retângulo que pode ser inserido num semicírculo de Raio r. **Resp:** $R/\sqrt{2}$.

27. Encontre as dimensões do maior retângulo que pode ser inserido numa semielipse de semieixos horizontal e vertical a e b respectivamente. **Resp:** x=$a/\sqrt{2}$.

28. Encontrar a magnitude do corte que deve ser feito numa lâmina circular de Raio R de tal forma que a pirâmide de base pentagonal tenha o maior volume possível.

29. Encontrar a magnitude do corte que deve ser feito numa lâmina circular de Raio R de tal forma que a pirâmide de base hexagonal tenha o maior volume possível.

30. Encontrar a magnitude do corte que deve ser feito numa lâmina circular de Raio R de tal forma que a pirâmide de base um heptágono tenha o maior volume possível.

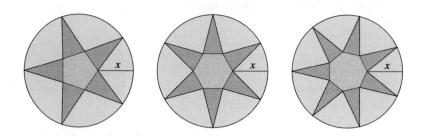

31. Mostre que entre todos os retângulos que podem ser inseridos num círculo de raio r, o quadrado é aquele que possui maior área.

32. Encontre as dimensões do retângulo de maior área que pode ser inserido na região limitada pela parte superior do eixo das abscissas e às parábolas $y = 4 - ax^2$, para $x \leq 0$ e $y = 4 - 3ax^2$ para $x \geq 0$.

33. Encontre o ponto da reta $y = x + 1$ mais próximo do ponto $(1, 1)$.

34. Definiremos distância de um ponto a uma reta como a menor distância entre o ponto e os pontos da reta. Encontre a distância do ponto $(1, 1)$ a reta $y = 2x + 1$. **Resp:** $2/\sqrt{(5)}$

35. Encontre a distância do ponto (x_0, y_0) a reta $y = mx + b$. **Resp:** $d = |y_0 - mx_0 - b|/\sqrt{1 + m^2}$

36. Encontre o ponto da parábola $y = x^2 + 4$, mais próxima da origem. **Resp:** $(0, 4)$.

37. Seja f uma função positiva e diferenciável. Mostre que se x_0 é um extremo local de f, então x_0 é também um extremo local da função $g(x) = \sqrt{f(x)}$.

38. Um veículo segue a direção da reta $y = 2x + 1$ em que ponto da trajetória o veículo passa mais perto de um sinal situado no ponto $(0, 0)$.

Capítulo IV. Aplicações das Derivadas   173

39. Encontre as dimensões do terceiro lado de um triângulo isósceles, de tal forma que a área do triângulo resultante seja a maior possível.

40. Encontre as dimensões do triângulo de maior área que pode ser inscrito numa circunferência de raio R.

41. Encontre as dimensões do triângulo de maior área que pode ser inscrito numa elipse de semieixos a e b.

42. Mostre que dentre todos os triângulos isósceles de perímetro constante, o triângulo equilátero é aquele que possui a maior área.

43. Uma escada de 8 metros é transportada por uma passagem de 1.331 metros de largura e por um corredor em ângulo reto com a passagem. Qual deve ser a largura do corredor para que a escada possa passar pela quina. Considere a escada como uma reta. **Resp:** 4,66.

4.4   Teorema do valor médio

O Teorema do Valor Médio é um dos teoremas mais importantes do cálculo diferencial. Ele nos diz que dada qualquer secante que corte a curva em dois pontos, sempre existe uma reta tangente à curva que é paralela a esta secante. Nosso ponto de partida é o Lema de Rolle.

Lema de Rolle

Para demonstrar de forma rigorosa o teorema do Valor médio usaremos o chamado Lema de Rolle. Como introdução a este Lema, consideremos f uma função satisfazendo $f(a) = f(b)$.

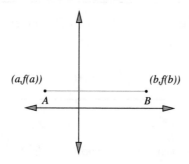

174 Cálculo Light

Imaginemos que temos a ponta do lápis no ponto $(a, f(a))$, e desenhemos qualquer função com a única condição de que passe pelo ponto $(b, f(b))$. Por exemplo podemos desenhar uma curva acima da reta $\overline{AB}$, mas em algum momento teremos que descer para chegar ao ponto $(b, f(b))$. Depois de várias tentativas obtemos os seguinte gráficos.

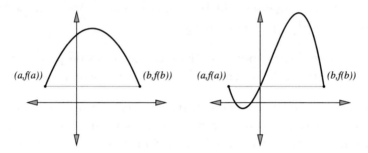

Observando os gráficos acima concluímos que pelo menos existe um ponto da curva que é de máximo ou mínimo local. Isto é, existe pelo menos um ponto c no intevalo $]a, b[$ onde a derivada se anula.

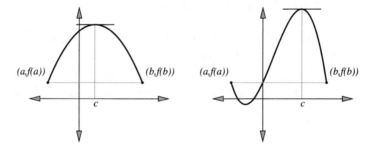

Em resumo temos o seguinte Teorema.

Lema 4.4.1 (Rolle) *Seja $f : [a, b] \to \mathbb{R}$ uma função diferenciável em $]a, b[$, tal que $f(a) = f(b)$ então existe um ponto $c \in]a, b[$ tal que*
$$f'(c) = 0$$

Com este resultado mostraremos o Teorema do Valor médio.

Capítulo IV. Aplicações das Derivadas 175

Prova do Teorema do Valor Médio

Considere as seguintes curvas.

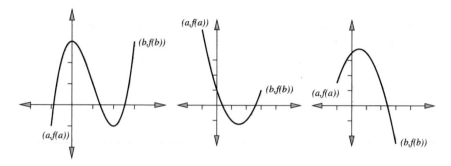

Tracemos a reta secante que passa pelos pontos $(a, f(a))$ e $(b, f(b))$.

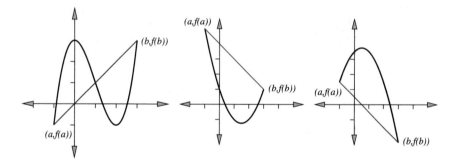

A inclinação da reta secante é dada por

$$m = \frac{f(b) - f(a)}{b - a}.$$

Translademos paralelamente a secante até que ela seja tangente à curva

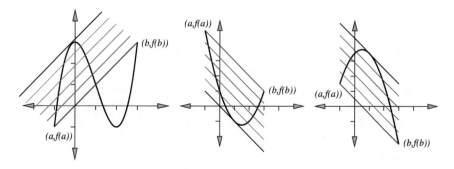

A reta obtida desta forma é uma tangente à curva. Portanto existe um ponto $c \in]a, b[$ de tal forma que a inclinação desta reta é igual a $f'(c)$. Isto é,

> **Teorema 4.4.1 (do Valor Médio)** *Seja $f : [a,b] \to \mathbb{R}$ uma função contínua em $[a,b]$ e diferenciável em $]a,b[$, então existe um ponto $c \in]a,b[$ verificando*
>
> $$f'(c) = \frac{f(b) - f(a)}{b - a}$$

Demonstração. Denotemos por $\varphi(x)$ a diferença entre a função $f(x)$ e a reta que passa pelos pontos $(a, f(a))$ e $(b, f(b))$. A reta está dada pela função

$$\frac{y - f(a)}{x - a} = \frac{f(b) - f(a)}{b - a} \quad \Rightarrow \quad y = f(a) + \frac{f(b) - f(a)}{b - a}(x - a)$$

De onde obtemos que φ é dada por:

$$\varphi(x) = f(x) - f(a) - \frac{f(b) - f(a)}{b - a}(x - a)$$

Geometricamente teremos

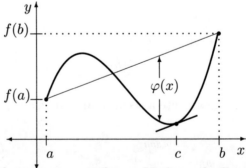

É simples verificar que φ satisfaz as hipótese do Teorema de Rolle, isto é, $\varphi(a) = \varphi(b) = 0$. De onde concluímos que existe um ponto $c \in]a, b[$ satisfazendo $\varphi'(c) = 0$. Calculando a derivada de φ obtemos

$$\varphi'(x) = f'(x) - \frac{f(b) - f(a)}{b - a} \quad \Rightarrow \quad f'(c) = \frac{f(b) - f(a)}{b - a}$$

De onde segue o resultado.

Capítulo IV. Aplicações das Derivadas

Exemplo 4.4.1 *Mostre que se uma função tem derivada nula no intervalo $[a, b]$, então a função deve ser uma constante*

Solução. Pela definição sabemos que a derivada de uma função constante é nula. Usaremos o Teorema do Valor Médio para mostrar que se uma função possui derivada nula num intervalo $[a, b]$, então ela deve ser uma constante em $[a, b]$. De fato, seja $f : [a, b] \to \mathbb{R}$ tal que $f'(x) = 0$ para todo valor de x em $[a, b]$. Tomemos um ponto qualquer $\eta \in [a, b[$ e consideremos o intervalo $[\eta, b]$. Aplicando o Teorema do Valor médio neste intervalo, obtemos

$$\frac{f(\eta) - f(b)}{\eta - b} = f'(x_0) = 0, \quad x_0 \in]\eta, b[.$$

De onde concluímos que para qualquer que seja $\eta \in [a, b]$ teremos que $f(\eta) = f(b)$. Portanto a função é constante.

Exemplo 4.4.2 *Mostre que para todo polinômio de grau 2 existe um único ponto satisfazendo o Teorema do valor Médio.*

Solução. Denotemos por $p(x) = ax^2 + bx + c$ e consideremos o intervalo $[x_0, x_1]$. Do Teorema do Valor Médio temos que existe pelo menos um ponto $c \in [x_0, x_1]$ satisfazendo

$$p'(c) = \frac{p(x_1) - p(x_0)}{x_1 - x_0}.$$

Denotemos por $m = p(x_1) - p(x_0)/(x_1 - x_0)$ e calculemos a derivada de p,

$$p'(x) = 2ax + b \quad \Rightarrow \quad p'(c) = 2ac + b$$

Os valores de c que satisfazem as condições do Teorema do Valor Médio devem ser tais que resolvam a equação: $2ac + b = m$, observamos que existe apenas um valor de c dado por $c = (m - b)/2a$.

Observação 4.4.1 *A ideia central da demonstração do Teorema do Valor Médio está na construção da função φ definida pela diferença entre função f e a reta que passa pelos pontos $(a, f(a)), (b, f(b))$,*

$$\varphi(x) = f(x) - f(a) - \frac{f(b) - f(a)}{b - a}(x - a).$$

Se redefinimos φ da forma

$$\varphi(x) = f(x) - f(a) - \frac{f(b)-f(a)}{g(b)-g(a)}[g(x)-g(a)]$$

Vemos que φ também satisfaz a hipótese do Lema de Rolle. Isto é,

$$\varphi(a) = \varphi(b) = 0$$

Então existe um ponto $c \in]a,b[$ que verifica

$$\varphi'(c) = 0 \quad \Rightarrow \quad f'(c) - \frac{f(b)-f(a)}{g(b)-g(a)}g'(c) = 0$$

Ou equivalente, existe um ponto $c \in]a,b[$ tal que

$$\frac{f'(c)}{g'(c)} = \frac{f(b)-f(a)}{g(b)-g(a)}.$$

Teorema 4.4.2 (Teorema do Valor Médio de Cauchy)
Sejam $f, g : [a,b] \to \mathbb{R}$ funções contínuas em $[a,b]$ e diferenciáveis em $]a,b[$, então existe um ponto $c \in]a,b[$

$$\frac{f'(c)}{g'(c)} = \frac{f(b)-f(a)}{g(b)-g(a)}$$

Regra de L'Hospital

Como uma consequência do Teorema do Valor Médio de Cauchy, temos a chamada Regra de L'Hospital, que é bastante útil para calcular limites nas formas indeterminadas

$$\frac{0}{0}, \quad \frac{\pm\infty}{\pm\infty}$$

Capítulo IV. Aplicações das Derivadas   179

Teorema 4.4.3 (Regra de L'Hospital) *Sejam $f, g : [a, b] \to \mathbb{R}$ funções contínuas em $[a, b]$ e diferenciável em $]a, b[$. Suponhamos que $f(c) = g(c) = 0$ para algum $c \in]a, b[$ então é válido*

$$\lim_{x \to c} \frac{f(x)}{g(x)} = \lim_{x \to c} \frac{f'(x)}{g'(x)}$$

Demonstração. Aplicando o Teorema do Valor Médio de Cauchy no intervalo $[c, x_0]$ temos que existe $c < \xi < x_0$ de tal forma que

$$\frac{f(x_0)}{g(x_0)} = \frac{f'(\xi)}{g'(\xi)}.$$

Note que quando $x_0 \to c$ temos que $\xi \to c$. Assim tomando limites teremos

$$\lim_{x_0 \to c} \frac{f(x_0)}{g(x_0)} = \lim_{\xi \to c} \frac{f'(\xi)}{g'(\xi)}$$

De onde segue o resultado.

Exemplo 4.4.3 *Calcular o limite*

$$\lim_{x \to 0} \frac{e^x - \cos(x)}{x^2 + x}.$$

Solução. Os limites acima produzem formas indeterminadas do tipo 0/0. Portanto podem ser calculados usando a Regra de L'Hospital. Derivando numerador e denominador nas expressões obtemos

$$\lim_{x \to 0} \frac{e^x - \cos(x)}{x^2 + x} = \lim_{x \to 0} \frac{e^x + \operatorname{sen}(x)}{2x + 1}$$

A indeterminação do limite anterior desapareceu, portanto o limite pode ser calculado por simples substituição, de onde encontramos que

$$\lim_{x \to 0} \frac{e^x - \cos(x)}{x^2 + x} = 1.$$

Exemplo 4.4.4 *Calcular o limite*

$$\lim_{x \to 1} \frac{x^5 - 2x^2 + 1}{x^3 - 1}$$

Solução. Novamente temos um limite da forma indeterminada 0/0. Portanto aplicando a Regra de L'Hospital encontramos

$$\lim_{x \to 1} \frac{x^5 - 2x^2 + 1}{x^3 - 1} = \lim_{x \to 1} \frac{5x^4 - 4x}{3x^2} = \frac{1}{3}.$$

Exercícios

1. Usando o teorema do valor médio mostre que se f é uma função diferenciável no intervalo $]a, b[$, então existe um ponto $x_0 \in]a, b[$, que verifica

$$f(x_0)f'(x_0) = \frac{1}{2}\frac{[f(a) - f(b)][f(a) + f(b)]}{a - b}$$

2. Seja $f : [a, b] \to \mathbb{R}$ seja diferenciável que $x = 0$ é uma raiz de f no intervalo $\alpha \in]-a, a[$. Mostre que existe um ponto $x_0 \in]-a, 0[$ tal que

$$f'(x_0) = \frac{f(a)}{a}$$

3. Encontre o ponto c que verifica o Teorema do valor médio da função $f(x) = x^2 + x$ no intervalo $]0, 1[$. **Resp:** $c = 1/2$

4. Mostre que o ponto que verifica o Teorema do valor médio da função $f(x) = x^2$ no intervalo $]0, a[$ é $c = a/2$.

5. Mostre que o ponto que verifica o Teorema do valor médio da função $f(x) = x^n$ no intervalo $]0, a[$ é $c = a/n$.

6. Seja f uma função diferenciável tal que $f(x) = f(-x)$. Mostre que o ponto c que satisfaz o Teorema do valor médio no intervalo $]-a, a[$ é $c = 0$.

7. Dê um exemplo de uma função que tenha dois pontos diferentes que verifiquem o Teorema do Valor médio no intervalo $]0, 1[$.

Capítulo IV. Aplicações das Derivadas   181

8. Mostre que existe um ponto $\alpha \in\ ]0,1[$ que satisfaz $1 - e + e^\alpha = 0$.

9. Mostre que existe um ponto $\alpha \in\ ]1, a[$ que satisfaz $\alpha \ln(a) - a + 1 = 0$.

10. Calcular os seguintes limites

$$\lim_{x\to 0}\frac{e^x - 1}{\sin(x)}, \quad \lim_{x\to 0}\frac{2^x - 1}{x}, \quad \lim_{x\to 1}\frac{x^2 - 2x + 1}{1 - \cos(x)}$$

11. Calcular o limite $\lim_{x\to 0} e^{-\frac{1}{x^2}}$. **Resp:** 0

12. Encontre os seguintes limites

   (a) $\lim_{x\to 0} \dfrac{\sin(x^2)}{\sin(x)}$. **Resp:** 0

   (b) $\lim_{x\to 0} \dfrac{1 - \cos(x^2)}{x}$. **Resp:** 0

   (c) $\lim_{x\to 0} \dfrac{1 - \cos(3x)}{1 - \cos(x)}$. **Resp:** 9

   (d) $\lim_{x\to 0} \dfrac{x - \operatorname{sen}(3x)}{2x - \operatorname{sen}(x)}$. **Resp:** -2

   (e) $\lim_{x\to 0} \dfrac{x^2 + 1 - \cos(3x)}{\operatorname{sen}(4x)}$. **Resp:** 0

   (f) $\lim_{x\to 0} \dfrac{1 - \cos(x^2)}{x - \cos(x)}$. **Resp:** 0

   (g) $\lim_{x\to 0} \dfrac{1 - \cos(x^3)}{1 - \cos(x)}$. **Resp:** 0

   (h) $\lim_{x\to 0} \dfrac{x^2 + x - \cos(x^3)}{1 - \cos(x)}$. **Resp:** 2

13. Calcular o limite $\lim_{x\to 0} \frac{1}{x} e^{-\frac{1}{x^2}}$.

14. Encontre o valor de c que verifica o teorema do valor médio de Cauchy para as seguintes funções

   (a) $f(x) = x^2$, $g(x) = 2x + 1$, no intervalo $[0, 1]$. **Resp:** $c = 1/2$

(b) $f(x) = x^3$, $g(x) = x - 1$, no intervalo $[0, 1]$. **Resp:** $c = \pm\sqrt{3}/3$

(c) $f(x) = 3x$, $g(x) = x^2$, no intervalo $[0, 1]$. **Resp:** $c = 1/2$

15. Mostre que existe $c \in]0, x[$ satisfazendo

$$\frac{\operatorname{sen}(x)}{\cos(x) - 1} = -\cot(c).$$

16. Encontre os seguintes limites

(a) $\lim_{x \to 0} \dfrac{\operatorname{sen}(\operatorname{sen}(x))}{\operatorname{sen}(x)}$. **Resp:** 1

(b) $\lim_{x \to 0} \dfrac{1 - \cos(3x^2 + x)}{1 - \cos(5x)}$. **Resp:** 1/25

(c) $\lim_{x \to 0} \dfrac{1 - \cos(3x)}{1 - \cos(5x)}$. **Resp:** 9/25

(d) $\lim_{x \to 0} \dfrac{x - \operatorname{sen}(x^2 + x)}{2x - \operatorname{sen}(x^2 - x)}$. **Resp:** 0

(e) $\lim_{x \to 0} \dfrac{1 - \cos(3x)}{\operatorname{sen}(4x)}$. **Resp:** 0

(f) $\lim_{x \to 0} \dfrac{x + \operatorname{sen}(x^2)}{x - \cos(x)}$. **Resp:** 0

(g) $\lim_{x \to 0} \dfrac{1 - \cos(x^5)}{1 - \cos(x^2)}$. **Resp:** 0

(h) $\lim_{x \to 0} \dfrac{1 - \cos(\operatorname{sen}(x))}{1 - \cos(x)}$. **Resp:** 1

4.5 Derivadas de segunda ordem

Na seção anterior estudamos a derivada de uma função, encontramos as condições para que esta função seja diferenciável e verificamos que a derivada de uma função, é também uma função. Assim, se a derivada de uma função é também uma função diferenciável, podemos derivar

Capítulo IV. Aplicações das Derivadas 183

novamente. O resultado desta derivação é chamada de segunda derivada. Isto suponhamos que f e f' sejam diferenciáveis, então

$$\frac{d}{dx}\left\{\frac{d}{dx}f(x)\right\} = \frac{d^2}{dx^2}f(x)$$

Exemplo 4.5.1 *Calcular a derivada de segunda ordem da função $f(x) = x^4 - 3x^2 - x + 1$.*

Solução. Como vimos na seção anterior, todo polinômio é uma função diferenciável. A derivada de f é dada por

$$\frac{df}{dx} = 4x^3 - 6x^2 - 1,$$

que também é um polinômio, portanto diferenciável. Derivando novamente a expressão anterior encontramos

$$\frac{d^2f}{dx^2} = 12x^2 - 12x.$$

Que é a segunda derivada.

Exemplo 4.5.2 *Calcular a segunda derivada da função $f(x) = \cos(x)e^x$.*

Solução. A função f é uma função diferencável. Derivando-a, encontramos

$$\frac{df}{dx}(x) = -\operatorname{sen}(x)e^x + \cos(x)e^x$$

Observamos que a derivada é também uma função diferencável. Podemos derivar novamente,

$$\frac{d^2f}{dx^2}(x) = -\cos(x)e^x - \operatorname{sen}(x)e^x - \operatorname{sen}(x)e^x + \cos(x)e^x = 2\operatorname{sen}(x)e^x$$

Exemplo 4.5.3 *Encontrar a fórmula da segunda derivada de um produto $h(x) = f(x)g(x)$.*

Solução. Encontrando a primeira derivada

$$\frac{dh}{dx}(x) = f'(x)g(x) + f(x)g'(x)$$

A segunda derivada é dada por

$$\frac{d^2h}{dx^2}(x) = f''(x)g(x) + f'(x)g'(x) + f'(x)g'(x) + f(x)g''(x)$$

De onde encontramos

$$\boxed{\frac{d^2h}{dx^2}(x) = f''(x)g(x) + 2f'(x)g'(x) + f(x)g''(x)}$$

Que corresponde a fórmula da segunda derivada de um produto.

Interpretação geométrica da segunda derivada

Lembremos que se uma função possui derivada positiva, então a função é crescente, enquanto que se a derivada é negativa então a função é decrescente. Consideremos os seguintes gráficos.

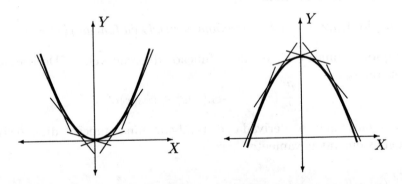

No primeiro gráfico todas as retas tangentes estão debaixo da curva. Enquanto que no segundo caso as retas tangentes estão acima da curva. Se prestarmos mais atenção observamos que as retas tangentes na primeira figura teminclinações crescentes, isto é começam negativas, se anulam e depois viram positivas. Enquanto que as inclinações da tangente na segunda figura estão decrescendo, começaram positivas, se anulam e depois viram negativas.

Capítulo IV. Aplicações das Derivadas 185

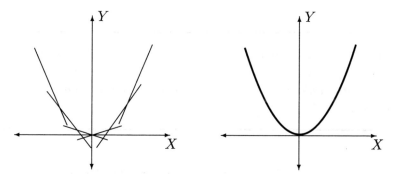

Por outro lado, se temos que as retas tangentes teminclinações crescentes, então estas retas formam uma envolvente de uma função que primeiro decresce e depois cresce, isto practicamente caracteriza à curva. É conveniente nesta altura diferenciar estas situações e introduzir o conceito de convexidade e concavidade.

Definição 4.5.1 *Diremos que uma curva é convexa, se todas suas tangentes estão debaixo da curva. Diremos que a curva é côncava, se suas tangentes estão acima da curva.*

Observação 4.5.1 *Muitos autores chamam de curvas côncava para cima as curvas que aqui chamamos de convexas. Assim como de côncavas para baixo as que aqui estamos chamando de côncavas. Optamos por introduzir o nome de convexa por tratar-se de um conceito importante em ciências e engenharia.*

Dos gráficos anteriores observamos que se as inclinações das retas tangentes são crescentes então a curva deve ser convexa e se as inclinações são crescentes, é porque a derivada é uma função crescente. Se a derivada é crescente, então sua derivada (a segunda derivada da função) é positiva. Portanto temos o seguinte resultado.

Teorema 4.5.1 *Seja f uma função duas vezes derivável, então a curva definida por ela é convexa se sua segunda derivada é positiva. Por outro lado a curva será côncava se sua segunda derivada é negativa.*

Exemplo 4.5.4 *Utilizando primeiras e segundas derivadas, faça o gráfico da função*
$$f(x) = x^3 - 2x^2 + x + 3$$

Solução. Primeiro analisemos os intervalos onde a função é crescente ou decrescente. Para isto calculamos f' e analisamos os pontos onde a função é positiva ou negativa.

$$f'(x) = 3x^2 - 4x + 1, \quad \Rightarrow \quad 3x^2 - 4x + 1 = 0.$$

Os pontos onde a derivada se anula são $x_1 = \frac{2}{3} - \frac{\sqrt{2}}{6} \approx 0.431$, $x_2 = \frac{2}{3} + \frac{\sqrt{2}}{6} \approx 0.902$.

Os pontos onde a segunda derivada muda de sinal os calculamos encontrando

$$f''(x_3) = 6x_3 - 4 = 0, \quad \Rightarrow \quad x_3 = \frac{2}{3} \approx 0.667.$$

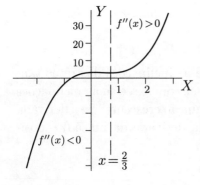

Portanto para valores menores que $\frac{2}{3}$ a segunda derivada é negativa. Para valores maiores que $\frac{2}{3}$ a derivada é positiva. Os pontos importantes a levar em consideração no gráfico são x_1, x_2 e x_3.

Entre os pontos $x_1 \approx 0.431$, $x_2 \approx 0.902$, a curva é decrescente. Para valores maiores que $x = 0.667$ a curva será convexa, enquanto que para valores menores que $x = 0.667$ a curva será côncava.

4.6 Critérios da segunda derivada

Lembremos que uma função é convexa quando suas derivadas são funções crescentes. Em termos geométricos são curvas cujas retas tangentes têm inclinações crescentes.

Portanto, se uma função convexa tem um ponto de extremo, este ponto deve ser de mínimo local. Analogamente, se uma função convexa tem um ponto de extremo, então o ponto deve ser de máximo.

Da discussão acima concluímos que um ponto crítico será mínimo local se sua segunda derivada é positiva nesse ponto. Analogamente, um ponto crítico será máximo local, se sua segunda derivada é negativa nesse ponto.

Teorema 4.6.1 *Seja $f : [a,b] \to \mathbb{R}$ duas vezes diferenciável em $x_0 \in]a,b[$, então*

$$f'(x_0) = 0, \quad f''(x_0) > 0 \quad \Rightarrow \quad x_0 \text{ é ponto de mínimo}$$

$$f'(x_0) = 0, \quad f''(x_0) < 0 \quad \Rightarrow \quad x_0 \text{ é ponto de máximo}$$

Exemplo 4.6.1 *Calcular os extremos relativos da função $f(x) = 3x^2 - 4x + 1$*

188 Cálculo Light

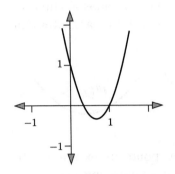

Solução. Para calcular os extremos locais, primeiro derivamos a função e encontramos os zeros da derivada.

$$f'(x) = 6x - 4 = 0 \quad \Rightarrow \quad x = \frac{2}{3}.$$

Portanto $x = \frac{2}{3}$ é um ponto crítico. Para determinar se este ponto é um extremo, calculamos a segunda derivada, $f''(x) = 6 > 0$. Que implica que o ponto é de mínimo.

Exemplo 4.6.2 *Calcular os extremos relativos da função $f(x) = x^3 - 6x^2 + x + 5$, e indique o ponto de máximo e o ponto de mínimo local.*

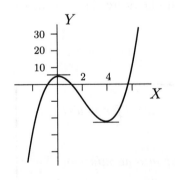

Solução. Para calcular os pontos de extremos locais, o que fazemos é derivar a função e igualar a zero.

$$f'(x) = 3x^2 - 12x + 1 = 0,$$

$$x_1 = 2 + \frac{\sqrt{33}}{3}, \quad x_2 = 2 - \frac{\sqrt{33}}{3}.$$

De onde obtemos que $x_1 \approx 3.914$, $x_2 \approx 0.085$. Calculando a segunda derivada, obtemos $f''(x) = 6x - 12$, avaliando nos pontos críticos encontramos:

$$f''(x_1) = 11.489 > 0,$$
$$f''(x_2) = -11.489 < 0.$$

De onde obtemos que $x_1 \approx 3.914$ é ponto de mínimo local, enquanto que $x_2 \approx 0.085$ é ponto de máximo local.

Exemplo 4.6.3 *Calcular o máximo e o mínimo global da função $f(x) = x^3 + 4x^2 + 5$, no intervalo $[-3, 3]$.*

Capítulo IV. Aplicações das Derivadas 189

Solução. Consideremos duas possibilidades. A primeira que o extremo se encontre no borde do intervalo $x = -3$ ou $x = 3$. A segunda, que o extremo se encontre no interior do intervalo. Se o extremo se encontra no interior do intervalo, então a derivada deve anular-se nesse ponto. Portanto

$$f'(x) = 3x^2 + 8x = 0, \quad x_1 = 0, \quad x_2 = -\frac{8}{3}.$$

Calculando as segunda derivada, obtemos $f''(x) = 6x + 8$, avaliando nos pontos críticos encontramos que

$$f''(x_1) = 8 > 0, \quad f''(x_2) = -8 < 0.$$

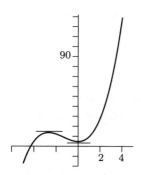

De onde obtemos que $x_1 = 0$ é ponto de mínimo, enquanto que $x_2 = -8/3$ é ponto de máximo. Nestes pontos a função toma os valores de $f(x_1) = 5$, $f(x_2) = 391/27 \approx 14.48$. Finalizamos nossa análise, considerando o caso em que os extremos estejam no bordo do intervalo. Para isto basta calcular o valor da função nesses pontos. $f(-3) = 14$, $f(3) = 68$. Comparando os valores encontramos que $x = 3$ será o ponto de máximo global e que $x_1 = 0$ será ponto de mínimo.

Exemplo 4.6.4 *Seja $f(x) = x^3 - x$ Encontre $a \in \mathbb{R}$ e o menor número $M > 0$ de tal forma que se verifique a desigualdade*

$$|f(x) - a| \leq M, \quad \forall x \in]-2, 2[$$

Solução. Para encontrar estes valores devemos primeiro encontrar o máximo e o mínimo absoluto de f no intervalo $[-2, 2]$. Se os extremos estão no interior do intervalo então verificam:

$$3x^2 - 1 = 0 \quad \Rightarrow \quad x = \pm\frac{\sqrt{3}}{3} \approx \pm 0.5773.$$

De onde temos que

$$f(\pm 0.5773) = \mp.3849.$$

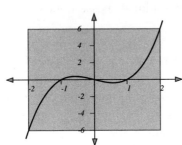

Avaliando a função nos extremos do intervalo temos

$$f(\pm 2) = \pm 6.$$

Portanto o máximo e o mínimo absolutos são atingidos nos pontos $x = 2$ e $x = -2$, isto é

$$-6 \leq f(x) \leq 6 \quad \Rightarrow \quad |f(x)| \leq 6.$$

Para todo $x \in [-2, 2]$. Logo $a = 0$, $M = 6$

Exemplo 4.6.5 *Seja* $f(x) = -3/4 - 5/4x + x^2 + x^3$ *Encontre* $a \in \mathbb{R}$ *e o menor número* $M > 0$ *de tal forma que se verifique a desigualdade*

$$|f(x) - a| \leq M, \quad \forall x \in]-2, 2[$$

Solução. Calculemos o máximo e o mínimo absoluto de f no intervalo $[-2, 2]$. Lembremos que se os extremos estão no interior do intervalo então verificam:

$$3x^2 + 2x - \frac{5}{4} = 0 \quad \Rightarrow \quad x = \frac{-2 \pm \sqrt{19}}{6}$$

Onde $x = -1.0598$, $x = 0.3931$,

$$f(-1.0598) = .507584,$$

$$f(0.3931) = -1.026102$$

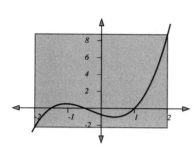

Avaliando a função nos extremos do intervalo temos

$$f(-2) = -\frac{9}{4} = -2.25, \quad f(2) = \frac{35}{4} = 8.75.$$

Portanto o máximo e o mínimo absolutos são atingidos nos pontos $x = 2$ e $x = -2$, isto é

$$-\frac{9}{4} \leq f(x) \leq \frac{35}{4}.$$

Substraindo c na desigualdade acima

$$-\frac{9}{4} - c \leq f(x) - c \leq \frac{35}{4} - c$$

Tomemos c de tal forma que

$$\frac{9}{4} + c = \frac{35}{4} - c \quad \Rightarrow \quad c = \frac{13}{4}$$

De onde

$$-\frac{22}{4} \leq f(x) - \frac{13}{4} \leq \frac{22}{4}$$

Assim

$$|f(x) - \frac{13}{4}| \leq \frac{22}{4}$$

Logo $a = \frac{13}{4}$, $M = \frac{22}{4}$.

4.7 Interpretação física da segunda derivada

No movimento acelerado, a aceleração média de um corpo que se está movimentando no intervalo de tempo $[t_0, t_1]$ é dada por

$$a_m = \frac{v(t_0) - v(t_1)}{t_0 - t_1}$$

Assim quando diminuímos o intervalo, a aceleração média é cada vez mais precisa e se aproxima da aceleração que temo corpo no ponto t_0. Esta aceleração calculada no ponto é chamada de aceleração instantânea.

Portanto a aceleração é dada por

$$a = \lim_{t_1 \to t_0} \frac{v(t_0) - v(t_1)}{t_0 - t_1} = \frac{dv}{dt}.$$

Por outro lado, se f é uma função que define a posição de um móvel no tempo t. A velocidade do corpo é igual à derivada de $y = f(t)$ com relação ao tempo. Temos portanto que a aceleração estará dada pela segunda derivada de f com relação ao tempo:

$$a = \frac{dv}{dt} = \frac{d^2 f}{dt^2}.$$

Exemplo 4.7.1 *Suponha que a posição de uma partícula está dada pela função $f(t) = t^3 - 2t + 1$. Calcular a velocidade e a aceleração da partícula no tempo $t = 2$.*

Solução. A velocidade no ponto $t = 2$ é igual à derivada de f nesse ponto. $f'(t) = 3t^2 - 2$, de onde segue que $v(2) = 10 \, m/seg$. Finalmente, a aceleração do corpo estará dado pela segunda derivada no ponto $t = 2$. Calculando $f''(t) = 6t$ temos que $a = f''(t) = 12 \, m/seg^2$.

Exemplo 4.7.2 *Encontre os valores das constantes a, b, c e d de tal forma que a função $f(t) = at^3 + bt^2 + ct + d$ defina a posição de um corpo que se está deslocando com aceleração constante.*

Solução. Para que o corpo se desloque com aceleração constante, devemos ter que sua segunda derivada deve ser constante. Portanto

$$f'(t) = 3at^2 + 2bt + c, \qquad f''(t) = 6at + 2b.$$

A função f'' será constante com relação ao tempo somente se $a = 0$. Portanto para que $f(t) = at^3 + bt^2 + ct + d$ defina a posição de um corpo que se desloque com aceleração constante devemos ter que $a = 0$. A função define um movimento com aceleração constante é um polinômio de grau 2.

Exemplo 4.7.3 *Encontre os valores das constantes a, b, c de tal forma que a função $f(t) = at^2 + bt + c$ defina a posição de um corpo que se está deslocando com aceleração constante igual a g, velocidade inicial igual a v_0 e que se encontra inicialmente no ponto $f(0) = h$.*

Solução. Do exemplo anterior, sabemos que f define a posição de um corpo que se desloca com aceleração constante.

$$f'(t) = 2at + b, \qquad f''(t) = 2a.$$

Como a aceleração é igual a f'' encontramos que $f''(t) = a$, pela condição queremos que $a = g/2$. Por outro lado, a velocidade inicial isto é $f'(0) = v_0$. Como $f'(t) = 2at + b$ encontramos que $b = v_0$. Finalmente, a posição inicial do corpo $f(0) = h$, de onde $c = h$. Assim teremos que a função está dada por:

$$\boxed{f(t) = \frac{1}{2}gt^2 + v_0 t + h}$$

A fórmula acima define a posição de um corpo que se desloca com aceleração constante em termos de sua velocidade e posição inicial.

Exemplo 4.7.4 *Um corpo cai, devido ação das forças gravitacionais, de uma altura de 100 metros. Calcular o tempo que demora em chegar a superfície. Suponha que a aceleração da gravidade é constante igual a $9.8 \ m/seg^2$ e que o corpo parte do repouso.*

Solução. Usaremos as fórmulas do movimento acelerado. Isto é,

$$f(t) = \frac{1}{2}gt^2 + v_0 t + h.$$

Como o corpo está caindo, a aceleração é negativa, isto é $g = -9.8$, $v_0 = 0$ pois parte do repouso. Finalmente, $h = 100$, assim a posição do corpo estrá dado por

$$f(t) = -4.9t^2 + 100$$

A condição que o corpo chegue a superfície é dada por

$$f(t) = -4.9t^2 + 100 = 0 \quad \Rightarrow \quad t = 4.52.$$

Portanto o corpo demorará 4.52 segundo em chegar a superfície.

194 Cálculo Light

Exercícios

1. Calcular as segundas derivadas das seguintes funções

$$f(x) = \frac{x}{x+1}, \quad f(x) = \cos(x), \quad f(x) = e^x.$$

2. Mostre que a função $f(x) = A\cos(ax) + B\operatorname{sen}(ax)$ satisfaz a identidade
$$f''(x) + a^2 f(x) = 0.$$

3. Mostre que a função $f(x) = Ae^{ax}$ satisfaz a identidade
$$f''(x) - a^2 f(x) = 0.$$

4. Mostre que a função $f(x) = Ae^{ax} + Be^{bx}$ satisfaz a identidade
$$f''(x) - (a+b)f'(x) + abf(x) = 0.$$

5. Calcular a segunda derivadas das funções dadas implicitamente
$$y^2 + x^2 = 1, \quad x^3 + y^3 = 3xy, \quad e^x + e^y = 1 + 2xy.$$

6. Verifique que as seguintes funções verificam as equações ao lado.

   (a) $f(x) = e^x$, $\quad y'' - 2y' + y = 0$.
   (b) $f(x) = \cos(x)$, $\quad y'''' + y = 0$.
   (c) $f(x) = 2\cos(2x) + 5\operatorname{sen}(2x)$, $\quad y'' + 4y = 0$.
   (d) $f(x) = e^x \cos(2x) + 5e^x \operatorname{sen}(2x)$, $\quad y'' + 2y' + 2y = 0$.
   (e) $f(x) = e^{2x}\cos(2x) + 5e^{2x}\operatorname{sen}(2x)$, $\quad y'' + 4y' + 5y = 0$.
   (f) $f(x) = 2\cos(2x) + 5\operatorname{sen}(x)$, $\quad y'''' + 5y'' + 4y = 0$.

7. Suponhamos que a posição de um móvel sobre uma estrada configurada no semieixo $[0, \infty[$ está definido pela função $f(x) = x^3 - 3x^2$. Encontre a velocidade e a aceleração que ela possui no ponto $x = 0$.

Capítulo IV. Aplicações das Derivadas 195

8. Suponhamos que a posição de um móvel sobre uma estrada configurada no semieixo $[0, \infty[$ está definido pela função $f(x) = 3x^3 + x^2$. Encontre a velocidade e a aceleração que ela possui no ponto $x = 0$.

9. Encontre a trajetória que seve seguir um foguete que é disparado com velocidade inicial de 100 Km/h e com um ângulo de elevação de 30^0. Assuma que o foguete é disparado da origem de coordenadas.

10. Encontre o ângulo de elevação com que um foguete deve ser lançado, de tal forma que seu deslocamento horizontal seja o máximo.

11. Suponha que um corpo caia com aceleração constante igual a 10 m/seg^2. Encontre a posição do corpo no instante de tempo t, assumindo que partiu do repouso a uma altura de 100 mts.

12. Calcule o tempo que demora um corpo em cair pela ação da gravidade uma altura de h metros, partindo do repouso.

13. Suponha no exercício anterior que o corpo caia com velocidade inicial de v_0 m/seg. Calcule o tempo que demora um corpo em cair pela ação da gravidade uma altura de h metros.

14. Encontre o ângulo de elevação com que um foguete deve ser lançado, de tal forma que seu deslocamento sobre um plano inclinado de 30^0 acima da horizontal seja o máximo.

15. Considere o problema anterior, quando o ângulo e medido para abaixo da horizonal.

16. Suponha que a trajetória de uma formiga sobre uma mesa retangular estão dadas pelas coordenadas

$$x(t) = \cos(t), \qquad y(t) = \operatorname{sen}(t).$$

Descreva que tipo de movimento faz a formiga sobre a mesa.

17. No exercício anterior, calcule a velocidade e a aceleração da mosca no ponto $(1, 0)$.

196 Cálculo Light

18. Suponhamos que numa mesa de forma quadrada de lado $L = 4$ m. Um inseto está se movimentando na de forma tal que as coordenadas dele estão definidas pelas funções $x = 1 + t$, $y = 2t^2 - 1$. Assumido que a origem de coordenadas está situada no centro da mesa, descreva o tipo de movimento que o inseto está fazendo. Calcule a velocidade e a aceleração com que ele se desloca no ponto $(1, -1)$.

19. Nos seguintes problemas calcule os pontos críticos e determine se são máximos ou mínimos

    (a) $f(x) = x^2 - 3x + 1$, **Resp:** $x = 2/3$ Mínimo.
    (b) $f(x) = 3x^2 - 3x + 1$, **Resp:** $x = 1/2$ Mínimo.
    (c) $f(x) = -x^2 + 3x + 1$, **Resp:** $x = 2/3$ Máximo.
    (d) $f(x) = x^3 - 3x + 1$, **Resp:** $x = 1$ Mínimo, $x = -1$ Máximo
    (e) $f(x) = x^3 - 12x + 7$, **Resp:** $x = 2$ Mínimo, $x = -2$ Máximo

20. Mostre que se $x = a$ é um ponto de mínimo de f, então a é um ponto de máximo para $g(x) = -f(x)$.

21. Mostre que se $f'(x_0) = 0$, $f''(x_0) = 0$, $f'''(x_0)$ e $f^{iv}(x_0) > 0$, então o ponto é de mínimo.

22. Mostre que se $f(x_0) = 0$, $f'(x_0) = 0$ e $f'''(x_0) \neq 0$, então $x - 0$ é uma raiz de multiplicidade 2 para f.

23. Encontre os extremos globais das seguintes funções

    (a) $f(x) = x^2 - 3x + 1$, no intervalo $[0, 1]$. **Resp:** $x = 0$ Máx, $x = 1$ Mín.
    (b) $f(x) = 3x^2 - 3x + 1$, no intervalo $[-1, 1]$. **Resp:** $x = 1$ Mín, $x = 0$ Máx.
    (c) $f(x) = -x^2 + 4x + 1$, no intervalo $[0, 1]$. **Resp:** $x = 0$ Mín, $x = 1$ Máx.
    (d) $f(x) = x^3 + 5x + 9$, no intervalo $[0, 7]$. **Resp:** $x = 0$ Mín, $x = 7$ Máx.
    (e) $f(x) = x^3 - 12x + 10$, no intervalo $[0, 1]$. **Resp:** $x = 1$ Mín, $x = 0$ Máx.

24. Encontre o círculo tangente com a mesma concavidade (i.e. a mesma segunda derivada) à função $f(x) = x^2$ no ponto $x = 0$.
Resp: $x^2 + (y - 1/2)^2 = 1/4$.

4.8 Derivadas de ordem superior

Nas seções anteriores definimos a derivada de uma função e sua segunda derivada. Nesta seção estenderemos estes conceitos para qualquer ordem. Isto é, definiremos derivadas de ordem 3, 4 ou mais. Faremos isto indutivamente.

Definição 4.8.1 *Diremos que uma função é duas vezes diferenciável se sua derivada é também uma função diferenciável. Isto é, que existam os seguintes limites*

$$f'(x) = \lim_{h \to 0} \frac{f(x+h) - f(x)}{h}, \quad e \quad f''(x) = \lim_{h \to 0} \frac{f'(x+h) - f'(x)}{h}$$

Em geral, diremos que uma função f é k-vezes diferenciável se

$$f^{(k)}(x) = \lim_{h \to 0} \frac{f^{(k-1)}(x+h) - f^{(k-1)}(x)}{h}$$

Exemplo 4.8.1 *Calcule a derivada de ordem 3 da função $f(x) = x^3 + 3x$.*

Solução. Calculando as primeiras derivadas obtemos

$$f'(x) = 3x^2 + 3, \quad f''(x) = 6x, \quad f'''(x) = 6.$$

De onde concluímos que a derivada de terceira ordem de f é igual a $f'''(x) = 6$.

Exemplo 4.8.2 *Calcule a derivada de ordem n da função $f(x) = x^n$.*

Solução. Calculemos as três primeiras derivadas,
$$f'(x) = nx^{n-1}, \quad f''(x) = n(n-1)x^{n-2}, \quad f'''(x) = n(n-1)(n-2)x^{n-3}.$$
Procedendo indutivamente encontramos que
$$f^{(n)}(x) = n(n-1)\cdots(3)(2)(1)x^0 = n!.$$

Exemplo 4.8.3 *Calcular a derivada de ordem k da função $f(x) = x/(x+1)$.*

Solução. A função f pode ser escrita da seguinte forma
$$f(x) = \frac{x}{x+1} = 1 - \frac{1}{x+1}.$$
Calculando as derivadas, obtemos
$$f'(x) = (x+1)^{-2}, \quad f''(x) = -2(x+1)^{-3}, \quad f'''(x) = 6(x+1)^{-4}.$$
Raciocinando indutivamente e lembrando que $1! = 1$, $2! = 2$, $3! = 6$, encontramos que
$$f^{(k)}(x) = k!(x+1)^{-k-1}.$$

Exemplo 4.8.4 *Calcular a derivada de ordem n da função exponencial $f(x) = xe^x$.*

Solução. Para calcular a derivada de ordem n, raciocinemos por indução. Observemos primeiro os valores das derivadas para $n = 1, 2, 3$.
$$f'(x) = e^x + xe^x, \quad f''(x) = 2e^x + xe^x, \quad f'''(x) = 3e^x + xe^x.$$
De uma simples inspeção concluímos que a n-ésima derivada é dada por
$$\frac{d^n}{dx^n} f(x) = ne^x + xe^x.$$

Exemplo 4.8.5 *Calcular a derivada de ordem n da função $f(x) = \operatorname{sen}(x)$.*

Solução. Consideremos as primeiras derivadas desta função
$$f'(x) = \cos(x), \quad f''(x) = -\operatorname{sen}(x),$$
$$f'''(x) = -\cos(x), \quad f^{(iv)}(x) = \operatorname{sen}(x)$$

Quando a derivada temordem ímpar, a função é $\cos(x)$ multiplicado por um sinal positivo ou negativo. quando a derivada temordem par, a função é $\operatorname{sen}(x)$ multiplicado por um sinal positivo ou negativo. Então
$$f^{(2k)}(x) = (-1)^k \operatorname{sen}(x), \quad f^{(2k+1)}(x) = (-1)^k \cos(x).$$

Exercícios

1. Seja $p(x)$ um polinônio de grau n. Mostre que $p^{(n)}(x) = n!$
2. Calcule a derivada de ordem n da função $f(x) = (x-1)^{-k}$
3. Mostre que

$$\frac{d^2}{dx^2}\{f(x)g(x)\} = f''(x)g(x) + 2f'(x)g'(x) + f(x)g''(x)$$

4. Mostre que

$$\frac{d^3}{dx^3}\{f(x)g(x)\} = f'''(x)g(x) + 3f''(x)g'(x) + 3f'(x)g''(x) + f(x)g'''(x)$$

5. Usando indução matemática mostre que

$$\frac{d^n}{dx^n}\{fg\} = \sum_{i=0}^{n} \binom{n}{i} f^{(n-i)} g^{(i)}$$

Compare com o desenvolvimento de $(a+b)^n$.

6. Calcular as derivadas de ordem 3 das seguintes funções

   (a) $f(x) = x^3$. **Resp:** $f'''(x) = 6$
   (b) $f(x) = \cos(x)$, **Resp:** $-\text{sen}(x)$
   (c) $f(x) = \frac{x}{x+1}$, **Resp:** $6(x+1)^{-3}$
   (d) $f(x) = e^{x^2}$, **Resp:** $(8x^3 + 12x)e^{x^2}$

   (e) xe^x, **Resp:** $(3+x)e^x$
   (f) xe^{x^2}, **Resp:** $(6 + 24x^2 + 8x^4)e^{x^2}$
   (g) $x^3 e^x$. **Resp:** $(6 + 18x + 9x^2 + x^3)e^x$
   (h) $x^3 \ln(x)$. **Resp:** $6\ln(x) + 11$

7. Calcular as derivadas de ordem 5 das seguintes funções

   (a) x^3. **Resp:** 0

(b) $\cos(x)$, **Resp:** $-\text{sen}(x)$

(c) $x^5 \ln(x)$, **Resp:** $120\ln(x) + 274$

(d) xe^x, **Resp:** $(5+x)e^x$

(e) xe^{ax}, **Resp:** $(5a^4 + a^5 x)e^{ax}$

(f) $\text{sen}(x)e^x$, **Resp:** $(\cos(x) + \text{sen}(x))e^x$

(g) e^{ax}. **Resp:** $a^5 e^x$

(h) $x^3 \ln(x)$. **Resp:** $-6x^{-2}$

4.9 Fórmula de Taylor com resto de Lagrange

O Teorema do valor médio nos diz que para toda função $f : [x, b] \to \mathbb{R}$ diferenciável em $]x, b[$ e contínua no intervalo fechado $[x, b]$ existe um ponto $x_0 \in]x, b[$ tal que

$$f(x) - f(a) = f'(x_0)(x-a).$$

Isto é, o erro de aproximar a f por $f(a)$ é dado por $f'(x_0)(x-a)$. Aproximemos f por uma reta que passe pelo ponto $(a, f(a))$ e que tenha a mesma derivada que f no ponto $x = a$. Esta reta é dada por

$$y = f(a) + f'(a)(x-a).$$

Um ponto importante é estimar o erro que cometemos quando aproximamos a função $f(x)$ por esta reta.

Analogamente podemos aproximar f por um polinômio de grau $n = 2$ que passe pelo ponto $(a, f(a))$ e que tenha a mesma primeira e segunda derivada que f no ponto $x = a$. Este polinômio está dado por

$$\begin{aligned} p_2(x) &= f(a) + f'(a)(x-a) \\ &\quad + \frac{f''(a)}{2}(x-a)^2. \end{aligned}$$

Por exemplo para $f(x) = e^x$ o polinômio de Taylor para $a = 0$ e $n = 2$ é $p_2(x) = 1 + x + x^2/2$. Observe que p_2 aproxima bem a $f(x) = e^x$ no intervalo $[-1, 1]$.

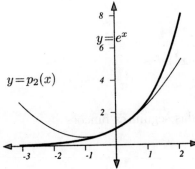

De forma análoga o polinômio de grau $n = 3$ que passa pelo ponto $(a, f(a))$, com as mesmas primeira, segunda e terceira derivada que f no ponto $x = a$ é dado por

$$p_3(x) = f(a) + f'(a)(x-a)$$
$$+ \frac{f''(a)}{2!}(x-a)^2$$
$$+ \frac{f'''(a)}{3!}(x-a)^2,$$

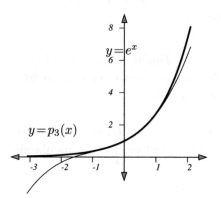

como é simples verificar. Este polinômio é chamado de polinômio de Taylor de grau $n = 3$. Observe no gráfico ao lado que o polinômio de Taylor de grau $n = 3$, $a = 0$ de $f(x) = e^x$, $p_3(x) = 1 + x + x^2/2 + x^3/6$ aproxima ainda melhor que $p_2(x)$ a $f(x) = e^x$ no intervalo $[-1, 1]$.

Em geral o polinômio de taylor de grau n é dado por, numa vizinhança de $x = a$ é dado por

$$p_n(x) = f(a) + f'(a)(x-a) + \frac{f''(a)}{2!}(x-a)^2 + \cdots + \frac{f^{(n)}(a)}{n!}(x-a)^2.$$

A principal propriedade deste polinômio é que ele passa pelo ponto $(a, f(a))$ e possui as mesmas derivadas até ordem n que a função f no ponto $x = a$. Como vimos nos exemplos acima, o polinômio de Taylor de f desenvolvido numa vizinhança de $x = a$ aproxima a função nesta vizinhança. Uma propriedade importante que têm os polinômios de Taylor é que na medida em que o grau de polinômio aumenta, também aumenta a aproximação. Veja as seguintes figuras

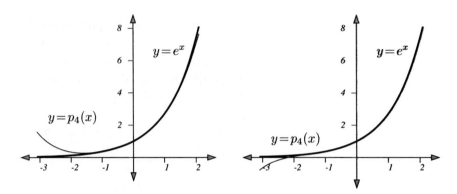

Os gráficos da função exponencial e o polinômio de Taylor de grau 4 praticamente são os mesmos no intervalo $[-2, 2]$

Exemplo 4.9.1 *Encontre os polinômios de Taylor da função $f(x) = (1 + x^2)^{-1}$ e compare graficamente esta função e seus correspondentes polinômios de Taylor, numa vizinhança de $x = 0$.*

Solução. Para calcular os polinômios de Taylor, primeiro consideramos a função $g(x) = (1 + x)^{-1}$, e depois fazemos $f(x) = g(x^2)$. Calculando as derivadas de g temos

$$g'(x) = -(1+x)^{-2}, \quad g''(x) = 2(1+x)^{-3}, \quad g'''(x) = -6(1+x)^{-4}.$$

Finalmente, a quarta derivada de g é dada por $g''''(x) = -24(1+x)^{-5}$. Portanto o polinômio de Taylor de g é dado por

$$q_n(x) = g(0) + g'(0)x + \frac{1}{2}g''(0)x^2 + \frac{1}{6}g'''(0)x^3 + \frac{1}{24}g''''(0)x^4.$$

Substituindo valores encontramos

$$q_n(x) = 1 - x + x^2 - x^3 + x^4.$$

Como $f(x) = g(x^2)$, o polinômio de Taylor de f é dado por

$$p_{2n}(x) = g_n(x^2).$$

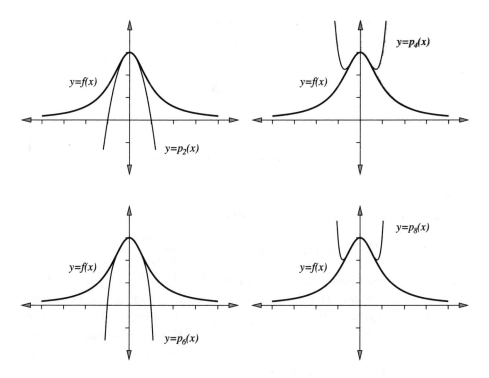

De onde segue que

$$p_2(x) = 1 - x^2, \quad p_4(x) = 1 - x^2 + x^4, \quad p_6(x) = 1 - x^2 + x^4 - x^6,$$

$$p_8(x) = 1 - x^2 + x^4 - x^6 + x^8.$$

Cada vez que aproximamos um valor desconhecido por outro conhecido é fundamental estimar o erro que se comete ao fazer esta aproximação. Portanto, nosso seguinte passo é estimar o erro de aproximar uma função pelo seu polinômio de Taylor numa vizinhança de $x = a$. Isto é, encontrar $\epsilon > 0$ de tal forma que

$$|f(x) - p_m(x)| < \epsilon, \quad \forall x \in]a - \delta, a + \delta[.$$

Onde p_m é o polinômio de Taylor de grau m numa vizinhança de $x = a$.

Teorema 4.9.1 (Teorema de Taylor) *Seja $f : [a,b] \to \mathbb{R}$ uma função com $(m-1)$ derivadas contínuas e $f^{(m)}$ definida em todo $]a,b[$. Seja $x, x_0 \in [a,b]$ então existe $c \in]a,b[$ tal que*

$$f(x) = \sum_{n=0}^{m-1} \frac{f^{(n)}(x_0)}{n!}(x-x_0)^n + \frac{f^{(m)}(c)}{m!}(x-x_0)^m$$

Observação 4.9.1 *O Teorema de Taylor é uma extensão do teorema do Valor médio. Isto é, se consideramos $m=1$ teremos que*

$$f(x) = f(x_0) + f'(c)(x-x_0) \quad \Rightarrow \quad \frac{f(x)-f(x_0)}{x-x_0} = f'(c)$$

Sua demonstração também segue a mesma ideia da demonstração do Teorema do Valor médio. Devemos construir uma função R que se anule em dois pontos, digamos $R(x) = R(x_0) = 0$. De tal forma que o teorema de Rolle nos garanta a existência de um ponto c para o qual teremos $R'(c) = 0$. Na demonstração a seguir construiremos esta função R de tal forma de atingir nosso objetivo.

Demonstração do Teorema 4.9.1.- Denotemos por

$$G(t) = f(x) - f(t) - \sum_{n=1}^{m-1} \frac{f^{(n)}(t)}{n!}(x-t)^n + A(x-t)^m$$

onde A é de tal forma que $G(x_0) = 0$. Portanto teremos que $G(x) = G(x_0) = 0$. Pelo Lema de Rolle, existe $c \in]x, x_0[$ tal que $G'(c) = 0$. Derivando G encontramos

$$G'(t) = -f'(t) - \sum_{n=0}^{m-1} \frac{d}{dt}\left\{\frac{f^{(n)}(t)}{n!}(x-t)^n\right\} + mA(x-t)^{m-1}$$

Lembrando das fórmulas das derivadas de um produto teremos que

$$G'(t) = -f'(t) - \sum_{n=0}^{m-1}\left\{\frac{f^{(n+1)}(t)}{n!}(x-t)^n - \frac{f^{(n)}(t)}{(n-1)!}(x-t)^{n-1}\right\}$$
$$+ mA(x-t)^{m-1}$$

Capítulo IV. Aplicações das Derivadas   205

Note que o somatório anterior é telescópico, e lembrando que $G'(c) = 0$ temos que

$$G'(t) = -\frac{f^m(t)}{(m-1)!}(x-t)^{m-1} + mA(x-t)^{m-1}$$

No ponto $t = c$ temos

$$\frac{f^m(c)}{(m-1)!}(x-c)^{m-1} = mA(x-c)^{m-1}$$

De onde segue que

$$A = \frac{f^m(c)}{m!}$$

O que mostra o resultado.

Exemplo 4.9.2 *Calcular o valor de m de tal forma que a aproximação*

$$e \approx \sum_{n=0}^{m-1} \frac{x^n}{n!},$$

possua dois dígitos exatos para todo $x \in]-1,1[$, .

Solução. Do discutido acima, temos que o erro de aproximar a função exponencial pelo seu polinômio de Taylor está dado por

$$E_m = \frac{f^{(m)}(c)}{m!}(x)^n = \frac{e^c}{m!}(x)^m \leq \frac{e}{m!}$$

Para ter dois dígitos exatos, devemos ter que $E_m < 0,01$. Para obter esta estimatima fazemos

$$\frac{e}{m!} < 0,01 \quad \Rightarrow \quad m! \geq 100e = 271,8$$

Como $6! = 720$ podemos tomar $m = 6$. Isto é, para qualquer valor $x \in]0,1[$ a expressão

$$\sum_{n=0}^{5} \frac{x^n}{n!}$$

aproxima ao exponencial e^x com dois dígitos exatos.

Exemplo 4.9.3 *Encontre o polinômio de Taylor da função* $f(x) = \ln(1+x)$, *ao redor do ponto* $x = 0$.

Solução. O problema consiste em encontrar os coeficientes $f^{(n)}(0)$. Derivando obtemos

$$f'(x) = 1/(1+x) \quad \Rightarrow \quad f'(0) = 1,$$
$$f''(x) = -(1+x)^{-2} \quad \Rightarrow \quad f''(0) = -1,$$
$$f'''(x) = 2(1+x)^{-3} \quad \Rightarrow \quad f'''(0) = 2,$$
$$f^{(iv)}(x) = -6(1+x)^{-4} \quad \Rightarrow \quad f^{(iv)}(0) = -6,$$

Continuando com este processo encontramos

$$f^{(n)}(x) = (-1)^{n-1}(n-1)!(1+x)^{-(n-1)} \quad \Rightarrow \quad f^{(n)}(0) = (-1)^{n-1}(n-1)!$$

De onde temos o polinômio de Taylor de grau n é dado por

$$p_n(x) = x - \frac{1}{2}x^2 + \frac{1}{3}x^3 + \cdots + \frac{(-1)^{n-1}}{n}x^{n-1}$$

Exercícios

1. Calcule o polinômio de taylor de grau 5 numa vizinhança de $x = 0$ das seguintes funções

$$f(x) = \frac{1}{1+x}, \quad f(x) = \cos(x), \quad f(x) = \ln(1+x), \quad f(x) = e^{x^2}$$

   Resp: a) $p(x) = 1 - x + x^2 - x^3 + x^4 - x^5$, b) $p(x) = 1 - \frac{x^2}{2} + \frac{x^4}{24}$,
   c) $p(x) = x - \frac{x^2}{2} + \frac{x^3}{3} - \frac{x^4}{4} + \frac{x^5}{5}$ d) $p(x) = 1 + x^2 + \frac{x^4}{2}$

2. Encontre o polinômio de taylor de grau 5 da função $f(x) = xe^5$.
   Resp: $p(x) = x + x^2 + \frac{x^3}{2} + \frac{x^4}{6} + \frac{x^5}{24}$.

3. Calcule o polinômio de Taylor de grau da função numa vizinhança de $x = 0$ de $f(x) = \frac{x^2}{1+x}$ (sugestão: faça primeiro uma divisão)
   Resp: $p(x) = x^2 - x^3 + x^4 - x^5$

Capítulo IV. Aplicações das Derivadas 207

4. Calcule o polinômio de Taylor de grau da função numa vizinhança de $x=0$ de $f(x)=1/(1+x^2)$ **Resp:** $p(x)=1-x^2+x^4$.

5. Usando o exercício anterior, calcule o polinômio de Taylor de grau da função numa vizinhança de $x=0$ de $f(x)=1/(1+x+x^2)$ (sugestão: complete quadrados). **Resp:** $p(x)=1-x+x^3-x^4$

6. Calcule o polinômio de Taylor de grau 5 da função numa vizinhança de $x=0$ de $f(x)=1/(1+x)^2$. **Resp:** $p(x)=1-2x+3x^2-4x^3+5x^4+6x^5$.

7. Usando o exercício anterior, encontre o polinômio de Taylor de grau 5 das funções $f(x)=1/(1+ax)^2$, $f(x)=1/(b+ax)^2$. **Resp:**
   a) $p(x)=1-2ax+3a^2x^2-4a^3x^3+5a^4x^4+6a^5x^5$
   b) $p(x)=\frac{1}{b^2}\left\{1-2\frac{a}{b}x+3(\frac{a}{b})^2x^2-4(\frac{a}{b})^3x^3+5(\frac{a}{b})^4x^4+6(\frac{a}{b})^5x^5\right\}$

8. Encontre o polinômio de Taylor de grau 3 numa vizinhança de $x=1$ de $f(x)=\ln(1+2x)$. **Resp:** $p(x)=\ln(3)+\frac{2}{3}(x-1)-\frac{2}{9}(x-1)^2+\frac{8}{81}(x-1)^3$.

9. Mostre que para todo $x>0$ se verifica a desigualdade:
$$2x-2x^2 \leq \ln(1+2x) \leq 2x-2x^2+\frac{8x^3}{3}.$$

10. Encontre a derivada de ordem m da função $f(x)=\ln(1+x)$. **Resp:** $f^{(m)}(x)=(-1)^{m+1}\frac{1}{(1+x)^m}$.

11. Encontre a derivada de ordem m da função $f(x)=\ln(1+ax)$. **Resp:** $f^{(m)}(x)=(-1)^{m+1}\frac{a^m}{(1+x)^m}$.

12. Encontre o menor valor de n de tal forma que o polinômio de Taylor de grau n da função $f(x)=\ln(1+x)$ aproxime a f com dois dígitos exatos.

13. Calcular a derivada de ordem m das seguintes funções
    (a) $f(x)=x^m+3x^{m-1}+x^3-x$. (e) $f(x)=x^m e^x$.
    (b) $f(x)=x^{2m}+3x^{m-1}+x^3-x$. (f) $f(x)=x^m \cos(x)$.
    (c) $f(x)=x^{m^2}+3x^{m-1}+x^3-x$. (g) $f(x)=\cos(x)\operatorname{sen}(x)$.
    (d) $f(x)=\frac{x-1}{x+1}$. (h) $f(x)=\cos(x)e^x$.

14. Calcule a derivada de ordem m do produto $f(x) = g(x)h(x)$.

15. Aplique a fórmula anterior no caso em que $f(x) = x^m h(x)$.

16. Mostre que se uma função com k derivadas se anula em $k+1$ então existe um ponto no qual a derivada de ordem k se anula.

17. Sejam $x_1, x_2, \cdots x_n$, n pontos satisfazendo $f(x_i) = a \neq 0$, para $i = 1, \cdots, n$ então existe um ponto no qual a derivada de ordem $n-1$ se anula.

18. Seja p um polinômio de grau n. Mostre que $p^{(n+1)} = 0$.

4.10 Critério da segunda derivada

Nesta seção faremos uma aplicação do Teorema do Taylor para determinar quando um ponto crítico é um ponto de extremo. Este critério é conhecido como o critério das segundas derivadas.

Teorema 4.10.1 (Critério das segundas derivadas) *Seja $f : [a,b] \to \mathbb{R}$ uma função duas vezes derivável com segunda derivada contínua. Se x_0 é um ponto crítico de f então*

- *Se $f''(x_0) > 0$ então x_0 minimiza f numa vizinhança de x_0.*

- *Se $f''(x_0) < 0$ então x_0 maximiza f numa vizinhança de x_0.*

- *Se $f''(x_0) = 0$ então o critério não fornece informação.*

Demonstração. Para mostrar este critério faremos uso do Teorema de Taylor, que relaciona os valores de f, f' e f'' em x_0. Suponhamos que $f''(x_0) > 0$, por ser f'' contínua, então existe $\delta > 0$ tal que

$$\forall x \in]x_0 - \delta, x_0 + \delta[\quad \Rightarrow \quad f''(x) > 0 \qquad (4.6)$$

Da fórmula de Taylor temos que para $x \in]x_0 - \delta, x_0 + \delta[$ existe $c \in]x_0 - \delta, x_0 + \delta[$ tal que

$$f(x) = f(x_0) + f'(x_0)(x - x_0) + \frac{1}{2}f''(c)(x - x_0)^2$$

Por ser x_0 ponto crítico de f teremos

$$f(x) = f(x_0) + \frac{1}{2}f''(c)(x-x_0)^2$$

De (4.6) obtemos que

$$f(x) = f(x_0) + \frac{1}{2}f''(c)(x-x_0)^2 \geq f(x_0)$$

Isto é,

$$\forall x \in]x_0 - \delta, x_0 + \delta[\quad \Rightarrow \quad f(x) \geq f(x_0)$$

De onde segue que x_0 é ponto de mínimo local. De forma análoga mostra-se que quando $f''(x_0) < 0$, o ponto x_0 é de máximo local. Finalmente, quando $f''(x_0) = 0$ o critério não fornece nenhuma informação.

Segunda derivada nula

Considere os seguintes gráficos

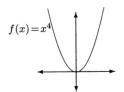
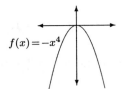

Em todos os casos temos que a segunda derivada se anula no ponto $x = 0$. Veja que pode acontecer que a função tenha um ponto de mínimo ou ponto de máximo ou um ponto de inflexão, isto é um ponto onde a curva muda de concavidade. Em resumo, se a segunda derivada se anula não podemos chegar a nenhuma conclusão.

Exemplo 4.10.1 *Encontre os pontos de máximo e mínimos locais da função*

$$f(x) = x^3 - 6x^2 + 9x - 5.$$

Solução. Para encontrar os pontos de extremos locais derivamos a função e igualamos a zero. Assim obtemos

$$f'(x) = 3x^2 - 12x + 9 = 0 \quad \Rightarrow \quad x^2 - 4x + 3 = 0.$$

De onde as raízes estão dadas por $x_1 = 1$, $x_2 = 3$. Para identificar o ponto de máximo e mínimo local aplicamos o critério de segunda derivada

$$f''(x) = 6x - 12 \quad \Rightarrow \quad f''(1) = -6, \quad f''(3) = 6.$$

Portanto, $x = 1$ é ponto de máximo e $x = 3$ é ponto de mínimo local.

Exemplo 4.10.2 *Encontre os pontos de extremos locais da função*

$$f(x) = \ln(x) + x^2 - 3x + 5.$$

Solução. Derivando e igualando a zero,

$$f'(x) = \frac{1}{x} + 2x - 3 = 0 \quad \Rightarrow \quad 2x^2 - 3x + 1 = 0.$$

De onde as raízes estão dadas por $x_1 = 1$, $x_2 = \frac{1}{2}$. Para identificar o ponto de máximo e mínimo local aplicamos o critério de segunda derivada

$$f''(x) = -\frac{1}{x^2} + 2 \quad \Rightarrow \quad f''(1) = 1, \quad f''(\frac{1}{2}) = -2.$$

Portanto, $x = 1$ é ponto de mínimo e $x = \frac{1}{2}$ é ponto de máximo local.

Exercícios

1. Encontre os pontos de extremo local das funções

$$f(x) = x^3 - 12x - 1, \qquad f(x) = x^3 - 6x^2 + 9x - 1, \qquad f(x) = x^4 - 3x^3 + 3.$$

Resp: a) $x = 2$ mínimo, $x = -2$ máximo. b) $x = 1$ máximo, $x = 3$ mínimo.

2. Encontre os valores extremos de $f(x) = \ln(x) + 2x^2 - 5x + 5$.
Resp: $x = 1$ mínimo, $x = \frac{1}{4}$ máximo.

3. Para que valores de a e b a função $f(x) = \ln(x) + ax^2 + bx + c$ é sempre crescente. **Resp:** $a > 0$, $b^2 - 16a < 0$.

Capítulo IV. Aplicações das Derivadas 211

4. Verifique que a função $f(x) = x^3 - 3x^2 + 3x - 1$ não possui pontos de extremos locais.

5. Mostre que a função $f(x) = 3x^2 - 6x + 3$, possui um mínimo local, mas a segunda derivada é nula.

6. Mostre que a função $f(x) = (x-1)^2(x+3)$, possui um mínimo local, mas a segunda derivada nesse ponto é nula.

7. Verifique que todo polinômio da forma $f(x) = (x-a)^2(x-b)^4 x$ possui pontos extremos em $x = a$ e $x = b$ mas suas segundas derivadas se anulam nesses pontos.

8. Verifique que a função $f(x) = x^3 + 3x^2 + 3x + 1$, não possui nenhum ponto de extremo local.

9. Verifique que a função $f(x) = x^4 + 4x^3 + 6x^2 + 6x + 4x + 1$, possui um ponto de extremo local e que a segunda derivada é nula nesse ponto.

10. Defina uma função que tenha um ponto de mínimo em $x = 1$ e que sua segunda derivada nesse ponto seja nula.

11. Defina uma função que tenha um ponto de mínimo em $x = 1$, ponto de máximo em $x = 2$ e que suas segundas derivadas nesses pontos sejam nulas.

12. Suponhamos que o polinômio de Taylor de uma função g é dado por $q_n(x) = a_0 + a_1 x + \cdots + a_n x^n$. Calcule o polinômio de taylor de $f(x) = g(x^2)$.

13. Encontre o máximo e o mínimo da função $f(x) = ||x| - 1| + 2$ no intervalo $[-3/2, 3/2]$. **Resp:** mínimos em $x = \pm 1$, máximo em $x = 0$.

14. Encontre o máximo e o mínimo da função $f(x) = ||x-2|-1|+2$ no intervalo $[0,3]$. **Resp:** mínimo em $x = 1, 3$, máximo em $x = 0, 2$.

4.11 Diferenciais

Este conceito aparece quando observamos a derivada como uma fração. A derivada, como vimos anteriormente, nos da uma ideia de taxa de crescimento instantâneo de uma função. Se consideramos a derivada como uma fração e o denominador como um incremento da variável independente, então o numerador corresponderá ao crescimento linear que a função tem nesse ponto.

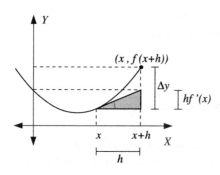

A derivada é igual ao valor da tangente do ângulo de inclinação da reta tangente. Se escrevemos $f'(x) = dy/dx$, para cada valor do denominador, teremos um valor do numerador que faz com que a função tenha o mesmo valor. Podemos fazer uma interpretação geométrica disto. Se consideramos dx como um incremento da variável x, então dy representa o correspondente incremento que tem a reta tangente. Quando dx é pequeno, então $dy = f'(x)dx$, o crescimento da reta tangente, se aproxima ao crescimento da função $\Delta y = f(x + \Delta x) - f(x)$. Isto é, bastante útil para aproximar valores.

Um ponto importante quando aproximamos valores é conhecer o erro que se comete. Isto é,

$$|\Delta f - df| = \left|[f(x + \Delta x) - f(x)] - f'(x)\Delta x\right|$$
$$\leq \underbrace{\left|\frac{f(x + \Delta x) - f(x)}{\Delta x} - f'(x)]\right|}_{:=\epsilon} \Delta x$$

Exemplo 4.11.1 *O raio de um círculo aumentou em 1%, em que porcentagem se aumentou área, se o raio originalmente tinha 10 cm.*

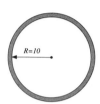

Solução. Observe primeiro que este problema pode ser resolvido de forma exata. De fato, depois do aumento do raio em 1% o raio passa a medir $r = 10.1$ e a área passa ser $A = \pi r^2 = 102.1\pi$ portanto a área aumentou $102.1\pi/100\pi(100) - 100 = 2.1$ %. Para usar diferenciais temos que levar o problema no contexto de funções. Para isto consideramos a área como função do raio: $A(r) = \pi r^2$. Calculando o diferencial da área encontramos

$$dA = 2\pi r dr$$

Este diferencial representa o valor aproximado do incremento da área. Para calcular o porcentagem de aumento da área dividimos a expressão acima pelo valor da área e o resultado o multiplicamos por 100. Isto é, $100(dA/\pi r^2) = (100)2(0.1)/10 = 2\%$.

Regras de diferenciação

O cálculo dos diferenciais segue as mesmas regras da derivação. Denotemos por u e v duas funções de x. De forma análoga a aritmética das derivadas, podemos estabelecer as correspondentes fórmulas para os diferenciais.

$$\boxed{d(u+v) = du + dv \quad \Rightarrow \quad d(u+v) = u'dx + v'dx}$$

$$\boxed{d(cu) = cdu \quad \Rightarrow \quad d(cu) = cu'dx}$$

$$\boxed{d(uv) = udv + vdu \quad \Rightarrow \quad d(uv) = uv'dx + vu'dx}$$

$$d\left(\frac{u}{v}\right) = \frac{vu'dx - uv'dx}{v^2}$$

$$d(f(u)) = f'(u)du \quad \Rightarrow \quad d(f(u)) = f'(u)u'dx$$

Os Diferenciais das funções básicas estão resumidas a seguir

$dx^n = nx^{n-1}dx$	$d(\operatorname{sen}(x)) = \cos(x)dx$
$d(\cos(x)) = -\operatorname{sen}(x)dx$	$d(\tan(x)) = \sec^2(x)dx$
$d(\csc(x)) = -\csc(x)\cot(x)dx$	$d(\sec(x)) = \sec(x)\tan(x)dx$
$d(\cot(x)) = -\csc^2(x)dx$	$d(e^x) = e^x dx$
$d\ln(x) = 1/x$	$d(a^x) = \ln a \, a^x$

Exercícios

1. Calcular o diferencial das seguintes funções

$$f(x) = x^2 - x + 1, \quad f(x) = 3x^3 - x + 1, \quad f(x) = x^2 e^x.$$

2. Calcule os valores das expressões Δy, $\Delta y - dy$, dy nos valores dados

    - $y = 3x^2 - x - 1$, $\quad x = 1$, $\quad \Delta x = 0.03$
    - $y = x^2 + 3x - 1$, $\quad x = 3$, $\quad \Delta x = 0.01$
    - $y = x^2 e^x$, $\quad x = 1$, $\quad \Delta x = 0.2$
    - $y = x^2 e^x$, $\quad x = 1$, $\quad \Delta x = 0.1$
    - $y = x^2 e^x$, $\quad x = 1$, $\quad \Delta x = 0.01$

3. Usando diferenciais, encontre o aumento porcentual do volume de uma espera quando o raio aumenta 0.5%

4. Calcule os diferenciais das seguintes funções

    (a) $f(x) = 3x^3 - 4x + 4$. **Resp:** $df = 9x^2 - 4$.
    (b) $f(x) = x^2 \cos(x)$. **Resp:** $df = 2x\cos(x) - x^2 \operatorname{sen}(x)$.
    (c) $f(x) = \frac{x}{x+1}$. **Resp:** $df = 1/(x+1)^2$.

(d) $f(x) = \frac{x-a}{x+a}$. **Resp:** $df = 2a/(x+a)^2$.

(e) $f(x) = x^m - 4x + 4$. **Resp:** $df = mx^{m-1} + 4$.

5. Encontre uma função que seja contínua, derivável no intervalo $[a, b]$ e que sua derivada não seja contínua no ponto $c = (b + a)/2$.

6. Encontre uma função que seja contínua, derivável no intervalo $[a, b]$ e que sua derivada não seja contínua nos ponto $x_1 = (b + 3a)/4$ e $= (b + a)/2$.

7. seja $f : X \to \mathbb{R}$ uma função diferenciável no ponto $x = a$. Sejam $(x_n)_{n \in \mathbb{N}}$ e $(y_n)_{n \in \mathbb{N}}$ tais que $x_n < a < y_n$.
$$x_n \to a, \qquad y_n \to a$$
Mostre que
$$f'(a) = \lim_{n \to \infty} \frac{f(x_n) - f(y_n)}{x_n - y_n}$$

8. Seja $f : \mathbb{R} \to \mathbb{R}$ uma função diferenciável e, $\mathbb{R}$. Mostre que F é uma função de Lipschitz: Isto é, $|f(x) - f(y)| \leq c|x - y|$, si e somente se $|f'(x)| \leq c$.

9. Seja f uma função de classe C^2 tal que $f''(x) \geq 0$, então para todo $\theta \in [0, 1]$ temos que
$$f(\theta x + (1 - \theta)y) \leq \theta f(x) + (1 - \theta)f(y).$$

10. Diremos que uma função $f : \mathbb{R} \to \mathbb{R}$ é convexa si para todo $\theta \in [0, 1]$ se verifica que
$$f(\theta x + (1 - \theta)y) \leq \theta f(x) + (1 - \theta)f(y).$$
Mostre que se f é convexa em $\mathbb{R}$ então f é uma função contínua.

11. Diremos que uma função é estritamente convexa
se
$$x \neq y \quad \Rightarrow \quad f(\theta x + (1 - \theta)y) < \theta f(x) + (1 - \theta)f(y).$$
para todo $\theta \in [0, 1]$. Mostre que se $f : [a, b] \to \mathbb{R}$ é estritamente convexa então existe um único ponto x onde f toma seu mínimo valor.

12. Seja f uma função duas vezes diferenciável num ponto a. Mostre que
$$f''(a) = \lim_{h \to 0} \frac{f(a+2h) - 2f(a+h) + f(a)}{h^2}$$

13. Seja f uma função duas vezes diferenciável num ponto a. Mostre que
$$f''(a) = \lim_{h \to 0} \frac{f(a+h) - 2f(a) + f(a-h)}{h^2}$$

14. Seja $f : \mathbb{R} \to \mathbb{R}$ uma função com derivada limitada. Mostre que para certos valores de c a função $g(x) = x + cf(x)$ é uma função bijetora.

15. Seja $f : \mathbb{R} \to \mathbb{R}$ uma função com derivada limitada. Mostre que para certos valores de c a função $g(x) = x + cf(x)$ é crescente.

16. Mostre que todo polinômio de grau 3 têm pelo menos uma raiz real.

17. Seja $f : [a, b] \to \mathbb{R}$ tal que $f'(x) = 0$ para todo x. Mostre que f deve ser uma função constante.

18. Seja $f : [a, b] \to \mathbb{R}$ tal que $f^{(n)}(x) = 0$ para todo x. Mostre que f deve ser um polinômio de grau menor o igual a $n - 1$.

19. Seja $f(x) = |x|^\rho x$. Encontre os valores de ρ para os quais a função é derivável.

20. Mostre que se todas a s raízes do polinômio $p(x)$ são reais, então as raízes de $p'(x)$ também são reais.

21. Diremos que a raiz r de um polinômio p é simples se $p'(r) \neq 0$. Diremos que r é raiz de multiplicidade n se $p(r) = p'(r) = p''(r) = \cdots = p^{(n-1)}(r) = 0$. Mostre que se todas as raízes de p são simples então as raízes de p' também são simples.

22. Mostre que para todo x positivo é válida a desigualdade
$$1 + \frac{x}{2} - \frac{x^2}{8} \leq \sqrt{1+x} \leq 1 + \frac{x}{2}.$$

23. Mostre que se $f : [a,b] \to \mathbb{R}$ é uma função com segunda derivada contínua satisfazendo $f''(x) > 0$ em $]a,b[$ então existe um único ponto para o qual é válido o Teorema do valor médio.

24. Encontre a derivada de ondem n da função $f(x) = \frac{x}{x+1}$

25. Sejam f, g funções n vezes diferenciáveis. Mostre que a enésima derivada do produto satisfaz

$$\frac{d^n}{dx^n}\{fg\} = \sum_{k=1}^{n} \binom{n}{k} f^{(n-k)} g^{(k)}$$

26. Encontre a função que satisfaz $f'(x) = af(x)$ para a constante. Mostre que f também satisfaz: $f^{(n)}(x) = a^n f(x)$.

27. Seja $f : [a,b] \to \mathbb{R}$ uma função satisfazendo $f(x+y) = f(x)f(y)$. Mostre que f é contínua.

28. Aproxime a função $f(x) = e^x$ no intervalo $[0,1]$ por um polinômio de tal forma que o erro seja menor que $0,001$.

29. Usando o Teorema de Taylor, estime o erro que se comete ao aproximar a função $f(x) = \sqrt{1+x^2}$ por um polinômio de grau 4.

30. Defina a função

$$f(x) = \begin{cases} e^{-\frac{1}{x}} & \text{se } x > 0 \\ 0 & \text{se } x \leq 0 \end{cases}$$

Mostre que f é diferenciável no ponto $x = 0$. Mostre que f tem derivadas de todas as ordens.

31. Considere as funções

$$f(x) = \begin{cases} e^{-\frac{1}{x-1}} & \text{se } x > 1 \\ 0 & \text{se } x \leq 1 \end{cases} \qquad g(x) = \begin{cases} e^{-\frac{1}{x+1}} & \text{se } x > -1 \\ 0 & \text{se } x \leq -1 \end{cases}$$

Usando o exercício anterior mostre que f é diferenciável no ponto $x = 1$ e g diferenciável no ponto $x = -1$. Mostre que f e g têm derivadas de todas as ordens no ponto $x = 1$ e $x = -1$.

218 Cálculo Light

32. Usando o exercício anterior mostre que a função

$$f(x) = \begin{cases} e^{-\frac{1}{x^2-1}} & \text{se } |x| < 1 \\ 0 & \text{se } x \leq 0 \end{cases}$$

é diferenciável no ponto $x = \pm 1$. Mostre que f tem derivadas de todas as ordens no ponto $x = \pm 1$.

33. Considere os seguintes gráficos e responda as seguintes questões

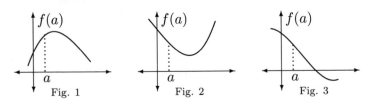

Fig. 1   Fig. 2   Fig. 3

(a) Que figuras satisfazem $f'(a) > 0$, $f''(a) > 0$. **Resp:** Fig 1.
(b) Quais das figuras acima satisfazem $f''(a) = 0$. **Resp:** Fig 3.
(c) Quais das figuras satisfazem $f''(a) \geq 0$.
(d) Quais das figuras satisfazem $f''(a) \leq 0$.
(e) Que gráficos correspondem a funções convexas?
(f) Em que gráficos temos que $f'(a) < 0$.
(g) Em que gráficos temos que $f'(a) > 0$.
(h) Em que gráficos temos que $f'(a) = 0$.

34. No exercício anterior descreva os valores de $f'(a)$ e $f''(a)$.

35. Esboce o gráfico de uma função tal que $f(a) > 0$, $f'(a) < 0$, $f''(a) > 0$.

36. Utilizando a definição de derivada (não usar fórmulas) calcule a reta tangente à curva no ponto $(2, 4)$ da curva $y = 1 + \sqrt{4x+1}$. **Resp:** $y = 2/3x + 8/3$

37. Calcular a derivada das seguintes funções

$$f(x) = (x-1)^{20}(x-2)^{15}, \quad f(x) = \frac{x-1}{x^3 + 3x^2 + 2x + 1},$$

$$f(x) = \frac{(x-1)^{20}}{(x-2)^{15}}, \qquad f(x) = \left(\frac{2x^2+1}{3x^3+1}\right)^3.$$

Resp. a) $5(x-1)^{19}(x-2)^{14}(7x-11)$ b) $(4x^3+6x^2-2x-1)/(x^3+3x^2+2x+1)$ c) $5(x-1)^{19}(x-5)/(x-2)^{16}$ d) $-3x(2x^2+1)(6x^3-9x-4)/(3x^3+1)^3$.

38. Uma escada com 7 metros está encostada em uma parede. Se a base da escada é arrastada em direção à parede a 1.5m/seg, que tão rápido o topo da escada está subindo pela parede quando a base está a dois metros dela. **Resp.** $1.5\sqrt{49-a^2}/a$ (a é a posição inicial da escada)

39. Calcular os extremos relativos e os extremos absolutos das funções:

$$f(x) = x^3 + 3x^2 - 9x; \quad \text{em } [-4, 4],$$

$$f(x) = 6x^{1/3} - 2x^{2/3} \quad \text{em } [-7, 7].$$

e verifique suas respostas utilizando os critérios de segunda derivada quando for o caso. Faça um esboço dos gráfico. **Resp.** a) $x = 1$ min, $x = -3$ Max. b) $x = 27/8$ Max.

40. Duas cidades A e B devem receber suprimento de água de um reservatório a ser localizado as margens de um rio em linha reta que está a 15 Km de A e 10 Km de B. Se os pontos mais próximos de A e B guardam entre si uma distância de 20 Km e A e B estão do mesmo lado do rio, qual deve ser a localização do reservório para que se gaste o mínimo com tubulação. **Resp.** A $15(\sqrt{20}-\sqrt{15})$ metros de A.

41. A resistência de uma viga retangular é conjuntamente proporcional a sua largura e altura. Encontre as dimensões da viga mais resistente que pode ser cortada de uma barra da forma de um cilindro circular reto de raio 72 cm. **Resp.** $x = y = 72\sqrt{2}$

42. Uma lata fechada de volume de 27 cm^3 deve ter a forma de um cilindro circular reto. Se a tampa e o fundo circulares são cortados de pedaços quadrados da chapa encontre o raio e a altura de da lata para que a quantidade de material a ser usado seja mínima. Inclua o metal gasto para se obter a tampa e o fundo. **Resp.** a) $r = 3/2$, $h = 12/\pi$.

43. Desenhe uma parte do gráfico de uma função contínua através do ponto onde $x = c$ se as seguintes condições são satisfeitas

(a) $f'(c) = 0$, $f'(x) < 0$, se $x < c$; $f''(x) > 0$ se $x > c$.

(b) $f''(c) = 0$, $f'(c) = -1, f''(x) < 0$ se $x < c$; $f''(x) > 0$ se $x > c$.

Resp.

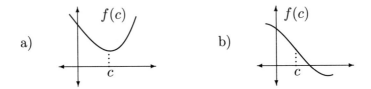

a) b)

44. Calcule o diferencial das seguintes funções a) $f(x) = 2x^3 - 3x - 1$, b) $f(x) = x\cos(x)$, c) $f(x) = xe^x$. **Resp:** a) $df = 6x^2 - 3$, b) $df = \cos(x) - x\operatorname{sen}(x)$, c) $df = e^x(1 + x)$.

45. Se o raio de uma esfera aumenta em 1% em que porcentagem aumentará o volume e sua superfície. Obtenha a resposta exata e aproximada usando diferenciais.

46. Encontrar a magnitude do corte que deve ser feito numa lâmina circular de Raio R de tal forma que a pirâmide de base octogonal tenha o maior volume possível.

47. Encontrar a magnitude do corte que deve ser feito numa lâmina circular de Raio R de tal forma que a pirâmide de base formada por um polígono regular de nove lados tenha o maior volume possível.

48. Encontrar a magnitude do corte que deve ser feito numa lâmina circular de Raio R de tal forma que a pirâmide de base formada por um polígono regular de 12 lados, tenha o maior volume possível.

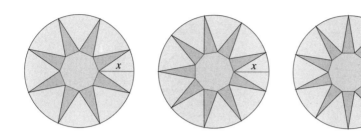

49. Encontre os pontos sobre polinômio $p(x) = x^3 - 3x^2 - 2x + 2$ onde o raio de curvatura seja mínimo.

50. Encontre os pontos sobre polinômio $p(x) = x^2 - 2x + 2$ onde o raio de curvatura seja mínimo. **Resp:** $(1,1)$

51. Suponhamos que o polinômio de Taylor de uma função g é dado por $q_n(x) = a_0 + a_1 x + \cdots + a_n x^n$. Calcule o polinômio de taylor em termos de a_i, para $i = 0, \cdots n$, de $f(x) = g(x^3)$.

52. Calcule a equação da reta tangente nos seguintes casos

    (a) $f(x) = x^2 - 3x + 1$ no ponto $x = 2$. **Resp:** $y = x - 3$.
    (b) $f(x) = x^3 - 2x + 1$ no ponto $x = 1$. **Resp:** $y = x + 1$.
    (c) $f(x) = x^4 - 5x + 4$ no ponto $x = 1$. **Resp:** $y = -x + 1$.
    (d) $f(x) = e^x - 1$ no ponto $x = 0$. **Resp:** $y = x$.
    (e) $f(x) = x + e^x - 1$ no ponto $x = 0$. **Resp:** $y = 2x$.
    (f) $f(x) = xe^x - 1$ no ponto $x = 0$. **Resp:** $y = x + 1$.

53. Qual dos seguintes gráficos corresponde a função $f(x) = |x^2 - 3x + 2|$

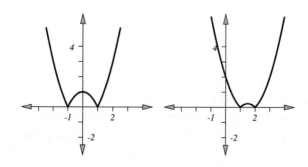

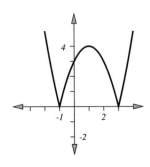

54. Calcular os extremos das seguintes funções

    (a) $f(x) = |x^2 - 3x + 2|$ no intervalo $[-1, 2]$. **Resp:** $x = -1$ máx $x = 1$ min.

    (b) $f(x) = 4 - |x^2 - 5x + 2|$ no intervalo $[-1, 2]$. **Resp:** $x = -1$ mín $x = .4384$ máx.

    (c) $f(x) = 5 - |x + 2| + |x - 1|$ no intervalo $[-1, 2]$. **Resp:** $x = -1$ máx $x = 1$ min.

    (d) $f(x) = 1 + |x + 2| + |x - 1|$ no intervalo $[-2, 2]$. **Resp:** $x = 2$ máx $x = -2$ min.

    (e) $f(x) = |x^2 - x| + |x - 1|$ no intervalo $[-2, 2]$. **Resp:** $x = -2$ máx $x = 1$ min.

    (f) $f(x) = |x^2 - x| - |x - 1|$ no intervalo $[-2, 2]$. **Resp:** $x = -2$ máx $x = 0$ min.

Resumo

Aplicação das derivadas

- **Taxas relacionadas:** *Consiste em comparar o crescimento de uma expressão em termos de outra. Por exemplo, comparar o crescimento da área de um círculo em termos de seu raio. Ou também a velocidade do crescimento de cada uma das quantidades relacionadas. Por exemplo, comparar a velocidade do crescimento* da área de um quadrado em termos da velocidade do crescimento de um lado.

- **Máximos e Mínimos locais:** *O principal resultado é: Se uma função tem um ponto de extremo local no interior de seu domínio, então a derivada deve anular-se nesse ponto.*

$$\frac{d}{dx}f(x) = 0$$

- **Máximos e Mínimos globais:** *O ponto de extremo global de uma função $f : [a,b] \to \mathbb{R}$ ou está no intervalo aberto $]a,b[$, no caso aplicamos o item acima, ou é um dos pontos do extremo do intervalo $x = a$ ou $x = b$. Portanto, para calcular os extremos globais de uma função f, calculamos os pontos críticos $f'(x_i) = 0$, $i = 1, 2 \cdots n$, depois comparamos com os valores $f(a)$, $f(b)$, $f(x_1)$, $\cdots$, $f(x_n)$. O máximo e o mínino destes valores, será o máximo ou mínimo de f.*

- **Teorema do Valor Médio:** *Diz que para qualquer reta secante que intercepte o gráfico da função $y = f(x)$ nos pontos $(a, f(a))$, $(b, f(b))$ existe pelo menos uma reta tangente à curva, no intervalo $]a, b[$, paralela a ela.*

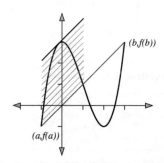

- **Teorema de Taylor:** *O teorema nos diz que uma função f com $n + 1$ derivadas, pode ser aproximado numa vizinhança de a pelo polinômio*

$$p_n(x) = f(a) + f'(a)(x-a) + \cdots + \frac{f^{(n)}(a)}{n!}(x-a)^2.$$

Este polinômio é conhecido como Polinômio de Taylor. O Teorema de Taylor fornece uma fórmula para estimar o erro desta aproximação. Isto é, para cada $x \in]a-\eta, a+\eta[$ existe $c \in]a-\eta, a+\eta[$ tal que

$$f(x) = p_n(x) + \frac{1}{(n+1)!} f^{(n+1)}(c)$$

Os gráficos da função

$$y = \frac{1}{1+x^2}$$

e seu correspondente polinômio de Taylor para $n=2$ e $n=4$ estão dados por

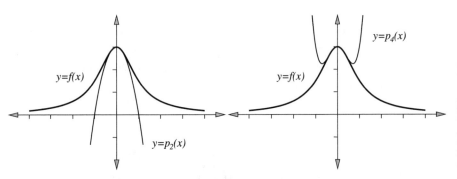

- **Critério da segunda derivada:**

$$f'(a)=0,\ f''(a)>0 \implies f(a)\ \text{mínimo}$$

$$f'(a)=0,\ f''(a)<0 \implies f(a)\ \text{máximo}$$

Capítulo V
Integral de Riemann

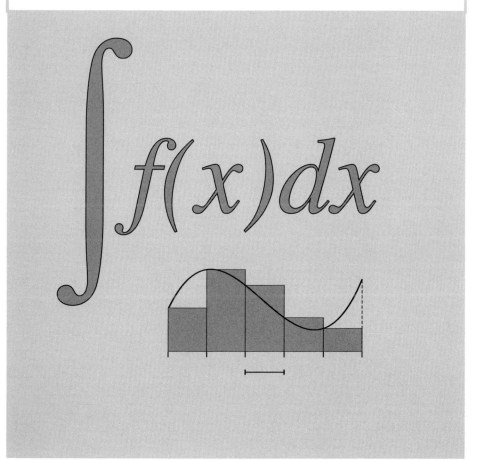

Capítulo V. Integral de Riemann   227

Neste capítulo estudaremos a integral de Riemann e suas principais propriedades.

Georg Friedrich Bernhard Riemann *Nasceu no 17 Setembro de 1826 em Breselenz, Hanover (Alemanha). Em 1846 Riemann começa estudos na Universidade de Göttingen. A pedido de seu pai, estuda Teologia, posteriormente solicitou permissão a seu pai para se transferir a faculdade de Filosofia para estudar Matemática. Em 1847 muda-se a Universidade de Berlin a estudar sobre a orientação de Steiner, Jacobi, Dirichlet e Eisenstein. Fez importantes contribuições à teoria de variável complexa, em particular as Superfícies de Riemann. Introduz métodos topológicos na teoria de funções complexas. Passou 30 meses preparando-se para sua habilitação, período no qual fez importantes contribuições às funções integráveis e à teoria de séries de Fourier. Seu trabalho teve fortes aplicações na Teoria da Relatividade de Einstein. Foi uma dos matemáticos mais importantes de sua época. Em 1859 foi eleito para a Academia de Ciências de Berlin. Devido à sua precária saúde muda-se para os climas cálidos da Itália. Morreu no 20 de Julho de 1866 em Selasca, Itália.*

5.1   O cálculo de áreas

Dada uma função $y = f(x)$ queremos calcular a área da região definida entre o gráfico de $y = f(x)$ no intervalo $[a, b]$ e o eixo das abscissas

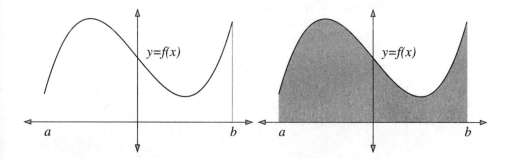

Para resolver este problema utilizaremos a regra de ouro do Cálculo.

228 Cálculo Light

> *Se não conhecemos a solução exata, procuremos uma aproximada.*

Para isto, aproximaremos a região cuja área queremos calcular por outra que seja simples de calcular. Por exemplo, consideremos a região definida pela união de retângulos que estão embaixo da curva $y = f(x)$.

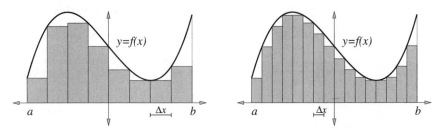

Esta aproximação é chamada de soma inferior. Também podemos aproximar a região por retângulos que estão por cima de curva. Isto é, uma soma superior.

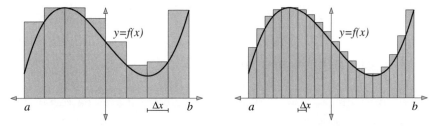

Ou por uma aproximação qualquer que é conhecida como **Soma de Riemann**. Neste caso os retângulos não estão necessariamente de baixo ou acima da curva, como se mostra nas seguintes figuras.

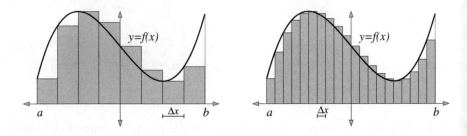

Na medida que aproximamos as áreas por retângulos de base cada vez menor, a soma das áreas dos retângulos aproximam cada vez mais a área da curva $y = f(x)$ no intervalo $[a, b]$. Denotemos por Δx_i a base de cada retângulo, claramente $\Delta x_i = x_{i+1} - x_i$. Na medida em que aumentamos o número de pontos x_i no intervalo $[a, b]$ a soma das áreas dos retângulos se aproxima cada vez mais a área da curva. Denotemos por S_n a soma das áreas dos n retângulos inseridos no intervalo $[a, b]$. Assim teremos que

$$S_n = \sum_{i=1}^{n} f(t_i)\Delta x_i$$

Onde $t_i \in]x_i, x_{i+1}[$. O valor limite quando $n \to \infty$ será o valor da área da curva definida pela função $y = f(x)$ no intervalo $[a, b]$. Isto é, a área A é dada por

$$A = \lim_{n \to \infty} \sum_{i=1}^{n} f(t_i)\Delta x_i.$$

As ideias descritas acima nos fornecem um método para calcular áreas de curvas. Antes de passar a calcular estas áreas, encontraremos primeiro umas fórmulas que serão de muita utilidade para este propósito.

Exemplo 5.1.1 *Calcular a área aproximada da região limitada pela curva $y = x^2$ no intervalo $[0, 2]$*

Solução. Calcularemos a área aproximada superior e inferior.

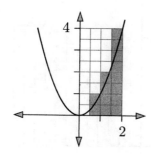 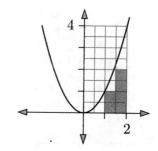

A área aproximada superior $\overline{A}$ é dada por

$$\overline{A} = \left(\frac{1}{2}\right)(1) + \left(\frac{1}{2}\right)(2) + \left(\frac{1}{2}\right)(4) = \frac{7}{2} \approx 3.5.$$

230 Cálculo Light

Por outro lado, a área aproximada inferior $\underline{A}$ é dada por

$$\underline{A} = \left(\frac{1}{2}\right)(1) + \left(\frac{1}{2}\right)(2) = \frac{3}{2} \approx 1.5$$

Se consideramos a média aritmética destes valores obtemos

$$\frac{\overline{A} + \underline{A}}{2} = 2.5$$

Veremos posteriormente que o valor exato da área é 2.666.

Exemplo 5.1.2 *Calcular a área aproximada da região limitada pela curva $y = f(x)$, dada no gráfico, no intervalo $[0, 6]$, subdividindo o intervalo em 12 partes iguais.*

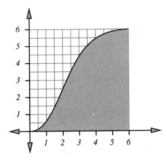

Solução. Calcularemos a área aproximada superior e inferior.

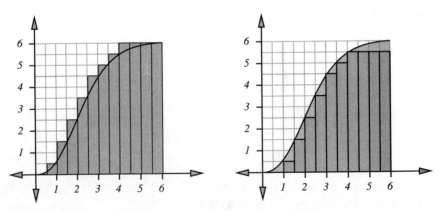

A área aproximada supérior $\overline{A}$ é dada por

$$\overline{A} = 0.5\,(0.5 + 1.5 + 2.5 + 3.5 + 4.5 + 5 + 5.5) + 2(6) = 23.5$$

Por outro lado a área aproximada inferior $\underline{A}$ é dada por

$$\underline{A} = 0.5\,(0.5 + 1.5 + 2.5 + 3.5 + 4.5 + 5) + 2(5.5) = 19.75$$

Se consideramos a média aritmética destes valores obtemos

$$\frac{\overline{A} + \underline{A}}{2} = 21.625$$

Exemplo 5.1.3 *Calcular a soma dos primeiros números naturais*

Solução. Denotemos por S_n a soma dos primeiros números naturais, isto é

$$S_n = 1 + 2 + \cdots + n = \sum_{i=1}^{n} i$$

Para encontrar o valor S_n observamos que

$$S_n = 1 + 2 + 3 + \cdots + (n-2) + (n-1) + n$$

$$S_n = n + (n-1) + (n-2) + \cdots + 3 + 2 + 1$$

Somando termo a termo a expressão anterior encontramos que

$$2S_n = \underbrace{(n+1) + (n+1) + (n+1) + \cdots + (n+1) + (n+1) + (n+1)}_{n \text{ vezes}}$$

Portanto,

$$\boxed{S_n = \frac{n(n+1)}{2}}$$

Exemplo 5.1.4 *Calcular a soma dos quadrados dos n primeiros números naturais*

Solução. Este problema é parecido ao exemplo anterior. Porém não é possível usar o mesmo método para calcular a soma. Denotemos por

$$S_n^2 = \sum_{i=1}^{n} i^2$$

Para calcular o valor desta soma usaremos a propriedade das somas telescópicas. Isto é,

$$\sum_{i=1}^{n} a_{i+1} - a_i = (a_2 - a_1) + (a_3 - a_2) + (a_4 - a_3) + \cdots + (a_{n+1} - a_n)$$

Os termos entre a_1 e a_{n+1} se cancelam entre si. Portanto temos que

$$\boxed{\sum_{i=1}^{n} a_{i+1} - a_i = a_{n+1} - a_1}$$

Aplicando a relação acima para $a_i = i^3$ encontramos que

$$\sum_{i=1}^{n} (i+1)^3 - i^3 = (n+1)^3 - 1 = n^3 + 3n^2 + 3n.$$

Da mesma forma temos que $(i+1)^3 - i^3 = 3i^2 + 3i + 1$. Substituindo encontramos

$$\sum_{i=1}^{n} 3i^2 + 3i + 1 = n^3 + 3n^2 + 3n \quad \Rightarrow \quad 3\sum_{i=1}^{n} i^2 + 3\sum_{i=1}^{n} i + \sum_{i=1}^{n} 1 = n^3 + 3n^2 + 3n$$

Lembrando que $S_n = \sum_{i=1}^{n} i = n(n+1)/2$ encontramos que

$$3\sum_{i=1}^{n} i^2 + 3S_n + n = n^3 + 3n^2 + 3n \quad \Rightarrow \quad 3\sum_{i=1}^{n} i^2 = -3S_n + n^3 + 3n^2 + 2n.$$

Substituindo o valor de S_n obtido no exemplo anterior encontramos

$$3\sum_{i=1}^{n} i^2 = -3\frac{n(n+1)}{2} + n^3 + 3n^2 + 2n = n^3 + 3n^2 + 2n + \frac{-3n^2 - 3n}{2}$$

Portanto

$$\boxed{\sum_{i=1}^{n} i^2 = \frac{n(n+1)(2n+1)}{6}}$$

Exemplo 5.1.5 *Calcular a área exata da região limitada pela curva $y = x^2$ no intervalo $[0, 2]$*

Solução.

Dividiremos o intervalo $[0, 2]$ em n subintervalos de igual amplitude h, portanto $h = 2/n$. Como todos os subintervalos têm a mesma amplitude temos

$$x_{i+1} - x_i = h \quad \Rightarrow \quad x_i = ih.$$

Assim a área aproximada da curva está dada por

$$A \approx \sum_{i=0}^{n-1} f(x_i)\Delta x_i = \sum_{i=0}^{n-1} x_i^2 h = h^3 \sum_{i=0}^{n-1} i^2$$

Usando a fórmula do exemplo (5.1.4) obtemos que

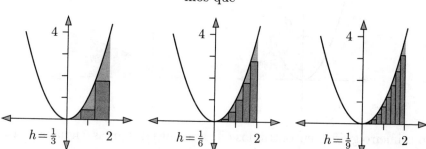

$$A \approx h^3 \sum_{i=0}^{n-1} i^2 = \frac{n(n-1)(2n-3)}{6} h^3.$$

Substituindo o valor de h em função de n na fórmula acima, encontramos que

$$A \approx 4 \frac{n(n-1)(2n-3)}{3n^3}$$

Quando $n \to \infty$ o valor dos somatórios coincidem com o valor da área A. Isto é,

$$A = \lim_{n \to \infty} 4 \frac{n(n-1)(2n-3)}{3n^3} = \frac{8}{3}.$$

Exemplo 5.1.6 *Calcular a área exata da região limitada pela curva* $y = \sqrt{x}$ *no intervalo* $[0, 4]$

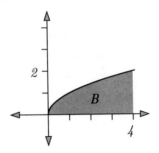

Solução. Note que $g(x) = \sqrt{x}$ e $f(x) = x^2$ são funções inversas. Lembremos que a função inversa é simétrica com relação a diagonal (veja página 125).

No exercício anterior encontramos que a área da função $f(x) = x^2$ no intevalo $[0, 2]$ é igual a $8/3$.

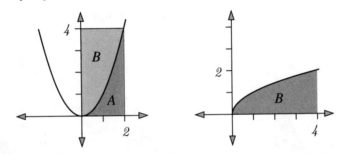

Do primeiro gráfico encontramos que as somas das áreas é igual a 8. Isto é,
$$A + B = 8 \quad \Rightarrow \quad B = 8 - A = 8 - \frac{8}{3} = \frac{16}{3}.$$
De onde temos que
$$\int_0^4 \sqrt{x}\, dx = \frac{16}{3}.$$

5.2 Definição da integral definida

Nos exemplos anteriores vimos que a integral definifa coincide com a área de uma região. Nosso ponto agora é definir matematicamente este conceito.

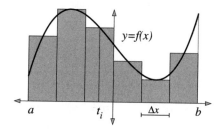

A área de uma região pode ser representada através do limite

$$\lim_{n\to\infty} \sum_{i=0}^{n-1} f(t_i)\Delta x_i, \quad t_i \in]x_{i-1}, x_i[,$$

onde os pontos x_i são tomados no intervalo $[a,b]$, mais têm a condição que $x_0 = a$ e $x_n = b$. Por outro lado os subintervalos $]x_{i-1}, x_i[$ correspondem a base de cada retângulo, que para que a soma aproximada

$$\sum_{i=0}^{n-1} f(t_i)\Delta x_i$$

se aproxime da área da região, devemos ter que $(x_i - x_{i-1}) \to 0$, para todo $i = 1, \cdots, n$. Isto quer dizer que todos os pontos x_i devem aproximar-se entre si. Portanto, os pontos que tomamos no intervalo $[a,b]$ para fazer a aproximação da área não são arbitrários, devem satisfazer as condições mencionadas acima. Por este motivo chamaremos a estes pontos especiais de pontos de partição de $[a,b]$ ou simplesmente de Partição de $[a,b]$.

Definição 5.2.1 *Diz-se que um conjunto de pontos* $\mathcal{P} = \{x_0, x_1, \cdots, x_n\}$ *é uma partição de* $[a,b]$ *se* $a = x_0 < x_1 < \cdots < x_n = b$

Em muitos textos a partição de um intervalo $[a,b]$ é denotada como

$$\mathcal{P} = \{x_0 = a < x_1 < \cdots < x_{n-1} < x_n = b\}$$

Para calcular a área de uma região, a partição deve ser de tal forma que as bases de todo retângulo $(x_i - x_{i-1}) \to 0$. Para isto, introduzimos o conceito de norma de uma partição.

Definição 5.2.2 *Seja $\mathcal{P} = \{a = x_0 < x_1 < \cdots < x_n = b\}$ uma partição $[a, b]$. Chamaremos de norma da partição ao valor*

$$\|\mathcal{P}\| = \max\{x_i - x_{i-1}\}$$

Assim podemos afirmar que as somas de Riemann convergem para a área da região quando a norma da partição vai para zero. Chamaremos de funções integráveis em $[a, b]$ aquelas funções cuja região definida entre seu gráfico e o eixo das abscissas no intervalo $[a, b]$ que possuam área.

Definição 5.2.3 *Diz-se que uma função é integrável em $[a, b]$ se para toda partição $\mathcal{P}$ de $[a, b]$ existe o limite*

$$\lim_{\|\mathcal{P}\| \to 0} \sum_{i=0}^{n-1} f(t_i)\Delta x_i, \quad t_i \in]x_{i-1}, x_i[$$

este valor é chamado integral definida de f e é denotado como

$$\int_a^b f(x)\, dx = \lim_{n \to \infty} \sum_{i=0}^{n-1} f(t_i)\Delta x_i$$

A primeira pergunta é: *Toda função é integrável?*. Consideremos o seguinte exemplo.

Exemplo 5.2.1 *Verifique se a função*

$$f(x) = \begin{cases} 1 & \text{se } x \in \mathbb{Q} \cap [0, 1] \\ 0 & \text{se } x \notin \mathbb{Q} \cap [0, 1] \end{cases}$$

Capítulo V. Integral de Riemann   237

Solução. Usando a definição dividamos o intervalo $[0,1]$ em n partes iguais e analisemos o limite

$$\lim_{n\to\infty} \sum_{i=0}^{n-1} f(t_i)\Delta x_i, \quad t_i \in]x_{i-1}, x_i[.$$

Primeiro, tomemos $t_i = x_i$, como $x_i = i/n$, $\Delta x_i = 1/n$ substituindo

$$\sum_{i=0}^{n-1} f(\frac{i}{n})\Delta x_i = \sum_{i=0}^{n-1}(1)\frac{1}{n} = 1, \quad \forall n \in \mathbb{N}.$$

Pois $x_i = i/n \in \mathbb{Q}$. Tomando limite quando $n \to \infty$ encontramos

$$\lim_{n\to\infty} \sum_{i=0}^{n-1} f(x_i)\Delta x_i = 1.$$

Por outro lado tomando $t_i = i(2 - \sqrt{2})/2n$, claramente $t_i \in]x_{i-1}, x_i[$. Como $t_i \notin \mathbb{Q}$ temos

$$\sum_{i=0}^{n-1} f(t_i)\Delta x_i = \sum_{i=0}^{n-1}(0)\frac{1}{n} = 0, \quad \forall n \in \mathbb{N}.$$

Portanto

$$\lim_{n\to\infty} \sum_{i=0}^{n-1} f(t_i)\Delta x_i = 0.$$

Como os limites obtidos são diferentes, concluímos que não existe o limite, portanto f não é uma função integrável.

A segunda pergunta neste ponto é, *que tipo de funções são integráveis*. O seguinte Teorema nos diz que toda função contínua é integrável.

Teorema 5.2.1 *Seja $f : [a,b] \to \mathbb{R}$ uma função contínua em $[a,b]$. Então f é integrável.*

Exercícios

1. Calcular as áreas das regiões limitadas pela curva $y = f(x)$ o eixo das abscissas no intervalo $[0, 1]$ das seguintes funções

    (a) $f(x) = 3x^2 - 2x + 1$. **Resp:** 1.
    (b) $f(x) = x^4 - x + 1$. **Resp:** 0.7.
    (c) $f(x) = x^3 - 2x^2$. **Resp:** $-5/12$.
    (d) $f(x) = x^2 - x^3 + 1$. **Resp:** $13/12$.
    (e) $f(x) = x - x^2 + 1$. **Resp:** $7/6$.
    (f) $f(x) = x - x^3 + 3$. **Resp:** $13/4$.

2. Encontre as áreas limitadas entre as seguintes curvas.

    (a) $f(x) = x^2$, $g(x) = 4 - x^2$.
    (b) $f(x) = x^4$, $g(x) = 2 - x^2$.
    (c) $f(x) = x^2$, $g(x) = 3 - x^2$.
    (d) $f(x) = |x|$, $g(x) = 1 - |x|$
    (e) $f(x) = x$, $g(x) = 4 - x^2$
    (f) $f(x) = 3$, $g(x) = x^2$.

3. Usando as somas de Riemann encontre o valor das áreas aproximadas pelas soma dos retângulos para cada uma das seguintes funções.

    (a) $f(x) = x^2$, em $[0, 1]$.
    (b) $f(x) = x^3$, em $[0, 2]$.
    (c) $f(x) = 1 - x^2$, em $[-1, 1]$.
    (d) $f(x) = |x|$, em $[-1, 0]$.
    (e) $f(x) = x$, em $[-2, 1]$.
    (f) $f(x) = x^2 - x$, em $[-1, 3]$.

4. Usando as somas de Riemann encontre o valor das áreas das

   (a) $f(x) = \cos(x)$, em $[0, \pi/2]$.
   (b) $f(x) = \text{sen}(x)$, em $[0, \pi/3]$.
   (c) $f(x) = 2e^x$, em $[-1, 1]$.

   (d) $f(x) = \cos(2x)$, em $[0, \pi/4]$.
   (e) $f(x) = \text{sen}(x)\cos(x)$, em $[0, \pi]$.
   (f) $f(x) = e^x \cos(x)$, em $[0, \pi]$.

5.3 Propriedades da integral definida

Em geral podemos pensar que a integral definda, $\int_a^b f(x)\,dx$ representa a área que faz a curva $y = f(x)$ com o eixo das abscissas no intervalo $[a, b]$. A partir desta interpretação podemos deduzir importantes propriedades. Consideremos o seguinte gráfico

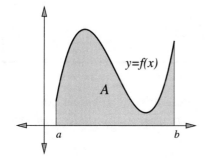
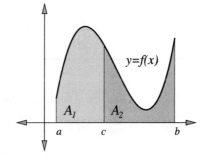

Dos gráficos acima, concluímos que a área que faz f no intervalo $[a, b]$, é igual a soma das áreas que faz f no intervalo $[a, c]$ e f no intervalo $[c, b]$. Por outro lado, lembremos que a área que faz f no intervalo $[a, b]$ é representada pela integral $\int_a^b f(x)\,dx$. Portanto temos

$$A = A_1 + A_2 \quad \Rightarrow \quad \int_a^b f(x)\,dx = \int_a^c f(x)\,dx + \int_c^b f(x)\,dx.$$

Assim temos que

240 Cálculo Light

$$\int_a^b f(x)\,dx = \int_a^c f(x)\,dx + \int_c^b f(x)\,dx \quad \forall c \in [a,b].$$

Note que se $a = b$ então teremos que $a = c$ e das fórmulas anteriores teremos

$$\int_a^a f(x)\,dx = \int_a^a f(x)\,dx + \int_a^a f(x)\,dx \quad \Rightarrow \quad \int_a^a f(x)\,dx = 0$$

Teorema 5.3.1 *Sejam f e g funções integráveis sobre o intervalo $[a,b]$, então*

$$\int_a^b f(x) + g(x)\,dx = \int_a^b f(x)\,dx + \int_a^b g(x)\,dx.$$

$$\int_a^b cf(x)\,dx = c\int_a^b f(x)\,dx.$$

Demonstração. A prova faz uso da definição de integral como somatório. Isto é, denotemos por $\mathcal{P}$ uma partição do intervalo $[a,b]$, isto é

$$\mathcal{P} = \{a = x_0 < x_1 < \cdots < x_n = b\}.$$

Então assumindo que $\|\mathcal{P}\| \to 0$ quando $n \to \infty$, temos que

$$\int_a^b f(x) + g(x)\,dx = \lim_{n\to\infty} \sum_{i=0}^{n-1}[f(x_i) + g(x_i)]\Delta x_i$$

Como

$$\sum_{i=0}^{n-1}[f(x_i) + g(x_i)]\Delta x_i = \sum_{i=0}^{n-1} f(x_i)\Delta x_i + \sum_{i=0}^{n-1} g(x_i)\Delta x_i$$

Substituindo estes valores no limite acima, encontramos que

$$\int_a^b f(x) + g(x)\, dx = \lim_{n\to\infty} \sum_{i=0}^{n-1} f(x_i)\Delta x_i + \lim_{n\to\infty} \sum_{i=0}^{n-1} g(x_i)\Delta x_i.$$

De onde concluímos que

$$\int_a^b f(x) + g(x)\, dx = \int_a^b f(x)\, dx + \int_a^b g(x)\, dx.$$

A outra identidade mostra-se de forma análoga.

No seguinte Teorema mostraremos que se a função é positiva, então a integral definida também é positiva,

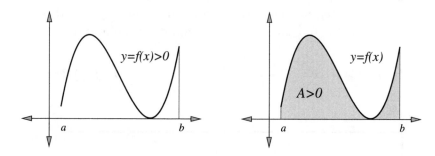

Teorema 5.3.2 *Seja $f : [a,b] \to \mathbb{R}$ integrável então*

$$f(x) \geq 0, \quad \forall x \in [a,b] \quad \Rightarrow \quad \int_a^b f(x)\, dx \geq 0$$

Demonstração. Novamente usaremos a definição de integral. Seja $\mathcal{P}$ uma partição do intervalo $[a,b]$, isto é $\mathcal{P} = \{a = x_0 < x_1 < \cdots < x_n = b\}$. Então assumindo que $\|\mathcal{P}\| \to 0$ quando $n \to \infty$, temos que

$$\int_a^b f(x)\, dx = \lim_{n\to\infty} \sum_{i=0}^{n-1} f(x_i)\Delta x_i$$

Como $f(x) \geq 0$, $\forall x \in [a,b]$ teremos que

$$\sum_{i=0}^{n-1} f(x_i)\Delta x_i \geq 0$$

Usando esta desigualdade obtemos que

$$\int_a^b f(x)\, dx = \lim_{n\to\infty} \sum_{i=0}^{n-1} f(x_i)\Delta x_i \geq 0$$

De onde segue a demonstração.

Como consequência do resultado anterior temos que se $f(x) \leq 0$ para todo $x \in [a,b]$ então sua integral será negativa. Isto resulta das propriedades da integral. De fato, suponhamos que $f(x) \leq 0$, então teremos que $-f(x) \geq 0$, usando o teorema anterior teremos que

$$\int_a^b -f(x)\, dx \geq 0 \quad \Rightarrow \quad -\int_a^b f(x)\, dx \geq 0 \quad \Rightarrow \quad \int_a^b f(x)\, dx \leq 0$$

Em resumo,

$$\boxed{\; f(x) \leq 0 \quad \Rightarrow \quad \int_a^b f(x)\, dx \leq 0 \;}$$

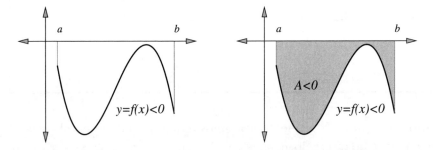

Observe que quando o valor da função é negativa, então o valor da integral também será. Lembremos que a integral de f em $[a,b]$ representa o valor da área, então o valor negativo da área aqui é interpretado como sendo que a região está abaixo do eixo das abscissas.

Exemplo 5.3.1 *Mostre que se f e g são funções integráveis em $[a, b]$ então teremos que*

$$f(x) \leq g(x) \implies \int_a^b f(x)\, dx \leq \int_a^b g(x)\, dx.$$

Solução. Para mostrar esta identidade usaremos o Teorema 5.3.2. De fato note que

$$g(x) - f(x) \geq 0 \quad \forall x \in [a, b] \implies \int_a^b g(x) - f(x)\, dx \geq 0.$$

Usando o Teorema 5.3.1 encontramos que

$$\int_a^b g(x) - f(x)\, dx = \int_a^b g(x)\, dx - \int_a^b f(x)\, dx.$$

Portanto

$$\int_a^b g(x)\, dx \geq \int_a^b f(x)\, dx.$$

De onde segue a demonstração.

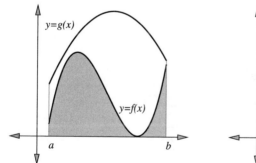
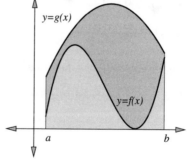

Exemplo 5.3.2 *Mostre que se $f(x) = c$, para todo $x \in [a, b]$ então $\int_a^b f(x)\, dx = c(b - a)$.*

Solução. Seja $\mathcal{P}$ uma partição do intervalo $[a, b]$, isto é

$$\mathcal{P} = \{a = x_0 < x_1 < \cdots < x_n = b\}.$$

Então se $\|\mathcal{P}\| \to 0$ quando $n \to \infty$, temos que

$$\int_a^b f(x)\,dx = \lim_{n\to\infty} \sum_{i=0}^{n-1} f(x_i)\Delta x_i = \lim_{n\to\infty} \sum_{i=0}^{n-1} c\Delta x_i = c\lim_{n\to\infty} \sum_{i=0}^{n-1} \Delta x_i$$

Mais
$$\sum_{i=0}^{n-1} \Delta x_i = \sum_{i=0}^{n-1}(x_{i+1} - x_i) = x_n - x_0 = b - a.$$

Portanto,
$$\int_a^b f(x)\,dx = c\lim_{n\to\infty} \sum_{i=0}^{n-1} \Delta x_i = c(x_n - x_0) = c(b-a)$$

Ou equivalentemente
$$\int_a^b c\,dx = c(b-a)$$

Exercícios

1. Mostre que se $f(x) \geq 0$ para todo ponto em $[a,b]$ e no ponto x_0 $f(x_0) > 0$ então $\int_a^b f(x) > 0$.

2. Mostre que $\int_a^b x\,dx = (b^2 - a^2)/2$.

3. Mostre que $\int_a^b x^2\,dx = (b^3 - a^3)/3$.

4. Usando o exercício anterior mostre que

$$\int_0^1 xf(x)\,dx \leq \frac{1}{3}\sqrt{\int_0^1 f(x)^2\,dx}.$$

5. Verifique as seguintes desigualdades

   (a) $\int_0^1 x^2\,dx \leq \sqrt{\frac{1}{3}\int_0^1 x^2\,dx}$

   (b) $\int_0^1 x^3\,dx \leq \sqrt{\frac{1}{3}\int_0^1 x^4\,dx}$

(c) $\int_0^1 x\, dx \leq \sqrt{\int_0^1 x^2\, dx}$

(d) $\int_0^1 x^4\, dx \leq \sqrt{\frac{1}{3}\int_0^1 x^6\, dx}$

6. Mostre que $\int_{-1}^1 x^2\, dx = 2\int_0^1 x^2\, dx$.

7. Mostre que $\int_{-1}^1 x^3\, dx = 0$.

5.4 Teorema do valor intermediário para integrais

Consideremos a função $y = f(x)$ e a área A que a função faz no intervalo $[\alpha, \beta]$

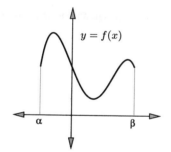 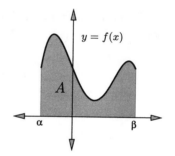

O valor da área é dada por $A = \int_\alpha^\beta f(x)\, dx$. Consideremos os retângulos definidos no intervalo $[\alpha, \beta]$ com altura igual ao valor mínimo e máximo da função f, cujas áreas denotaremos como B e C respectivamente.

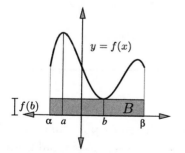 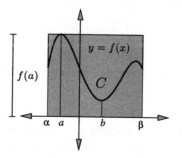

Comparando estas áreas obtemos

$$B \leq A \leq C \tag{5.1}$$

Substituindo os valores

$$B = (\beta - \alpha)f(b), \quad C = (\beta - \alpha)f(a).$$

na desigualdade (5.1) obtemos

$$(\beta - \alpha)f(b) \le \int_\alpha^\beta f(x)\, dx \le (\beta - \alpha)f(a).$$

Ou equivalentemente

$$f(b) \le \underbrace{\frac{1}{\beta - \alpha} \int_\alpha^\beta f(x)\, dx}_{:=d} \le f(a).$$

Se f é uma função contínua, então pelo teorema do valor intermediário existe $c \in]a, b[$ tal que $f(c) = d$. Isto é,

$$\frac{1}{\beta - \alpha} \int_\alpha^\beta f(x)\, dx = f(c)$$

Teorema 5.4.1 *Seja $f : [\alpha, \beta] \to \mathbb{R}$ uma função contínua. Então existe um número $c \in [\alpha, \beta]$ tal que*

$$f(c)(\beta - \alpha) = \int_\alpha^\beta f(x)\, dx$$

O corolário estabelece que a área da região limitada pela curva $y = f(x)$ sobre o intervalo $[a, b]$ limitada pelo eixo das abscissas é igual a área de um retângulo de base igual ao intervalo $[a, b]$ e altura igual a $f(c)$ para um valor de c em $]a, b[$. O valor $f(c)$ que verifica o corolário acima é chamado de média da função.

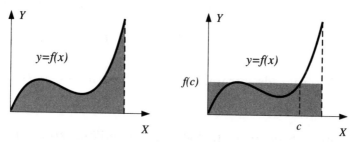

Exemplo 5.4.1 Calcule a média da função $f(x) = x^2$ no intervalo $[0,2]$

Solução. A média da função está dada por

$$\bar{f} = \frac{1}{b-a}\int_a^b f(s)ds \quad \Rightarrow \quad \bar{f} = \frac{1}{2}\int_0^2 s^2 ds$$

Como $\int_0^2 s^2 ds$ é a área da região limitada pela curva $y = x^2$, o eixo das abscissas no intervalo $[0,2]$, pelo exercício 5.1.6 sabemos que

$$\int_0^2 s^2 ds = \frac{8}{3} \quad \Rightarrow \quad \bar{f} = \frac{4}{3}.$$

Exercícios

1. Utilizando o teorema do valor intermediário para integrais, mostre as seguintes desigualdades;

$$\int_0^4 \frac{xdx}{x^3+2} \leq \int_0^4 xdx, \quad \int_0^\pi x\operatorname{sen}(x)\,dx \leq \int_0^\pi x\,dx.$$

2. Utilizando as somas de Riemann calcular as áreas das seguintes curvas.

    - $\cos(x)$ no intervalo $[0, \pi]$.
    - $\cos(x)$ no intervalo $[0, \pi]$, c) $x^3 - x + 1$ no intervalo $[0,1]$.

3. Encontrar o valor de ξ que satisfaz o teorema do valor intermediário para integrais, para as funções $g(x) = x$, $f(x) = \sqrt{2x+1}$ no intervalo $[0,1]$.

    Resp: $\xi = 1.518$

4. Mostre que existe um ponto no intervalo $\sigma \in]0, 6[$ verificando
$$7f(\sigma) = f(0) + f(1) + f(2) + f(3) + f(4) + f(5) + f(6).$$

5. Calcule o valor da integral definida: $\int_a^b (x-a)(x-b)\,dx$.
   Resp: $-(b-a)^3/6$.

6. Encontre o valor de c de tal forma que se verifique $f(c) = \int_0^1 f(x)\,dx$ quando
$$f(x) = x^2, \quad f(x) = e^x, \quad f(x) = 2x + 1.$$

7. Mostre que existe um ponto no intervalo $\sigma \in]0, 5[$ verificando
$$6e^\sigma = 1 + e^1 + e^2 + e^3 + e^4 + e^5.$$

8. Seja f uma função contínua, mostre que se $\int_0^1 f(x)\,dx = 4$, então existe pelo menos um ponto c tal que $f(c) = 4$.

9. No exercício 10 verifique que a conclusão é errada se eliminarmos a hipótese sobre a continuidade de f.

10. Seja f uma função contínua, mostre que se $\int_0^a f(x)\,dx = a$, então existe pelo menos um ponto c tal que $f(c) = 1$.

11. Mostre que se a média de uma função no intervalo $[0, 5]$ é igual a um, então deve existir um ponto $c \in [0, 5]$ tal que $f(c) = 1$.

12. Seja $f : [0, 1] \to \mathbb{R}$ uma função contínua. Tomemos $x_1, x_2, x_3 \in]0, 1[$. Se $f(x_1) + f(x_2) + f(x_3) = 3$. Mostre que existe pelo menos um ponto $c \in [0, 1]$ tal que $f(x) = 1$.

5.5 Teorema fundamental do cálculo

O método introduzido nas seções anteriores para calcular a área é bastante laborioso. O Teorema Fundamental do Cálculo, temcomo objetivo facilitar esta tarefa. Nosso ponto de partida é estudar os relações entre a derivação e integração. Note que para qualquer função f integrável no intervalo $[a, b]$, podemos associar a ela uma função F que a cada ponto

x do intervalo $[a, b]$ associa o valor da área que faz a curva no intervalo $[a, x]$. Isto é,

$$F(x) = \int_a^x f(s)\, ds.$$

Claramente temos que $F(a) = 0$, pois não existe área no intervalo degenerado $[a, a]$. Por outro lado $F(b)$ representa a área no intervalo $[a, b]$ da curva $y = f(x)$.

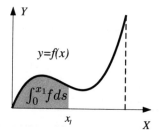
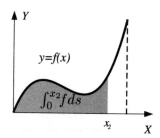

Nos gráficos acima $F(x_1)$ e $F(x_2)$ representam os valores de área sombreada. A função F é chamada de primitiva de f ou também de antiderivada.

Teorema 5.5.1 *Seja $f : [a, b] \to \mathbb{R}$ uma função contínua em $[a, b]$, então a função*

$$F(x) = \int_a^x f(s)\, ds$$

é diferenciável e ainda temos que

$$F'(x) = f(x)$$

Demonstração. Consideremos a expressão

$$\frac{F(x+h) - F(x)}{h} = \frac{1}{h}\left\{\int_a^{x+h} f(s)\, ds - \int_a^x f(s)\, ds\right\} = \frac{1}{h}\int_x^{x+h} f(s)\, ds.$$

250   Cálculo Light

Pelo Teorema do valor intermediário para integrais existe um ponto $\zeta \in\ ]x, x+h[$ satisfazendo

$$\frac{1}{h}\int_x^{x+h} f(s)\,ds = f(\zeta) \qquad \zeta \in\ ]x, x+h[.$$

Note que quando $h \to 0$ temos que $\zeta \to x$ de tal forma que

$$\lim_{h \to 0} \frac{F(x+h) - F(x)}{h} = \lim_{h \to 0} \frac{1}{h}\int_x^{x+h} f(s)\,ds = f(x).$$

Definição 5.5.1 *Diremos que uma função* $F : [a,b] \to \mathbb{R}$ *é a primitiva de* $f : [a,b] \to \mathbb{R}$ *se*

$$F'(x) = f(x), \qquad \forall x \in\ ]a,b[$$

Observação 5.5.1 *Se f tem uma primitiva, então tem infinitas. De fato, suponhamos que exista uma primitiva F de f, então a função G definida como $G(x) = F(x) + c$ é também uma primitiva para toda $c \in \mathbb{R}$. Pois*

$$G'(x) = F'(x) = f(x)$$

Teorema 5.5.2 *Seja* $f : [a,b] \to \mathbb{R}$ *uma função contínua em $[a,b]$, e denotemos por F uma primitiva de f isto é $F'(x) = f(x)$, então teremos que*

$$\int_a^b f(s)\,ds = F(b) - F(a)$$

Demonstração.   Seja $\mathcal{P}$ uma partição de $[a,b]$ isto é,

$$\mathcal{P} = \{a = x_0 < x_1 < \cdots < x_n = b\}.$$

Pelo Teorema do Valor Médio existe $t_i \in]x_{i-1}, x_i[$ tal que

$$F(x_i) - F(x_{i-1}) = F'(t_i)(x_i - x_{i-1}) = f(t_i)\Delta x_i \qquad (5.2)$$

Queremos calcular a integral

$$\int_a^b f(x)\,dx = \lim_{n\to\infty} \sum_{i=0}^{n-1} f(t_i)\Delta x_i$$

Usando (5.2) encontramos

$$\sum_{i=0}^{n-1} f(t_i)\Delta x_i = \sum_{i=0}^{n-1} F(x_{i+1}) - F(x_i) = F(b) - F(a).$$

Portanto,

$$\int_a^b f(s)\,ds = F(b) - F(a).$$

O que mostra o Teorema.

Observação 5.5.2 *O Teorema 5.5.2 nos diz que para calcular a área da curva $y = f(x)$ basta encontrar a primitiva de f e fazer as substituições correspondentes. No seguinte quadro descrevemos algumas funções e suas primitivas*

Funçao	Primitiva	Integral
$f(x) = x$	$F(x) = \frac{1}{2}x^2$	$\int_a^b x\,dx = \frac{1}{2}b^2 - \frac{1}{2}a^2$
$f(x) = x^2$	$F(x) = \frac{1}{3}x^3$	$\int_a^b x^2\,dx = \frac{1}{3}b^3 - \frac{1}{3}a^3$
$f(x) = x^n$	$F(x) = \frac{1}{n}x^n$	$\int_a^b x^n\,dx = \frac{1}{n+1}b^{n+1} - \frac{1}{n+1}a^{n+1}$
$f(x) = \cos(x)$	$F(x) = \text{sen}(x)$	$\int_a^b \cos(x)\,dx = \text{sen}(b) - \text{sen}(a)$

Exemplo 5.5.1 *Encontrar o valor da área da região limitada pela função $y = x^5 + x^2 + x$ e o eixo das abscissas no intervalo $[0, 1]$.*

Solução. Usaremos o Teorema fundamental do Cálculo. Para isto, precisamos encontrar uma primitiva da função F. Esta primitiva é a função cuja derivada é igual a f. De uma simples inspeção encontramos que

$$F(x) = \frac{1}{6}x^6 + \frac{1}{3}x^3 + \frac{1}{2}x.$$

252 Cálculo Light

Como é simples verificar. Portanto a área é dada pela integral definida de f em $[0,1]$, isto é

$$\int_0^1 f(s)\,ds = F(1) - F(0) = \frac{1}{6} + \frac{1}{3} + \frac{1}{2} = 1.$$

Exemplo 5.5.2 *Encontrar o valor da área da região limitada pela função $y = e^x$ e o eixo das abscissas no intervalo $[-1,1]$.*

Solução. Assim como no exercício anterior usaremos o Teorema fundamental do Cálculo. Portanto o problema consiste em encontrar uma função F tal que $F'(x) = e^x$. De uma simples inspeção encontramos que

$$F(x) = e^x.$$

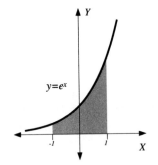

Portanto a área é dada pela integral definida de f em $[0,1]$, isto é

$$\int_{-1}^1 f(s)\,ds = F(-1) - F(1) = e - e^{-1}.$$

Exemplo 5.5.3 *Encontrar o valor da área da região limitada pela função $y = \operatorname{sen}(x)$ e o eixo das abscissas no intervalo $[0,\pi]$.*

Solução. Novamente o problema consiste em encontrar F tal que $F'(x) = \operatorname{sen}(x)$. Lembrando as derivadas de funções trigonométricas obtemos

$$F(x) = -\cos(x).$$

Assim a área é dada pela integral definida de f em $[0,\pi]$, isto é

$$\int_0^\pi f(s)\,ds = F(\pi) - F(0)$$
$$= -\cos(\pi) + \cos(0) = 2.$$

Exemplo 5.5.4 *Encontrar a área da região limitada pela função* $y = 1/x$ *e o eixo das abscissas no intervalo* $[1, 3]$.

Solução. Temos que encontrar uma função F satisfazendo $F'(x) = 1/x$. Lembrando a derivada da função logarítmica encontramos

$$F(x) = \ln(x).$$

Portanto a área é dada pela integral definida de f em $[1, 3]$, isto é

$$\int_1^3 f(s)\, ds = F(3) - F(1) = \ln(3).$$

O Teorema fundamental do cálculo é uma ferramenta poderosa para calcular integrais definidas. Pois reduz o problema a calcular primitiva de funções. Em geral esta tarefa não é muito simples, pois existem funções cujas primitivas precisam de uma técnica mais depurada para serem calculadas. Para isto, basta considerar problemas de tipo

$$\int_a^b \sqrt{1+x^2}\, dx, \quad \int_a^b x\sqrt{1+x}\, dx,$$

etc. A ideia central das técnicas que estudaremos a seguir é baseado numa identidade chamada de identidade de mudança de variáveis. Estudaremos esta fórmula na seguinte seção.

Exercícios

1. Encontre a área de região limitada pelas curvas. Considere as áreas sempre positivas.

$$y = -x^2 + 8, \quad y = x^2 - 2x + 7.$$

Resp: 1.732.

2. Encontre a área de região limitada pelas curvas
$$y = -2x^2 + 3, \quad y = x^2 - x - 7.$$
Resp: $1331/54$.

3. Encontre a área de região limitada pelas curvas. Considere as áreas sempre positivas.
$$y = x^3 + 9, \quad y = -x^2 + 2x - 9.$$
Resp: $37/12$.

4. Encontre a área de região limitada pelas curvas
$$y = x^3 + 2x^2 + 9, \quad y = -x^2 + 9.$$
Resp: $27/4$.

5. Encontre a área de região limitada pelas curvas. Considere as áreas sempre positivas.
$$y = x^3 - 2x^2 + 9, \quad y = -x^4 + 9.$$
Resp: $63/20$.

6. Calcule a área da região limitada pelas retas $x = 0$, $x = 5$, $y = 0$, $y = 3x^3 - 4x + 1$. **Resp:** $1695/4$.

7. Calcule a área da região limitada pelas retas $x = 0$, $x = 5$, $y = 0$, $y = \frac{x}{x+1}$. **Resp:** $5 - \ln(6)$.

8. Calcule a área da região limitada pelas retas $x = 0$, $x = 5$, $y = 0$, $y = \frac{1}{x+1}$. **Resp:** $\ln(6)$.

9. Calcule a área da região limitada pelas retas $x = 0$, $x = 1$, $y = 0$, $y = x^3 - x + 1$. **Resp:** $3/4$.

10. Calcule a área da região limitada pelas retas $x = 0$, $x = 1$, $y = 0$, $y = ax^3 + bx^2 + cx + d$. **Resp:** $\frac{a}{4} + \frac{b}{3} + \frac{c}{2} + d$.

11. Encontre o valor de a de tal forma que $\int_0^1 x^2 - ax + 1 \, dx = 0$.
Resp: $a = 8/3$.

Capítulo V. Integral de Riemann 255

12. Encontre o valor de b de tal forma que $\int_0^1 \frac{1}{x+1} + bx\, dx = 0$. **Resp:** $b = -2\ln(2)$.

13. Usando o Teorema fundamental do cálculo, encontrar as derivadas das seguintes funções

   (a) $F(x) = \int_2^x s^2 + 3s\, ds$. **Resp:** $F'(x) = x^2 + 3x$

   (b) $F(x) = \int_{1-x}^x se^s\, ds$. **Resp:** $xe^x + (1-x)e^{1-x}$.

   (c) $F(x) = \int_{x^2}^{2+2x^2} se^s\, ds$. **Resp:** $8x(1+x^2)e^{2+2x^2} - 2x^3 e^{x^2}$.

   (d) $F(x) = \int_{2x^2}^{2+5x^2} \cos(s)\, ds$. **Resp:** $10x\cos(2+5x^2) - 4x\cos(x^2)$.

14. Mostre que
$$\frac{d}{dx} \int_{f(x)}^{g(x)} h(s)\, ds = h(g(x))g'(x) - h(f(x))f'(x).$$

15. Calcular as derivadas das seguintes funções

   (a) $F(x) = \int_0^x s^4 + s\, ds$.

   (b) $F(x) = \int_{-x}^x s^4 + s\, ds$.

   (c) $F(x) = \int_{-x^2}^{x+1} \cos(s)\, ds$.

   (d) $F(x) = \int_{-x^2}^{x^2+1} 2 - \cos^2(s)\, ds$.

   (e) $F(x) = \int_{-x^2}^{x+1} \cos(s)\, ds$.

   (f) $F(x) = \int_{-1-x}^{x+1} e^s - 1\, ds$.

   (g) $F(x) = \int_{-x+1}^{x-1} \frac{1}{1+s^2}\, ds$.

   (h) $F(x) = \int_{2x}^{3x+1} \frac{1-s}{1+s^2}\, ds$.

16. Mostre as seguintes relações

   (a) $\frac{d}{dx} \int_0^{h(x)} f(s)\, ds = f(h(x))h'(x)$.

   (b) $\frac{d}{dx} \int_{g(x)}^1 f(s)\, ds = -f(g(x))g'(x)$.

   (c) $\frac{d}{dx} \int_{g(x)}^{h(x)} f(s)\, ds = f(h(x))h'(x) - f(g(x))g'(x)$.

   (d) $\frac{d}{dx} \left\{ x \int_0^{h(x)} f(s)\, ds \right\} = \int_0^{h(x)} f(s)\, ds + f(h(x))h'(x)$.

5.6 Fórmula de mudança de variáveis

O resultado está resumido no seguinte Teorema.

Teorema 5.6.1 *Sejam* $f : [a, b] \to \mathbb{R}$ *e* $g : [c, d] \to \mathbb{R}$ *tais que* $g([c, d]) \subset [a, b]$ *seja diferenciável. Então teremos que*

$$\int_{g(c)}^{g(d)} f(s)\, ds = \int_c^d f(g(s))g'(s)\, ds$$

Demonstração. Denotemos por F a primitiva de f, então teremos pelo Teorema fundamental do Cálculo que

$$\int_{g(c)}^{g(d)} f(s)\, ds = F(g(d)) - F(g(c)) \qquad (5.3)$$

Por outro lado, aplicando a regra da cadeia, obtemos

$$\frac{d}{ds} F(g(s)) = F'(g(s))g'(s) = f(g(s))g'(s)$$

De onde segue que $F(g(s))$ é uma primitiva de $f(g(s))g'(s)$. Aplicando novamente o Teorema fundamental do Cálculo encontramos que

$$\int_c^d f(g(s))g'(s)\, ds = F(g(d)) - F(g(c)) \qquad (5.4)$$

Das identidades (5.3) e (5.4) segue o Teorema.

Observação 5.6.1 *O Teorema anterior nos diz que uma integral pode ser simplificada da seguinte forma*

$$\int_a^b f(g(x))g'(x)\, dx = \int_{g(a)}^{g(b)} f(g(x))\, d(g(x))$$

Podemos chegar a esta expressão usando diferenciais, fazendo $u = g(x)$ *temos que* $g'(x)dx = du$, *substituindo esta expressão na integral, obtemos*

$$\int_a^b f(g(x)) \underbrace{g'(x) dx}_{=du} = \int_{g(a)}^{g(b)} f(u)\, du.$$

Esta última expressão é bem mais simples que a anterior.

O segundo Teorema fundamental do cálculo nos diz que para calcular a integral definida $\int_a^b f(s)ds$ basta avaliar uma primitiva da função f nos extremos e tomar sua diferença. Isto faz com que a tarefa de calcular a integral definida de uma função f, seja reduzida a calcular uma primitiva de f. Para simplificar as notações, denotaremos por $\int f(s)ds$ a primitiva de f, e quando o símbolo integral tenha subíndice e superíndice $\int_a^b f(s)ds$, representará a integral definida correspondente a área da região limitada pela função f e o intervalo $[a,b]$. Assim quando lemos

$$\int f(s)\, ds$$

estamos considerando a função F cuja derivada nos dá $f(s)$.

Exemplo 5.6.1 *Calcular a integral definida*

$$\int_0^1 x\cos(\pi x^2)\, dx.$$

Solução. Usando a fórmula de mudança de variáveis, tomando

$$g(x) = \pi x^2,$$

temos $g'(x) = 2\pi x$ portanto,

$$\int_0^1 g'(x)\cos(g(x))\, dx = \int_{g(0)}^{g(1)} \cos(u)\, du.$$

Substituindo valores encontramos

$$2\pi \int_0^1 x\cos(\pi x^2)\, dx = \int_0^\pi \cos(u)\, du = -\text{sen}(u)\,|_{u=0}^{u=\pi} = 0.$$

De onde concluímos que

$$\int_0^1 x\cos(\pi x^2)\, dx = 0.$$

Exemplo 5.6.2 *Calcular a integral definida*

$$\int_0^1 xe^{x^2}\, dx.$$

258 Cálculo Light

Solução. Usando novamente a fórmula de mudança de variáveis, com $g(x) = x^2$ temos que $g'(x) = 2x$, logo

$$\int_0^1 g'(x)e^{g(x)}\,dx = \int_{g(0)}^{g(1)} e^u\,du.$$

Substituindo valores encontramos

$$2\int_0^1 xe^{x^2}\,dx = \int_0^1 e^u\,du = e^u\,\big|_{u=0}^{u=1} = e-1.$$

De onde concluímos que

$$\int_0^1 xe^{x^2}\,dx = \frac{e-1}{2}.$$

Exemplo 5.6.3 *Calcular a integral definida*

$$\int_0^{\pi/6} \operatorname{sen}(2x)e^{\operatorname{sen}^2(x)}\,dx.$$

Solução. Fazendo $g(x) = \operatorname{sen}^2(x)$ encontramos que

$$g'(x) = 2\operatorname{sen}(x)\cos(x) = \operatorname{sen}(2x)$$

assim temos que

$$\int_0^{\pi/6} g'(x)e^{g(x)}\,dx = \int_{g(0)}^{g(1)} e^u\,du.$$

Substituindo valores encontramos

$$\int_0^{\pi/6} \operatorname{sen}(2x)e^{\operatorname{sen}^2(x)}\,dx = \int_0^{\operatorname{sen}^2(\pi/6)} e^u\,du = e^u\,\big|_{u=0}^{u=1/4} = e^{\frac{1}{4}} - 1.$$

De onde concluímos que

$$\int_0^{\pi/6} \operatorname{sen}(2x)e^{\operatorname{sen}^2(x)}\,dx = e^{\frac{1}{4}} - 1.$$

Exemplo 5.6.4 *Calcular a integral* $\int_0^1 (x+1)/(x+2)\,dx.$

Solução. Neste caso é simples verificar que
$$\frac{x+1}{x+2} = \frac{x+2-1}{x+2} = 1 - \frac{1}{x+2}.$$
Portanto podemos escrever
$$\int_0^1 \frac{x+1}{x+2}\,dx = \int_0^1 1\,dx - \int_0^1 \frac{dx}{x+2}.$$
Fazemos a substituição $u = x+2$ então temos que $du = dx$. Portanto
$$\int_0^1 \frac{dx}{x+2} = \int_2^3 \frac{du}{u} = \ln(u)|_{u=2}^{u=3} = \ln(3) - \ln(2) = \ln(\frac{3}{2}).$$
Finalmente,
$$\int_0^1 \frac{x+1}{x+2}\,dx = \int_0^1 1\,dx - \int_0^1 \frac{dx}{x+2} = 1 + \ln(3) - \ln(2) = 1 + \ln(\frac{3}{2}).$$

Exercícios

1. Encontre o valor das seguintes integrais definidas
   (a) $\int_0^1 x^3\,dx$. **Resp:** $\frac{1}{4}$.
   (b) $\int_1^2 \ln(x)/x\,dx$. **Resp:** $\frac{1}{2}\ln^2(2)$.
   (c) $\int_0^1 x + 3x^3\,dx$. **Resp:** $\frac{3}{2}$.
   (d) $\int_0^1 2x\sqrt{2+x^2}\,dx$. **Resp:** $2\sqrt{3} - \frac{4}{3}\sqrt{2}$.
   (e) $\int_0^1 3x^2\sqrt{2+x^3}\,dx$. **Resp:** $2\sqrt{3} - \frac{4}{3}\sqrt{2}$.

2. Encontre o valor das seguintes integrais definidas
   (a) $\int_0^1 x^n\,dx$. **Resp:** $\frac{1}{n}$.
   (b) $\int_0^2 \frac{x}{x+1}\,dx$. **Resp:** $2 - \ln(3)$.
   (c) $\int_0^2 \frac{x}{\sqrt{x^2+1}}\,dx$. **Resp:** $\sqrt{5} - 1$.
   (d) $\int_0^1 \frac{4x+2}{\sqrt{x^2+x+1}}\,dx$. **Resp:** $4\sqrt{7} - 4$.

(e) $\int_0^1 \frac{6x^2+2}{\sqrt{x^3+x+1}}\, dx$. **Resp:** $4\sqrt{11}-4$.

3. Encontre o valor das seguintes integrais definidas

(a) $\int_0^2 \frac{2nx^{n-1}+2}{\sqrt{x^n+x+1}}\, dx$. **Resp:** $-4+4\sqrt{2^n+3}$.

(b) $\int_0^2 \frac{2nx^{n-1}+2}{\sqrt[3]{x^n+x+1}}\, dx$. **Resp:** $-3+3\sqrt[3]{(2^n+3)^2}$.

(c) $\int_0^2 \frac{3x^2+2}{x^3+2x-1}\, dx$. **Resp:** $\ln(3)$.

(d) $\int_0^a \frac{x^{n-1}}{x^n+a^n}\, dx$. **Resp:** $\frac{1}{n}\ln(2)$.

5.7 Integrais impróprias

Chamaremos de integral imprópria aquelas integrais que representam áreas de regiões não limitadas. Por exemplo:

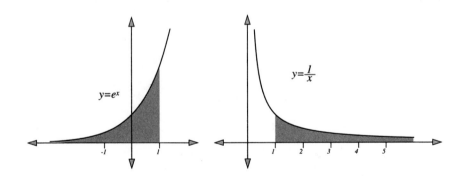

Veja que em ambos os casos as figuras são não limitadas. As áreas anteriores podem ser escritas como as seguintes integrais:

$$\int_{-\infty}^{1} e^x\, dx, \quad \int_{1}^{\infty} \frac{dx}{x}.$$

Por outro lado também temos integrais impróprias quando consideramos funções descontínuas, por exemplo

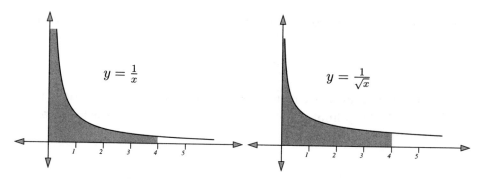

Nos casos acima temos áreas de regiões não limitadas, porém a forma de escrever estas integrais estão dadas por

$$\int_0^4 \frac{dx}{x}, \quad \int_0^4 \frac{dx}{\sqrt{x}}.$$

Aparentemente definem integrais próprias, mas a região de integração não é limitada, por isto consideramos estas integrais também como impróprias. Isto é, devido a que a função não é contínua em $x = 0$. Estas integrais em ambos os casos podem ser escritas como um limite

$$\int_0^4 \frac{dx}{x} = \lim_{a \to 0} \int_a^4 \frac{dx}{x}, \quad \int_0^4 \frac{dx}{\sqrt{x}} = \lim_{a \to 0} \int_a^4 \frac{dx}{\sqrt{x}}.$$

Ou também

$$\int_{-\infty}^1 e^x \, dx = \lim_{a \to -\infty} \int_a^1 e^x \, dx, \quad \int_1^\infty \frac{dx}{x} = \lim_{a \to \infty} \int_1^a \frac{dx}{x}.$$

Assim por exemplo, para calcular a integral $\int_1^\infty \frac{dx}{x}$, primeiro calculamos a área da região no intervalo $[1, a]$ e depois fazemos $a \to \infty$. É possível que este valor seja finito ou infinito. No primeiro caso dizemos que a integral é convergente, no segundo que é divergente.

Vejamos os seguintes exercícios

Exemplo 5.7.1 *Calcule a seguinte integral imprópria*

$$\int_0^\infty e^{-x} dx.$$

Solução. De acordo con o discutido acima a integral pode ser escrita como

$$\int_0^\infty e^{-x}dx = \lim_{k\to\infty}\int_0^k e^{-x}dx.$$

Nosso problema consiste em encontrar o valor da integral definida acima, e depois calcular o limite quando $k \to \infty$. Assim teremos pelo Teorema Fundamental do Cálculo

$$\int_0^k e^{-x}dx = -\left.e^{-x}\right|_{x=0}^{x=k} = -e^{-k} + 1$$

Tomando limite quando $k \to \infty$ encontramos

$$\lim_{k\to\infty}\int_0^k e^{-x}dx = \lim_{k\to\infty} -e^{-k} + 1 = 1$$

Portanto

$$\int_0^\infty e^{-x}dx = 1.$$

Isto é, a integral é convergente.

Exemplo 5.7.2 *Calcule a seguinte integral imprópria*

$$\int_0^1 \frac{dx}{\sqrt{x}}.$$

Solução. Note que a integral acima é imprópria porque ela representa a área de uma região ilimitada, por causa da descontinuidade que tem o integrando no ponto $x = 0$. De acordo con o discutido acima a integral pode ser escrita como

$$\int_0^1 \frac{dx}{\sqrt{x}}dx = \lim_{a\to 1}\int_a^1 \frac{dx}{\sqrt{x}}dx.$$

Nosso problema consiste em encontrar o valor da integral definida acima, e depois calcular o limite quando $a \to 0$. Assim teremos pelo Teorema Fundamental do Cálculo

$$\int_a^1 \frac{dx}{\sqrt{x}}dx = 2\sqrt{x}\Big|_{x=a}^{x=1} = 2 - 2\sqrt{a}$$

Tomando limite quando $a \to 0$ encontramos

$$\lim_{a \to 1} \int_a^1 \frac{dx}{\sqrt{x}} dx = \lim_{a \to 0} 2 - 2\sqrt{a} = 2$$

Portanto

$$\int_0^1 \frac{dx}{\sqrt{x}} = 2.$$

Isto é, a integral é convergente.

Exemplo 5.7.3 *Verifique se a integral imprópria dada a seguir é convergente ou divergente*

$$\int_1^\infty \frac{dx}{x}.$$

Solução. A integral imprópria acima pode se reescrita como o limite de uma integral própria da seguinte forma

$$\int_1^\infty \frac{dx}{x} = \lim_{k \to \infty} \int_1^k \frac{dx}{x}.$$

Calculemos o valor da integral própria definida acima, e depois achemos o limite quando $k \to \infty$. Pelo Teorema Fundamental do Cálculo

$$\int_1^k \frac{dx}{x} dx = \ln(x)|_{x=1}^{x=k} = \ln(k) - \ln(1) = \ln(k)$$

Tomando limite quando $k \to \infty$ encontramos

$$\lim_{k \to \infty} \int_1^k \frac{dx}{x} dx = \lim_{k \to \infty} \ln(k) = \infty$$

Portanto

$$\int_1^\infty \frac{dx}{x} dx dx = \infty.$$

De onde concluímos que a integral é divergente.

Exemplo 5.7.4 *Calcular o valor da seguinte integral imprópria*

$$\int_0^\infty x e^{-x^2} \, dx.$$

Solução. Analisando a expressão, fazemos $u = x^2$ de onde temos que $du = 2xdx$. Note que

$$x = 0 \Rightarrow u = 0, \qquad x \to \infty \Rightarrow u \to \infty.$$

Portanto substituindo encontramos

$$\int_0^\infty xe^{-x^2}\, dx = \frac{1}{2}\int_0^\infty e^{-u}\, du.$$

Como

$$\int_0^\infty e^{-u}\, du = \lim_{a \to \infty} \int_0^a e^{-u}\, du = \lim_{a \to \infty} -e^{-a} + 1 = 1.$$

Muitas vezes calcular uma integral imprópria é uma tarefa complicada, o seguinte critério estabelece uma opção para determinar se a integral imprópria é convergente ou divergente

---

Teorema 5.7.1 *Sejam f e g funções contínuas definidas no intervalo $[a, \infty[$ satisfazendo*

$$0 \leq f(x) \leq g(x), \qquad \forall x \geq a.$$

Então

$$\int_a^\infty g(x)\, dx < \infty \quad \Rightarrow \quad \int_a^\infty f(x)\, dx < \infty$$

analogamente se $0 \leq g(x) \leq f(x), \quad \forall x \geq a$

$$\int_a^\infty g(x)\, dx = \infty \quad \Rightarrow \quad \int_a^\infty f(x)\, dx = \infty$$

Demonstração. A ideia da demonstração consiste em aplicar as propriedades da integral definida, como

$$\int_a^\infty g(x)\, dx = \lim_{k \to \infty} \int_a^k g(x)\, dx, \quad \int_a^\infty f(x)\, dx = \lim_{k \to \infty} \int_a^k f(x)\, dx$$

Usando
$$0 \le f(x) \le g(x), \quad \forall x \ge a$$
concluímos que
$$\int_a^k f(x)\,dx \le \int_a^k g(x)\,dx, \quad \forall k \ge a.$$
Tomando limite quando $k \to \infty$ concluímos que
$$\int_a^\infty f(x)\,dx \le \int_a^\infty g(x)\,dx.$$
De onde segue o resultado. A segunda parte to Teorema de prova de forma análoga e é deixada aos cuidados do leitor.

Temos também um resultado semelhante no caso de integrais impróprias por causa de descontinuidade.

Teorema 5.7.2 *Sejam f e g funções contínuas definidas no intervalo $[a,b[$ satisfazendo*
$$0 \le f(x) \le g(x), \quad \forall a \le x < b.$$
Então
$$\int_a^b g(x)\,dx < \infty \quad \Rightarrow \quad \int_a^b f(x)\,dx < \infty$$
Reciprocamente,
$$\int_a^b f(x)\,dx = \infty \quad \Rightarrow \quad \int_a^b g(x)\,dx = \infty$$

Demonstração. A ideia da demonstração consiste em reescrever a integral imprópria na forma
$$\int_a^b g(x)\,dx = \lim_{y \to b^-} \int_a^y g(x)\,dx, \quad \int_a^b f(x)\,dx = \lim_{y \to b^-} \int_a^y f(x)\,dx$$
e usar as mesmas ideias do Teorema anterior.

Exemplo 5.7.5 *Verifique se a seguinte integral é convergente ou divergente*

$$\int_1^\infty \frac{e^{-x}}{x}\,dx.$$

Solução. Para $x \in [1, \infty[$, temos

$$x \geq 1 \quad \Rightarrow \quad \frac{1}{x} \leq 1 \quad \Rightarrow \quad \frac{e^{-x}}{x} \leq e^{-x}.$$

Como

$$\int_1^\infty e^{-x} = \lim_{k\to\infty} \int_1^k e^{-x}\,dx = \lim_{k\to\infty} -e^{-k} + e = e.$$

Pelo Teorema 5.7.1 (página 264) a integral $\int_1^\infty \frac{e^{-x}}{x}\,dx$ é convergente.

Exemplo 5.7.6 *Verifique se a seguinte integral é convergente ou divergente*

$$\int_0^1 \frac{e^{-x}}{\sqrt{x}}\,dx.$$

Solução. Para x no intervalo $]0, 1]$ a função $y = e^{-x}$ é decrescente logo

$$e^{-x} \leq e^0 \quad \Rightarrow \quad \frac{e^{-x}}{\sqrt{x}} \leq \frac{1}{\sqrt{x}}.$$

Como

$$\int_0^1 \frac{1}{\sqrt{x}}\,dx = \lim_{a\to 0} \int_a^1 \frac{1}{\sqrt{x}}\,dx = \lim_{a\to 0} \int_a^1 \frac{dx}{\sqrt{x}} = \lim_{a\to 0} 2 - 2\sqrt{a} = 2.$$

Usando o Teorema 5.7.2 concluímos que a integral $\int_0^1 \frac{e^{-x}}{\sqrt{x}}\,dx$ é convergente.

Exercícios

1. Nos seguintes casos indique quais integrais são convergentes ou divergentes

    (a) $\int_0^\infty \frac{1}{1+x^2}\,dx$ **Resp:** convergente

    (b) $\int_0^\infty \frac{1}{3+x^5}\,dx$ **Resp:** convergente

(c) $\int_0^\infty \frac{1}{1+3x^2+x^4}\,dx$ **Resp:** convergente

(d) $\int_0^\infty \frac{1}{1+6x^2+x^6}\,dx$ **Resp:** convergente

(e) $\int_0^\infty \frac{e^{-x^2}}{1+x^2+3x^4}\,dx$ **Resp:** convergente

(f) $\int_0^\infty \frac{e^{-x^4}}{7+6x^2}\,dx$ **Resp:** convergente

(g) $\int_1^\infty \frac{\ln(x)}{1+2x}\,dx$ **Resp:** divergente

(h) $\int_1^\infty \frac{\ln(x+2)}{3+2x}\,dx$ **Resp:** divergente

(i) $\int_1^\infty \frac{\ln(2x+5)}{1+2x^2}\,dx$ **Resp:** divergente

2. Nos seguintes casos indique quais integrais são convergentes e divergentes

   (a) $\int_1^2 \frac{1}{\ln(x)}\,dx$ **Resp:** divergente

   (b) $\int_0^3 \frac{x^2+1}{x^3+x^5}\,dx$ **Resp:** divergente

   (c) $\int_0^3 \frac{x^3-1}{x^4+3x^5+x^6}\,dx$ **Resp:** divergente

   (d) $\int_0^2 \frac{1}{\sqrt[4]{1+x^2}}\,dx$ **Resp:** convergente

   (e) $\int_0^2 \frac{1}{\sqrt[6]{4+2x^2}}\,dx$ **Resp:** convergente

   (f) $\int_0^2 \frac{1}{\sqrt[4]{1+x+x^2}}\,dx$ **Resp:** convergente

   (g) $\int_0^2 \frac{1}{\sqrt[8]{3+x^2+5x^4}}\,dx$ **Resp:** convergente

3. Calcule o valor exato das seguintes integrais

   (a) $\int_{-2}^2 \frac{1}{\sqrt{x+2}}\,dx$

   (b) $\int_{-1}^2 \frac{1}{\sqrt[3]{2x+2}}\,dx$

   (c) $\int_{-1/2}^2 \frac{1}{\sqrt[4]{4x+2}}\,dx$

   (d) $\int_{-2}^2 \frac{1}{\sqrt[5]{3x+6}}\,dx$

4. Verifique quais das seguintes integrais são impróprias

   (a) $\int_0^2 \frac{1}{\sqrt{x^2+2}}\,dx$ **Resp:** Sim

   (b) $\int_0^2 \frac{1}{\sqrt[3]{2x^2+2x}}\,dx$ **Resp:** Sim

   (c) $\int_0^2 \frac{1}{\sqrt[4]{4x^2+2x}}\,dx$ **Resp:** Sim

(d) $\int_1^2 \frac{1}{\sqrt[5]{3x^2-9x}} dx$ **Resp:** Sim

5. Calcular as seguintes integrais

    (a) $\int_0^\infty \frac{1}{1+x^2} dx$

    (b) $\int_0^\infty \frac{1}{4+x^2} dx$

    (c) $\int_0^2 \frac{1}{\sqrt[4]{3x+1}} dx$

    (d) $\int_1^2 \frac{1}{\sqrt[5]{5x-5}} dx$

6. Calcule a área da região limitada pelo gráfico da função $y = e^{-x}$ e o eixo das abscissas no primeiro quadrante.

7. Encontre a área da região limitada pelo gráfico da função $y = 1/\sqrt{x}$ e sua assíntota.

8. Encontre a área da região limitada pelo gráfico da função $y = 1/(1+x^2)$ e sua assíntota.

9. Mostre através de um exemplo que em geral a região comprendida entre uma curva e sua assíntota tem área infinita.

10. Encontre os valores de a de tal forma que as seguintes integrais sejam impróprias

    (a) $\int_a^9 \frac{1}{1-x^2} dx$

    (b) $\int_a^9 \frac{1}{4-x^2} dx$

    (c) $\int_a^2 \frac{1}{\sqrt[4]{3x^2-4x+1}} dx$

    (d) $\int_a^2 \frac{1}{\sqrt[5]{x^2+4x-5}} dx$

11. Usando o critério de comparação verifique se as seguintes integrais são convergentes

    (a) $\int_0^\infty e^{-x^2} dx$

    (b) $\int_0^\infty \text{sen}(x) e^{-x^2} dx$

    (c) $\int_0^\infty x^4 e^{-x^2} dx$

    (d) $\int_0^\infty x^6 \text{sen}(x) e^{-x^2} dx$

    (e) $\int_0^\infty 1/(1+e^{x^2}) dx$

    (f) $\int_0^\infty x^2/(1+e^{x^2}) dx$

    (g) $\int_0^\infty x^2 \ln(x) e^{-x^2} dx$

    (h) $\int_0^\infty \text{sen}^3(x) e^{-x^2} dx$

Resumo

Definição da integral definida

- A integral definida de f no intervalo $[a, b]$ é igual a área da região entre o gráfico de f e o eixo das abscissas no intervalo $[a, b]$.

$$\int_a^b f(x)\, dx = \lim_{n \to \infty} \sum_{i=0}^{n-1} f(t_i) \Delta x_i, \quad t_i \in]x_{i-1}, x_i[,$$

- *Positividade*

$$f(x) \geq 0, \quad \forall x \in [a, b] \quad \Rightarrow \quad \int_a^b f(x)\, dx \geq 0$$

- *Linearidade*

$$\int_a^b f(x) + g(x)\, dx = \int_a^b f(x)\, dx + \int_a^b g(x)\, dx.$$

- *Somabilidade*

$$\int_a^b f(x)\, dx = \int_a^c f(x)\, dx + \int_c^b g(x)\, dx, \quad \forall c \in]a, b[$$

- *Teorema do valor intermediário (Teorema 5.4.1, página 246).*

$$\exists c \in]a, b[\quad \text{tal que} \quad f(c)(b - a) = \int_a^b f(x)\, dx$$

- *Primeiro Teorema Fundamental (Teorema 5.5.1, página 249).*

$$\frac{d}{dx}\int_a^x f(s)\,ds = f(x)$$

- *Segundo Teorema Fundamental (Teorema 5.5.2, página 250).*

$$\int_a^b f(s)\,ds = F(b) - F(a), \quad F'(x) = f(x)$$

- *Fórmula de mudança de variáveis (Teorema 5.6.1, página 256).*

$$\int_{g(c)}^{g(d)} f(s)\,ds = \int_c^d f(g(s))g'(s)\,ds$$

Capítulo VI
Técnicas de Integração

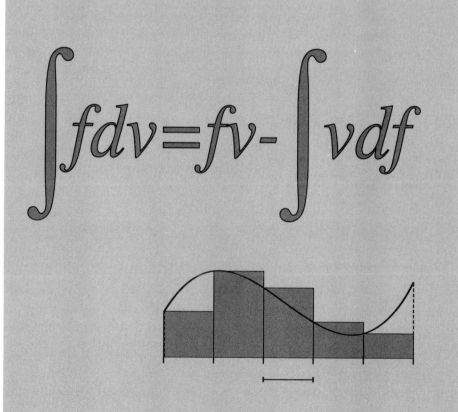

Capítulo VI. Técnicas de Integração   273

6.1 Método de substituição simples

A fórmula de mudança de variáveis será nosso ponto de partida no estudo das técnicas de integração. Para isto, temos que reconhecer às primitivas de funções básicas. Utilizaremos o símbolo $\int f$, sem o subíndice nem superíndice, para indicar a primitiva da função f. Devido à ausência de índices no símbolo integral, a primitiva também é chamada de integral indefinida. A seguir enumeramos algumas primitivas elementares.

$\int u^n \, du$	$= \dfrac{1}{n+1} u^{n+1} + C$	$\int \operatorname{sen} u \, du$	$= -\cos(u) + C$
$\int \cos(u) \, du$	$= -\operatorname{sen}(u) + C$	$\int e^u \, du$	$= e^u + C$
$\displaystyle\int \dfrac{1}{a^2 + u^2} dx$	$= \dfrac{1}{a} \operatorname{arctag}\left(\dfrac{u}{a}\right) + C$	$\displaystyle\int \dfrac{1}{u} \, du$	$= \ln(u) + C$

Este método consiste em simplificar expressões da forma

$$\int f(g(x)) g'(x) \, dx$$

e fazer a substituição

$$u = g(x) \quad \Rightarrow \quad du = g'(x) dx$$

Para obter

$$\int f(g(x)) g'(x) \, dx = \int f(u) \, du$$

Que é uma expressão que possibilita o uso do quadro acima para identificar sua primitiva.

Exemplo 6.1.1 *Encontre a primitiva da função* $f(x) = x^2 \cos(x^3 + 1)$.

Solução. Devemos calcular

$$\int x^2 \cos(x^3 + 1) dx = \int \cos(x^3 + 1) \, x^2 dx$$

274 Cálculo Light

A ideia é aplicar a fórmula de mudança de variáveis,

$$\int f(g(x))g'(x)\,dx = \int f(u)\,du$$

Por analogia podemos fazer $u = x^3 + 1$ por exemplo, portanto o diferencial é dado por

$$du = 3x^2 dx \quad \Rightarrow \quad \int \cos(x^3+1)\,x^2 dx = \int \cos(u)\,\frac{du}{3}.$$

Isto é,

$$\int \cos(u)\,\frac{du}{3} = \frac{1}{3}\int \cos(u)\,du = \frac{1}{3}\operatorname{sen}(u) + C$$

Voltando à variável original, obtemos que

$$\int \cos(x^3+1)\,x^2 dx = \frac{1}{3}\operatorname{sen}(x^3+1) + C.$$

Exemplo 6.1.2 *Encontre a primitiva da função* $f(x) = (2x+3)^7$.

Solução. Temos que encontrar o valor de

$$\int (2x+3)^7 dx$$

Como vimos no primeiro exemplo, calcular primitivas de polinômios é bastante simples. O problema é que o polinômio está elevado à potência 7 que é tedioso de calcular. Uma forma simples de encontrar a primitiva é usando mudança de variável. Para isto, fazemos $u = 2x + 3$ então $du = 2dx$. Substituindo estes valores na expressão encontramos

$$\int (2x+3)^7 dx = \int u^7 \frac{du}{2}.$$

Logo

$$\int u^7 \frac{du}{2} = \frac{1}{2}\int u^7 du = \frac{u^8}{16} + C.$$

Portanto o valor da primitiva é dado por

$$\int (2x+3)^7 dx = \frac{1}{16}(2x+3)^8 + C.$$

Exemplo 6.1.3 *Encontre a primitiva da função* $f(x) = x^4 - 5x^3 + 3x - 1$.

Solução. Devemos calcular

$$\int x^4 - 5x^3 + 3x - 1 dx.$$

Pela linearidade da integral, a expressão acima pode ser reescrita como

$$\int x^4 - 5x^3 + 3x - 1 dx = \int x^4 dx - 5\int x^3 dx + 3\int x dx - \int dx$$

Usando a fórmula

$$\int u^n du = \frac{u^{n+1}}{n+1}$$

Encontramos que

$$\int x^4 - 5x^3 + 3x - 1 dx = \frac{x^5}{5} - 5\frac{x^4}{4} + 3\frac{x^2}{2} - x + C.$$

Que é a primitiva procurada.

Exemplo 6.1.4 *Encontre a primitiva da função* $f(x) = \sqrt{x+7}$.

Solução. Temos que encontrar o valor de

$$\int \sqrt{x+7} dx$$

Uma identidade bastante útil é

$$\int f(x)\, dx = \int f(x) d(x+a),$$

onde a é uma constante. Aplicando esta fórmula encontramos que

$$\int \sqrt{x+7} dx = \int \sqrt{x+7} d(x+7) = \int \sqrt{u} du = \int u^{\frac{1}{2}} du = \frac{u^{1+\frac{1}{2}}}{1+\frac{1}{2}} = \frac{2}{3} u^{\frac{3}{2}}.$$

Voltando à variável original temos

$$\int \sqrt{x+7} dx = \frac{2}{3}(x+7)^{\frac{3}{2}} + C.$$

276 Cálculo Light

Exemplo 6.1.5 *Encontre a primitiva da função* $f(x) = x^3\sqrt{x^4+7}$.

Solução. Usando as mesmas ideias que no exercício 6.1.4 escrevemos

$$\int x^3\sqrt{x^4+7}\,dx = \int \sqrt{x^4+7}\,d(x^4/4)$$
$$= \frac{1}{4}\int \sqrt{x^4+7}\,d(x^4)$$
$$= \frac{1}{4}\int \sqrt{x^4+7}\,d(x^4+7)$$
$$= \frac{1}{4}\int u^{\frac{1}{2}}\,du = \frac{2}{12}u^{\frac{3}{2}} + c$$

Voltando às variáveis originais encontramos

$$\int x^3\sqrt{x^4+7}\,dx = \frac{1}{6}(x^4+7)^{\frac{3}{2}} + c.$$

Exemplo 6.1.6 *Encontre a primitiva da função* $f(x) = x^2/\sqrt{x^3+1}$.

Solução. Note que

$$\int \frac{x^2}{\sqrt{x^3+1}}\,dx = \int \frac{1}{\sqrt{x^3+1}}\,d(x^3/3)$$
$$= \frac{1}{3}\int \frac{d(x^3)}{\sqrt{x^3+1}}$$
$$= \frac{1}{3}\int \frac{d(x^3+1)}{\sqrt{x^3+1}}$$
$$= \frac{1}{3}\int (x^3+1)^{-\frac{1}{2}}\,d(x^3+1) = 2(x^3+1)^{\frac{1}{2}} + C$$

Portanto

$$\int \frac{x^2}{\sqrt{x^3+1}}\,dx = 2(x^3+1)^{\frac{1}{2}} + C.$$

Exemplo 6.1.7 *Encontre a primitiva da função* $f(x) = (x^2+2/3)/e^{x^3+2x}$.

Solução. Temos que calcular

$$\int \frac{x^2+2/3}{e^{x^3+2x}}\,dx = \int \frac{1}{e^{x^3+2x}}\,d(x^3/3+2/3x) = \frac{1}{3}\int \frac{d(x^3+2x)}{e^{x^3+2x}} = \frac{1}{3}\int \frac{du}{e^u}$$

De onde temos que
$$\int \frac{x^2+2/3}{e^{x^3+2x}}dx = \frac{1}{3}\int e^{-u}du = -\frac{1}{3}e^{-u}+C.$$
Substituindo o valor de u encontramos,
$$\int \frac{x^2+2/3}{e^{x^3+2x}}dx = -\frac{1}{3}e^{-u}+C = -\frac{1}{3}e^{-x^3-2x}+C.$$

Exemplo 6.1.8 *Encontre a primitiva da função $f(x) = \sec(x)$.*

Solução. Temos que calcular $\int \sec(x)dx$, note que
$$\begin{aligned}\int \sec(x)dx &= \int \sec(x)\frac{\sec(x)+\tan(x)}{\sec(x)+\tan(x)}dx \\ &= \int \frac{\sec^2(x)+\sec(x)\tan(x)}{\sec(x)+\tan(x)}dx\end{aligned}$$

Como
$$\begin{aligned}\int \frac{\sec^2(x)+\sec(x)\tan(x)}{\sec(x)+\tan(x)}dx &= \int \frac{d(\sec(x)+\tan(x))}{\sec(x)+\tan(x)} \\ &= \ln(\sec(x)+\tan(x))+C.\end{aligned}$$

Portanto,
$$\boxed{\int \sec(x)dx = \ln(\sec(x)+\tan(x))+C.}$$

Exemplo 6.1.9 *Calcular $\int \csc(x)dx$.*

Solução. Lembremos que
$$\frac{d}{dx}\csc(x) = -\csc(x)\cot(x), \qquad \frac{d}{dx}\cot(x) = -\csc^2(x)$$

$$\begin{aligned}\int \csc(x)dx &= \int \csc(x)\frac{\csc(x)+\cot(x)}{\csc(x)+\cot(x)}dx \\ &= \int \frac{\csc^2(x)+\csc(x)\cot(x)}{\sec(x)+\tan(x)}dx\end{aligned}$$

Como

$$\int \frac{\csc^2(x) + \csc(x)\cot(x)}{\csc(x) + \cot(x)} dx = -\int \frac{d(\csc(x) + \cot(x))}{\csc(x) + \cot(x)}$$
$$= -\ln(\csc(x) + \cot(x)) + C.$$

Portanto,

$$\boxed{\int \csc(x)dx = -\ln(\csc(x) + \cot(x)) + C.}$$

Exemplo 6.1.10 *Calcular* $\int \tan(x)dx$.

Solução. Neste caso é mais conveniente expressar a tangente em termos de senos e cossenos.

$$\int \tan(x)dx = \int \frac{\text{sen}(x)}{\cos(x)}dx = -\int \frac{d(\cos(x))}{\cos(x)}.$$

De onde obtemos que

$$\boxed{\int \tan(x)dx = -\ln(\cos(x)) + C.}$$

Exemplo 6.1.11 *Calcular* $\int \cot(x)dx$.

Solução. Assim como no exemplo anterior é mais conveniente expressar a cotangente em termos de senos e cossenos.

$$\int \cot(x)dx = \int \frac{\cos(x)}{\text{sen}(x)}dx = \int \frac{d(\text{sen}(x))}{\text{sen}(x)}.$$

De onde obtemos que

$$\boxed{\int \cot(x)dx = \ln(\text{sen}(x)) + C.}$$

Exemplo 6.1.12 *Calcular* $\int \frac{1}{x}\ln(x)dx$.

Capítulo VI. Técnicas de Integração   279

Solução. Como $[\ln(x)]' = 1/x$ obtemos que

$$\int \frac{1}{x} \ln(x) dx = \int \ln(x) d(\ln(x)).$$

De onde obtemos que

$$\boxed{\int \frac{1}{x} \ln(x) dx = \frac{1}{2} \ln^2(x) + C.}$$

Exemplo 6.1.13 *Calcular* $\int \operatorname{sen}(x) \cos(x) dx$.

Solução. Como $[\operatorname{sen}(x)]' = \cos(x)$ obtemos que

$$\int \operatorname{sen}(x) \cos(x) dx = \int \cos(x) d(\cos(x)).$$

De onde obtemos que

$$\boxed{\int \operatorname{sen}(x) \cos(x) dx = \frac{1}{2} \cos^2(x) + C.}$$

Exemplo 6.1.14 *Calcular* $\int \arctan(x)/(1+x^2) dx$.

Solução. Como $[\arctan(x)]' = 1/(1+x^2)$ obtemos que

$$\int \frac{\arctan(x)}{1+x^2} dx = \int \arctan(x) d(\arctan(x)).$$

De onde obtemos que

$$\boxed{\int \frac{\arctan(x)}{1+x^2} dx = \frac{1}{2} \arctan^2(x) + C.}$$

Exemplo 6.1.15 *Calcular* $\int e^x e^{e^x} dx$.

Solução. Como $[e^x]' = e^x$ obtemos que

$$\int e^x e^{e^x} dx = \int e^{e^x} d(e^x).$$

De onde obtemos que

$$\int e^x e^{e^x}\,dx = e^{e^x} + C.$$

Exemplo 6.1.16 *Calcular a primitiva da função* $y = 2^{2x}\sqrt{e^x}$.

Solução. Para encontrar a primitiva da função primeiro devemos simplificar a expressão. Usando as propriedades das funções exponenciais e logarítmicas encontramos

$$2^{2x}\sqrt{e^x} = 2^{2x}e^{\frac{x}{2}} = e^{\ln(2^{2x})}e^{\frac{x}{2}} = e^{2x\ln(2)}e^{\frac{x}{2}} = e^{2x\ln(2)+\frac{x}{2}} = e^{ax},$$

onde $a = (4\ln(2) + 1)/2$. Portanto o problema se reduz a encontrar a primitiva da função e^{ax}. Integrando

$$\int e^{ax}\,dx = \frac{1}{a}e^{ax} + C = \frac{2}{4\ln(2)+1}e^{\left(\frac{4\ln(2)+1}{2}\right)x} + C.$$

Exemplo 6.1.17 *Calcular a integral* $\int e^x/(e^x+1)\,dx$

Solução. A derivada da função exponencial é a própria função, portanto é conveniente fazer a substituição

$$u = e^x + 1 \quad\Rightarrow\quad du = e^x dx.$$

Substituindo, encontramos

$$\int \frac{e^x}{e^x+1}\,dx = \int \frac{du}{u} = \ln(u) + C.$$

Voltando à variável original, encontramos que

$$\int \frac{e^x}{e^x+1}\,dx = \ln(e^x+1) + C.$$

Exemplo 6.1.18 *Calcular a integral* $\int e^x/(e^{2x}+4)\,dx$

Solução. O denominador é o quadrado do numerador, isto motiva a substituição

$$u = e^x \quad\Rightarrow\quad du = e^x dx.$$

Capítulo VI. Técnicas de Integração   281

Substituindo, encontramos

$$\int \frac{e^x}{e^{2x}+4}\,dx = \int \frac{du}{u^2+4} = \frac{1}{2}\arctan\left(\frac{u}{2}\right) + C.$$

Voltando à variável original, encontramos que

$$\int \frac{e^{2x}}{e^x+1}\,dx = \arctan\left(\frac{e^x}{2}\right) + C.$$

Exemplo 6.1.19 *Calcular a seguinte integral*

$$\int \frac{x^3+3x}{x^2-2}\,dx$$

Solução. Do algoritmo da divisão temos que

$$\begin{array}{r|l} x^3+3x & \underline{x^2-2} \\ \underline{x^3-2x} & x \\ 5x & \end{array}$$

Assim podemos escrever

$$\frac{x^3+3x}{x^2-2} = x + \frac{5x}{x^2-2}$$

De onde temos que

$$\begin{aligned}\int \frac{x^3+3x}{x^2-2}\,dx &= \int x\,dx + \int \frac{5x}{x^2-2}\,dx \\ &= \frac{x^2}{2} + \frac{5}{2}\ln(x^2-2) + C\end{aligned}$$

Exemplo 6.1.20 *Calcular a integral*

$$\int \frac{x^4-3x^2-1}{x^2+x+1}\,dx$$

Solução. Vamos reduzir a fração acima para uma fração imprópria. Isto é, uma fração cujo grau do numerador seja menor que o grau do denominador. Para isto, fazemos uma divisão de polinômios.

$$\begin{array}{r|l} x^4 - 0x^3 - 3x^2 + 0x - 1 & \underline{x^2 + x + 1} \\ \underline{x^4 + x^3 + x^2} & x^2 - x - 3 \\ -x^3 - 4x^2 + 0x & \\ \underline{-x^3 - x^2 - x} & \\ -3x^2 + x - 1 & \\ \underline{-3x^2 - 3x - 3} & \\ 4x + 2 & \end{array}$$

Portanto podemos escrever

$$\frac{x^4 - 3x^2 - 1}{x^2 + x + 1} = x^2 - x - 3 + \frac{4x + 2}{x^2 + x + 1}$$

Integrando a expressão anterior temos

$$\int \frac{x^4 - 3x^2 - 1}{x^2 + x + 1}\, dx = \frac{1}{3}x^3 - \frac{1}{2}x^2 - 3x + \int \frac{4x + 2}{x^2 + x + 1}\, dx + C$$

é simples verificar que

$$\int \frac{4x + 2}{x^2 + x + 1}\, dx = 2\ln(x^2 + x + 1).$$

Finalmente, podemos escrever

$$\int \frac{x^4 - 3x^2 - 1}{x^2 + x + 1}\, dx = \frac{1}{3}x^3 - \frac{1}{2}x^2 - 3x + 2\ln(x^2 + x + 1) + C$$

Exemplo 6.1.21 *Calcular a primitiva da função* $y = \sqrt{x}/(a + \sqrt{x})$, *onde a é um número real não nulo.*

Solução. Fazemos $x = t^2$, de onde temos que $dx = 2tdt$. Assim temos que

$$\int \frac{\sqrt{x}\, dx}{a + \sqrt{x}} = \int \frac{t(2tdt)}{a + t} = 2\int \frac{t^2\, dt}{a + t}$$

Como o grau do polinômio do numerador maior que o grau do polinômio do denominador, fazemos

$$\begin{array}{r|l}
t^2 & \underline{|t+a} \\
\underline{t^2+at} & t-a \\
-at & \\
\underline{-at-a^2} & \\
a^2 &
\end{array}$$

Desta forma podemos escrever

$$\frac{t^2}{a+t} = t - a + \frac{a^2}{a+t} \quad \Rightarrow \quad \int \frac{t^2 dt}{a+t} = \int t - a \, dt + \int \frac{a^2 dt}{a+t}.$$

de onde segue

$$\int \frac{t^2}{a+t} \, dt = \frac{1}{2}t^2 - at + a^2 \ln(a+t).$$

Voltando às variáveis originais temos

$$\int \frac{\sqrt{x}\,dx}{a+\sqrt{x}} = t^2 - 2at + 2a^2 \ln(a+t)$$
$$= x - 2a\sqrt{x} + 2a^2 \ln(a+\sqrt{x}) + C$$

Exemplo 6.1.22 *Calcular a primitiva da função $y = \sqrt{x}/(a^2 + \sqrt[3]{x})$, onde a é um número real não nulo.*

Solução. A substituição que a função está chamando é $x = t^6$, de tal forma que se eliminem os radicais quadráticos e cúbicos, os diferenciais são da forma $dx = 6t^5 dt$. Substituindo temos

$$\int \frac{\sqrt{x}\,dx}{a^2 + \sqrt[3]{x}} = \int \frac{t^3(6t^5 dt)}{a^2 + t^2} = 6 \int \frac{t^8 dt}{a^2 + t^2}$$

Como o polinômio do numerador é de grau maior que a do denominador fazemos uma divisão,

$$\begin{array}{r|l}
t^8 & \underline{|t^2+a^2} \\
\underline{t^8+a^2t^4} & t^4 - a^2t^2 + a^4 \\
-a^2t^4 & \\
\underline{-a^2t^4 - a^4t^2} & \\
a^4t^2 & \\
\underline{a^4t^2 + a^6} & \\
-a^6 &
\end{array}$$

284 Cálculo Light

Desta forma podemos escrever

$$\frac{t^8}{a^2+t^2} = t^4 - a^2 t^2 + a^4 + \frac{a^6}{a^2+t^2}$$

Integrando

$$\int \frac{t^8 dt}{a^2+t^2} = \int t^4 - a^2 t^2 + a^4 \, dt + \int \frac{a^6 dt}{a^2+t^2}.$$

de onde segue

$$\int \frac{t^8 dt}{a^2+t^2} \, dt = \frac{1}{5}t^5 - \frac{a^2}{3}t^3 + a^4 t + a^5 \arctan(\frac{t}{a}).$$

Voltando às variáveis originais temos

$$\int \frac{\sqrt{x}\,dx}{a^2+\sqrt[3]{x}} = \frac{1}{5}t^5 - \frac{a^2}{3}t^3 + a^4 t + a^5 \arctan(\frac{t}{a})$$

$$= \frac{1}{5}x^{5/6} - \frac{a^2}{3}\sqrt{x} + a^4\sqrt{x} + a^5 \arctan(\frac{\sqrt[6]{x}}{a}) + C$$

Exercícios

1. Calcular as seguintes primitivas

   a) $\int x^3 e^{x^4} \, dx$, b) $\int \frac{\ln(\ln(x))}{x\ln(x)} \, dx$, b) $\int \cos(x) \operatorname{sen}(\operatorname{sen}(x)) \, dx$.

   Resp: a) $\frac{1}{4}e^{x^4} + C$, b) $\frac{1}{2}\ln^2(\ln(x))$, c) $-\cos(\operatorname{sen}(x))$.

2. Calcule

   a) $\int x^5 \, dx$, b) $\int (x+2)^7 \, dx$, c) $\int x(x^2-6)^9 \, dx$.

   Resp: a) $\frac{1}{6}x^6 + C$, b) $\frac{1}{8}(x+2)^8 + C$, c) $\frac{1}{20}(x^2-6)^{10} + C$.

3. Encontrar

   a) $\int 2^x e^{2x} \, dx$, b) $\int (1+a)^x e^{2x} \, dx$, c) $\int b^x \sqrt{e^{4x}} \, dx$.

   Resp: a) $\frac{1}{\ln(2)+2}e^{(\ln(2)+2)x}$, b) $\frac{1}{\ln(1+a)+2}e^{(\ln(1+a)+2)x}$,

   c) $\frac{1}{\ln(b)+2}e^{(\ln(b)+2)x}$.

4. Calcular as seguintes integrais

(a) $\int \dfrac{e^{2x}+2e^x-1}{e^x+1}\,dx$. **Resp:** $-x+e^x+2\ln(e^x+1)$.

(b) $\int \dfrac{2e^x-1}{e^x+1}\,dx$. **Resp:** $-x+3\ln(e^x+1)$.

(c) $\int \dfrac{e^x+e^{-x}}{e^x+1}\,dx$. **Resp:** $-x-e^{-x}+2\ln(e^x+1)$.

(d) $\int \dfrac{dx}{e^x+1}$. **Resp:** $x-\ln(e^x-1)$.

(e) $\int \dfrac{dx}{e^{3x}+1}$. **Resp:** $x-\tfrac{1}{3}\ln(e^{3x}-1)$.

(f) $\int \dfrac{e^x}{e^{2x}+1}\,dx$. **Resp:** $\arctan(e^x)$.

(g) $\int \dfrac{e^x-e^{-x}}{e^x+e^{-x}}\,dx$. **Resp:** $\ln(e^x-e^{-x})$.

(h) $\int \dfrac{1+e^x}{1-e^x}\,dx$. **Resp:** $x-2\ln(e^x-1)$.

5. Calcular as seguintes primitivas

(a) $\int \ln(x+2)/(x+2)\,dx$

(b) $\int \dfrac{dx}{x+4}$

(c) $\int \dfrac{\ln(\ln(x))dx}{x\ln(x)}$

(d) $\int \dfrac{\arctan(x))dx}{1+x^2}$

(e) $\int \operatorname{sen}(x)\operatorname{sen}(\cos(x))dx$

(f) $\int \dfrac{\cos(\ln(x))}{x}dx$

6. Calcular as seguintes primitivas

(a) $\int x\ln(x^2+2)/(x^2+2)\,dx$

(b) $\int \dfrac{x\,dx}{x^2+4}$

(c) $\int \dfrac{\ln(\ln(x^2))dx}{x\ln(x)}$

(d) $\int \dfrac{\arctan(x/2))dx}{4+x^2}$

(e) $\int x\operatorname{sen}(x^2)\operatorname{sen}(\cos(x^2))dx$

(f) $\int \dfrac{\cos(\ln(x+1))}{x+1}dx$

7. Calcular as seguintes primitivas
   (a) $\int 3x\sqrt{x^2+3}\,dx$
   (b) $\int x^2\sqrt{x^3-1}\,dx$
   (c) $\int x\sqrt{x+1}\,dx$
   (d) $\int x^2\sqrt{2x-1}\,dx$
   (e) $\int x^2\sqrt[3]{x+1}\,dx$
   (f) $\int x^2\sqrt[4]{x-1}\,dx$

Resp: a) $(x^2+3)^{3/2}$, b) $\frac{1}{3}(x^3-1)^{3/2}$, c) $\frac{2}{5}(x+1)^{5/2} - \frac{2}{3}(x+1)^{3/2}$
d) $\frac{1}{28}(2x-1)^{7/2} + \frac{1}{10}(2x-1)^{5/2} + \frac{1}{12}(2x-1)^{3/2}$
e) $\frac{3}{10}(x+1)^{10/3} - \frac{6}{7}(x+1)^{7/3} + \frac{3}{4}(x+1)^{4/3}$

6.2 Integração por partes

Esta técnica é baseada na fórmula da derivada de um produto,

$$\frac{d}{dx}\{uv\} = \frac{du}{dx}v + u\frac{dv}{dx},$$

Em diferenciais temos

$$d\{uv\} = v\,du + u\,dv, \quad \Rightarrow \quad v\,du = d(uv) - u\,dv.$$

Integrando obtemos

$$\boxed{\int v\,du = uv - \int u\,dv}$$

Desenvolvendo os diferenciais temos

$$\boxed{\int u'v\,dx = uv - \int uv'\,dx}$$

A integração por partes é utilizada frequentemente para calcular primitivas de funções do tipo

$$\boxed{f(x) = x^k \operatorname{sen}(x), \quad f(x) = x^k \cos(x),}$$

$$f(x) = e^x \text{sen}(x), \quad f(x) = x^k e^x.$$

Ou combinações lineares destas funções. Vejamos alguns exemplos

Exemplo 6.2.1 *Calcular a integral*

$$\int x e^x \, dx.$$

Solução. A integral pode ser reescrita como

$$\int x e^x \, dx = \int x \, d\{e^x\}.$$

Usando a fórmula de integração por partes,

$$\int x \, d\{e^x\} = x e^x - \int e^x \, dx = x e^x - e^x + C.$$

Portanto

$$\int x e^x \, dx = x e^x - e^x + C.$$

Exemplo 6.2.2 *Calcular a integral*

$$\int x \cos(x) \, dx.$$

Solução. A integral pode ser reescrita

$$\int x \cos(x) \, dx = \int x \, d\{\text{sen}(x)\}.$$

Usando as fórmulas de integração por partes temos

$$\int x \, d\{\text{sen}(x)\} = x \, \text{sen}(x) - \int \text{sen}(x) \, dx = x \, \text{sen}(x) + \cos(x) + C.$$

Portanto,

$$\int x \cos(x) \, dx = x \, \text{sen}(x) + \cos(x) + C.$$

Exemplo 6.2.3 *Calcular a seguinte integral*

$$\int x^2 \cos^2(x)\, dx.$$

Solução. Das fórmulas de arco dobro, temos que

$$\cos^2(x) = \frac{1+\cos(2x)}{2}.$$

Portanto temos que

$$\begin{aligned}
\int x^2 \cos^2(x)\, dx &= \int x^2 \frac{1+\cos(2x)}{2}\, dx \\
&= \frac{1}{2}\int x^2\, dx + \frac{1}{2}\int x^2 \cos(2x)\, dx \qquad (6.1)
\end{aligned}$$

A primeira integral é imediata e a segunda a calcularemos utilizando integração por partes.

$$\begin{aligned}
\int x^2 \cos(2x)\, dx &= \frac{1}{2}\int x^2\, d\{\operatorname{sen}(2x)\} \\
&= \frac{1}{2}x^2 \operatorname{sen}(2x) - \frac{1}{2}\int \operatorname{sen}(2x)\, d\{x^2\} \\
&= \frac{1}{2}x^2 \operatorname{sen}(2x) - \int x \operatorname{sen}(2x)\, dx \\
&= \frac{1}{2}x^2 \operatorname{sen}(2x) + \frac{1}{2}\int x\, d\{\cos(2x)\} \\
&= \frac{1}{2}x^2 \operatorname{sen}(2x) + \frac{x}{2}\cos(2x) - \frac{1}{2}\int \cos(2x)\, dx
\end{aligned}$$

De onde temos que

$$\int x^2 \cos^2(x)\, dx = \frac{x^3}{6} + \frac{x^2}{2}\operatorname{sen}(2x) + \frac{x}{2}\cos(2x) - \frac{1}{4}\operatorname{sen}(2x) + C$$

Exemplo 6.2.4 *Calcular a primitiva:*

$$\int x^2 e^x\, dx$$

Solução. Como $d(e^x) = e^x\, dx$, temos

$$\int x^2 e^x\, dx = \int x^2 d\,\{e^x\} = x^2 e^x - 2\int xe^x\, dx.$$

A integral resultante da integração por partes é mais simples que a original. Usando mais uma vez integração por partes temos

$$\int xe^x\, dx = \int x\, d\,\{e^x\} = xe^x - \int e^x\, dx = xe^x - e^x + C.$$

De onde obtemos que

$$\int x^2 e^x\, dx = x^2 e^x - 2xe^x + 2e^x + C.$$

Exemplo 6.2.5 *Calcular a seguinte integral*

$$\int \sec^3(t)\, dt$$

Solução. Denotemos por

$$\begin{aligned}
I &= \int \sec^3(t)\, dt \\
&= \int \sec(t)\sec^2(t)\, dt \\
&= \int \sec(t)\, d\,\{\tan\} \\
&= \sec(t)\tan(t) - \int \tan^2(t)\sec(t)\, dt
\end{aligned}$$

Como $\tan^2(t) = \sec^2(t) - 1$ podemos escrever

$$\begin{aligned}
I &= \sec(t)\tan(t) - \int (\sec^2(t) - 1)\sec(t)\, dt \\
&= \sec(t)\tan(t) - \underbrace{\int \sec^3(t)\, dt}_{=I} + \int \sec(t)\, dt.
\end{aligned}$$

Portanto

290 Cálculo Light

$$2I = \sec(t)\tan(t) + \ln(\sec(t) + \tan(t))$$

Finalmente,

$$I = \frac{1}{2}\{\sec(t)\tan(t) + \ln(\sec(t) + \tan(t))\}.$$

Exemplo 6.2.6 *Calcular a primitiva*

$$\int \ln(x)\, dx$$

Solução. Este é um outro exemplo de integração por partes.

$$\begin{aligned}\int \ln(x)\, dx &= x\ln(x) - \int x\, d\{ln(x)\} \\ &= x\ln(x) - \int dx \\ &= x\ln(x) - x + c.\end{aligned}$$

Exemplo 6.2.7 *Calcular a primitiva da função* $y = e^{ax}\cos(bx)$, *onde* a *e* b *são constantes não nulas.*

Solução. Calculamos a primitiva usando integração por partes, de fato.

$$\int e^{ax}\cos(bx)\, dx = \frac{1}{a}\int \cos(bx)\, d(e^{ax})$$

Integrando por partes temos

$$\begin{aligned}\int e^{ax}\cos(bx)\, dx &= \frac{1}{a}\cos(bx)e^{ax} - \frac{1}{a}\int e^{ax}\, d(\cos(bx)) \\ &= \frac{1}{a}\cos(bx)e^{ax} + \frac{b}{a}\int e^{ax}\operatorname{sen}(bx)\, dx \\ &= \frac{1}{a}\cos(bx)e^{ax} + \frac{b}{a^2}\int \operatorname{sen}(bx)\, d(e^{ax}) \\ &= \frac{1}{a}\cos(bx)e^{ax} + \frac{b}{a^2}e^{ax}\operatorname{sen}(bx) - \frac{b^2}{a^2}\int e^{ax}\cos(bx)\, dx\end{aligned}$$

De onde obtemos que

$$(1 + \frac{b^2}{a^2})\int e^{ax}\cos(bx)\, dx = \frac{1}{a}\cos(bx)e^{ax} + \frac{b}{a^2}e^{ax}\operatorname{sen}(bx).$$

Portanto,

Capítulo VI. Técnicas de Integração   291

$$\int e^{ax}\cos(bx)\,dx = \frac{e^{ax}}{a^2+b^2}\left\{a\cos(bx)+b\,\text{sen}(bx)\right\}.$$

Exemplo 6.2.8 *Calcular a primitiva da função* $y = e^{ax}\text{sen}(bx)$, *onde* a *e* b *são constantes não nulas.*

Solução. Assim como no exemplo anterior temos

$$\int e^{ax}\text{sen}(bx)\,dx = \frac{1}{a}\int \text{sen}(bx)\,d(e^{ax})$$

Integrando por partes a expressão anterior obtemos

$$\begin{aligned}
\int e^{ax}\text{sen}(bx)\,dx &= \frac{1}{a}\text{sen}(bx)e^{ax} - \frac{1}{a}\int e^{ax}\,d(\text{sen}(bx)) \\
&= \frac{1}{a}\text{sen}(bx)e^{ax} - \frac{b}{a}\int e^{ax}\cos(bx)\,dx \\
&= \frac{1}{a}\text{sen}(bx)e^{ax} - \frac{b}{a^2}\int \cos(bx)\,d(e^{ax}) \\
&= \frac{1}{a}\text{sen}(bx)e^{ax} + \frac{b}{a^2}e^{ax}\cos(bx) \\
&\quad - \frac{b^2}{a^2}\int e^{ax}\text{sen}(bx)\,dx
\end{aligned}$$

De onde encontramos que

$$\int e^{ax}\text{sen}(bx)\,dx = \frac{e^{ax}}{a^2+b^2}\left\{a\,\text{sen}(bx)+b\cos(bx)\right\}.$$

Exemplo 6.2.9 *Calcular a primitiva da função* $y = x^n \ln(x)$, *onde* $n \neq -1$ *é um número inteiro.*

Solução. Aplicaremos integração por partes.

$$\int x^n \ln(x)\,dx = \frac{1}{n+1}\int \ln(x)\,d(x^{n+1})$$

292 Cálculo Light

Integrando por partes a integral do segundo membro obtemos

$$\int \ln(x)\, d(x^{n+1}) = x^{n+1}\ln(x) - \int x^{n+1}\, d(\ln(x))$$
$$= x^{n+1}\ln(x) - \int x^{n+1}\frac{1}{x}\, dx$$
$$= x^{n+1}\ln(x) - \int x^n\, dx = x^{n+1}(\ln(x) + 1) + C$$

De onde obtemos

$$\int x^n \ln(x)\, dx = \frac{x^{n+1}}{n+1}(\ln(x) + 1) + C.$$

Exercícios

1. Calcular as seguintes integrais
   (a) $\int x^2 e^{2x}$. **Resp:** $(x^2 - 2x + 2)e^x/a^3$.
   (b) $\int x^3 e^{ax}$. **Resp:** $(a^3 x^3 - 3a^2 x^2 + 6ax - 6a)e^{ax}/a^4$.
   (c) $\int x^4 e^{ax}$. **Resp:** $(a^4 x^4 - 4a^3 x^3 + 12a^2 x^2 - 24ax + 24a)e^{ax}/a^5$.
   (d) $\int x^2 \operatorname{sen}(2x)$. **Resp:** $(-a^2 x^2 \cos(ax) + 2ax\operatorname{sen}(ax) + 2\cos(ax))/a^3$.
   (e) $\int e^{ax} \operatorname{sen}(ax)$. **Resp:** $(\operatorname{sen}(ax) - \cos(ax))e^{ax}/2a$.
   (f) $\int ax^2 \ln(ax)$. **Resp:** $\frac{1}{3}ax^3 \ln(ax) - \frac{1}{9}ax^3$

2. Calcular as seguintes integrais
   (a) $\int \operatorname{sen}(ax)e^{bx}$. **Resp:** $(-a\cos(ax) + b\operatorname{sen}(ax))e^{bx}/(a^2 + b^2)$.
   (b) $\int \operatorname{sen}(ax)\cos(ax)e^{bx}$. **Resp:** $(-2a\cos(2ax) + b\operatorname{sen}(2ax))e^{bx}/2(4a^2 + b^2)$.
   (c) $\int \cos^2(x)e^x$. **Resp:** $\frac{1}{5}(\cos^2(x) + \operatorname{sen}(2x))e^x + \frac{2}{5}e^x$.
   (d) $\int \sec^3(ax)$. **Resp:** $\frac{1}{2a}\sec(ax)\tan(ax) + \frac{1}{2a}(\ln(\sec(ax) + \tan(ax)))$.
   (e) $\int \csc^3(ax)$. **Resp:** $-\frac{1}{2a}\csc(ax)\cot(ax) + \frac{1}{2a}(\ln(\csc(ax) - \cot(ax)))$.
   (f) $\int xe^x \cos(x)$. **Resp:** $\frac{x}{2}(\cos(x) + \operatorname{sen}(x))e^x + \frac{1}{2}\operatorname{sen}(x)e^x$
   (g) $\int xe^x \operatorname{sen}(x)$. **Resp:** $\frac{x}{2}(-\cos(x) + \operatorname{sen}(x))e^x + \frac{1}{2}\cos(x)e^x$

3. Calcular as seguintes integrais
   (a) $\int xe^{x^2} \operatorname{sen}(x^2)$. **Resp:** $\frac{1}{4}(-\cos(x^2) + \operatorname{sen}(x^2))e^{x^2}$
   (b) $\int x^3 e^{x^2} \operatorname{sen}(x^2)$. **Resp:** $\frac{1}{4}(-\cos(x^2) + \operatorname{sen}(x^2))x^2 e^{x^2} + \frac{1}{4}\cos(x^2)e^{x^2}$

(c) $\int \frac{x}{e^x} dx$. **Resp:** $-xe^{-x} - e^{-x}$.

(d) $\int \frac{x^2+x}{e^x} dx$. **Resp:** $-x^2 e^{-x} - 3xe^{-x} - e^{-x}$.

(e) $\int \frac{e^{\sqrt{x}}}{\sqrt{x}}$. **Resp:** $2e^{\sqrt{x}}$

(f) $\int \frac{\sqrt{x}}{e^{\sqrt{x}}}$. **Resp:** $-2e^{-\sqrt{x}}(x - 2\sqrt{x} - 2)$

6.3 Decomposição por frações parciais

Este método é utilizado para calcular primitivas de funções do tipo

$$f(x) = \frac{a_k x^k + a_{k-1} x^{k-1} + \cdots + a_0}{b_r x^r + b_{r-1} x^{r-1} + \cdots + b_0}$$

onde $k < r$. No caso em que $k \geq r$, realizamos uma divisão de polinômios até obter que o grau do polinômio do numerador seja menor que o grau do denominador.

Exemplo 6.3.1 *Calcular a primitiva da função*

$$f(x) = \frac{1}{x^2 - a^2}$$

Solução.- A ideia é decompor f na soma de frações mais simples. Isto é,

$$\frac{1}{x^2 - a^2} = \frac{\alpha}{x + a} + \frac{\beta}{x - a} \quad (6.2)$$

O problema é encontrar α e β de tal forma que a identidade acima seja válida. Somando as frações

$$\frac{1}{x^2 - a^2} = \frac{\alpha}{x + a} + \frac{\beta}{x - a} = \frac{(\alpha + \beta)x + (\beta - \alpha)a}{(x - a)(x + a)}$$

De onde temos que $\alpha + \beta = 0$ e $(\beta - \alpha)a = 1$. De onde temos que

$$\alpha = -\frac{1}{2a}, \quad \beta = \frac{1}{2a}.$$

Portanto

$$\frac{1}{x^2 - a^2} = -\frac{1}{2a(x + a)} + \frac{1}{2a(x - a)}.$$

Integrando a expressão anterior

294 Cálculo Light

$$\int \frac{1}{x^2 - a^2}\, dx = -\int \frac{1}{2a(x+a)}\, dx + \int \frac{1}{2a(x-a)}\, dx.$$

Finalmente,

$$\int \frac{1}{x^2 - a^2}\, dx = -\frac{1}{2a}\ln(x+a) + \frac{1}{2a}\ln(x-a) = \frac{1}{2a}\ln\left(\frac{x-a}{x+a}\right)$$

Assim temos a seguinte fórmula

$$\boxed{\int \frac{1}{x^2 - a^2}\, dx = \frac{1}{2a}\ln\left(\frac{x-a}{x+a}\right)}$$

Exemplo 6.3.2 *Calcular a primitiva da função*

$$\frac{2x+1}{x^2 - 3x + 2}$$

Solução. Note que o denominador pode ser fatorado na forma

$$x^2 - 3x + 2 = (x-1)(x-2)$$

Portanto a fração pode ser simplificada usando a decomposição em frações parciais

$$\frac{2x+1}{x^2-3x+2} = \frac{2x+1}{(x-1)(x-2)} = \frac{\alpha}{x-1} + \frac{\beta}{x-2}$$

De onde temos que

$$\frac{2x+1}{x^2-3x+2} = \frac{(\alpha+\beta)x - 2\alpha - \beta}{(x-1)(x-2)}$$

Para que a identidade seja válida devemos ter

$$\alpha + \beta = 2, \quad -2\alpha - \beta = 1$$

Somando as duas equações $-\alpha = 3$, logo $\beta = 5$. Logo

$$\int \frac{2x+1}{x^2-3x+2}\, dx = \int \frac{-3}{x-1} + \frac{5}{x-2}\, dx$$

Finalmente,

$$\int \frac{2x+1}{x^2-3x+2}\, dx = -3\ln(x-1) + 5\ln(x-2) + C.$$

Observação 6.3.1 *Quando a fração tem no denominador um polinômio quadrático irredutível (não possui raízes reais), por exemplo*

$$\frac{3}{(x-1)(x^2+x+1)}$$

a decomposição deve ser da forma

$$\frac{3}{(x-1)(x^2+x+1)} = \frac{\alpha}{x-1} + \frac{\beta x + \gamma}{x^2+x+1}$$

onde α, β e γ são números reais.

Exemplo 6.3.3 *Calcular a primitiva da função $y = 1/(x^3 - a^3)$, onde a é uma constante não nula.*

Solução. A diferença de cubos pode ser fatorada como

$$x^3 - a^3 = (x-a)(x^2 + ax + a^2)$$

De onde temos que

$$\frac{1}{x^3 - a^3} = \frac{1}{(x-a)(x^2+ax+a^2)} = \frac{\alpha}{x-a} + \frac{\beta x + \gamma}{x^2+ax+a^2}$$

Somando as frações,

$$\frac{1}{(x-a)(x^2+ax+a^2)} = \frac{(\alpha+\beta)x^2 + [(\alpha-\beta)a+\gamma]x + a(a\alpha-\gamma)}{(x-a)(x^2+ax+a^2)}$$

(6.3)

De onde concluímos que

$$\alpha = -\beta, \quad 2\alpha = -\frac{\gamma}{a}, \quad \gamma = -\frac{2}{3a}$$

Portanto

$$\alpha = \frac{1}{3a^2}, \quad \beta = -\frac{1}{3a^2}, \quad \gamma = -\frac{2}{3a}$$

Portanto temos

$$\frac{1}{(x-a)(x^2+ax+a^2)} = \frac{1}{3a^2}\left(\frac{1}{x-a}\right) - \frac{1}{3a^2}\left(\frac{x+2a}{x^2+ax+a^2}\right)$$

Integrando

$$\int \frac{1}{(x-a)(x^2+ax+a^2)} = \frac{1}{3a^2}\int \frac{dx}{x-a} - \frac{1}{3a^2}\int \frac{x+2a}{x^2+ax+a^2}dx$$

De onde temos que

$$\int \frac{1}{(x-a)(x^2+ax+a^2)}$$
$$= \frac{1}{3a^2}\int \frac{dx}{x-a} - \frac{1}{3a^2}\int \frac{x+a/2}{x^2+ax+a^2}dx$$
$$+ \frac{1}{2a}\int \frac{dx}{x^2+ax+a^2}$$

Sabemos que

$$\frac{1}{3a^2}\int \frac{dx}{x-a} = \frac{1}{3a^2}\ln(x-a)$$

$$-\frac{1}{3a^2}\int \frac{x+a/2}{x^2+ax+a^2}dx = -\frac{1}{6a^2}\ln(x^2+ax+a^2)$$

$$\frac{1}{2a}\int \frac{dx}{x^2+ax+a^2} = \frac{1}{2a}\int \frac{dx}{(x+a/2)^2+(\sqrt{3}a/2)^2}$$
$$= \frac{1}{2\sqrt{3a^2}/2}\arctan(\frac{x+a/2}{\sqrt{3}a/2})$$

De onde temos que

$$\int \frac{1}{x^3-a^3} = \frac{1}{3a^2}\ln(x-a) - \frac{1}{6a^2}\ln(x^2+ax+a^2) + \frac{1}{\sqrt{3}a^2}\arctan(\frac{x+a/2}{\sqrt{3}a/2}).$$

Resumo

O método de decomposição em frações parciais se aplica em expressões da forma
$$\frac{a_k x^k + a_{k-1}x^{k-1} + \cdots + a_1 x + a_0}{(x-r_1)(x-r_2)\cdots(x-r_n)}$$
onde os valores de r_i são todos diferentes e $k < n$, isto é que a fração seja própria. Então podemos expressar a fração anterior na forma
$$\frac{a_k x^k + a_{k-1}x^{k-1} + \cdots + a_1 x + a_0}{(x-r_1)(x-r_2)\cdots(x-r_n)} = \frac{\alpha_1}{x-r_1} + \frac{\alpha_2}{x-r_2} + \cdots \frac{\alpha_n}{x-r_n}.$$

Capítulo VI. Técnicas de Integração   297

Note que o segundo membro é soma de expressões cujas integrais são funções logarítmicas. Isto é,

$$\int \frac{a_k x^k + a_{k-1} x^{k-1} + \cdots + a_1 x + a_0}{(x - r_1)(x - r_2) \cdots (x - r_n)} \, dx = \alpha_1 \ln(x - r_1) + \cdots \alpha_n \ln(x - r_n).$$

Portanto o único problema é determinar os valores de α_i.

Raízes múltiplas

Consideremos o caso em que a fração é da forma

$$\frac{p(x)}{q_1(x)^{n_1} q_2(x)^{n_2} \cdots q_j(x)^{n_j}}$$

Onde p, q_1, $\cdots$ q_j são polinômios e $n_1 \cdots n_j$ são números inteiros positivas. Por exemplo, a fração

$$\frac{1}{(x-1)^2 (x+2)^3}$$

pode ser decomposta da seguinte forma

$$\frac{1}{(x-1)^2 (x+2)^3} = \frac{A}{x-1} + \frac{B}{(x-1)^2} + \frac{C}{x+2} + \frac{D}{(x+2)^2} + \frac{E}{(x+2)^3}.$$

Note que na decomposição acima aparecem todas as subpotências dos monomios $(x-1)^2$ e $(x+2)^3$.

Exemplo 6.3.4 *Decompor em frações parciais a fração*

$$\frac{1}{(x-1)^2 (x+2)}.$$

Solução. O problema é encontrar constantes A, B e C que verifiquem

$$\frac{1}{(x-1)^2 (x+2)} = \frac{A}{x-1} + \frac{B}{(x-1)^2} + \frac{C}{x+2} \qquad (6.4)$$

para todo $x \in \mathbb{R}$. A expressão acima é equivalente a

$$\frac{1}{(x-1)^2} = \frac{A(x+2)}{x-1} + \frac{B(x+2)}{(x-1)^2} + C$$

Tomando $x = -2$ encontramos

$$\frac{1}{(-2-1)^2} = C \quad \Rightarrow \quad C = \frac{1}{9}$$

Analogamente, multiplicando por $(x-1)^2$ a expressão (6.4) temos

$$\frac{1}{(x+2)} = A(x-1) + B + \frac{C(x-1)^2}{x+2}$$

Tomando $x = 1$ na expressão acima encontramos que $B = 1/3$. Finalmente, fazendo $x = 0$ em (6.4) encontramos

$$\frac{1}{2} = -A + B + \frac{C}{2} \quad \Rightarrow \quad \frac{1}{2} = -A + \frac{1}{3} + \frac{1}{18} \quad \Rightarrow \quad A = -\frac{1}{9}.$$

Portanto a fração pode ser decomposta como

$$\frac{1}{(x-1)^2(x+2)} = -\frac{1}{9(x-1)} + \frac{1}{3(x-1)^2} + \frac{1}{9(x+2)}$$

Exemplo 6.3.5 *Calcule a primitiva da expressão*

$$\frac{1}{(x-1)^2(x+2)}.$$

Solução. Do Exemplo 6.3.4 encontramos que

$$\frac{1}{(x-1)^2(x+2)} = -\frac{1}{9(x-1)} + \frac{1}{3(x-1)^2} + \frac{1}{9(x+2)}$$

Integrando a expressão acima encontramos que

$$\int \frac{dx}{(x-1)^2(x+2)} = -\int \frac{dx}{9(x-1)} + \int \frac{dx}{3(x-1)^2} + \int \frac{dx}{9(x+2)}$$

Portanto,

$$\int \frac{dx}{(x-1)^2(x+2)^3} = -\frac{1}{9}\ln(x-1) - \frac{1}{3(x-1)} + \frac{1}{9}\ln(x+2) + C.$$

Exemplo 6.3.6 *Calcular a primitiva da função*

$$f(x) = \frac{1}{x(x+1)^3}$$

Solução. Nosso primeiro passo é decompor em frações parciais. Para isto, fazemos

$$\frac{1}{x(x+1)^3} = \frac{\alpha}{x} + \frac{\beta}{x+1} + \frac{\gamma}{(x+1)^2} + \frac{\delta}{(x+1)^3}$$

Multiplicando por $x(x+1)^3$ a expressão anterior, temos

$$1 = \alpha(x+1)^3 + \beta x(x+1)^2 + \gamma x(x+1) + \delta x$$

Tomando $x = 0$ obtemos que $\alpha = 1$. Fazendo $x = -1$ concluímos que $\delta = -1$. Para determinar β e γ derivamos a equação acima

$$0 = 3\alpha(x+1)^2 + \beta(x+1)^2 + 2\beta x(x+1) + \gamma(2x+1) + \delta$$

Tomando $x = -1$ encontramos que $\gamma = -1$. Derivando mais uma vez obtemos

$$0 = 6\alpha(x+1) + \beta(6x+4) + 2\gamma \quad \Rightarrow \quad 6(\alpha+\beta)x + 6\alpha + 4\beta + 2\gamma = 0$$

De onde $\beta = -\alpha = -1$. Assim temos que

$$\frac{1}{x(x+1)^3} = \frac{1}{x} - \frac{1}{x+1} - \frac{1}{(x+1)^2} - \frac{1}{(x+1)^3}$$

Integrando obtemos

$$\int \frac{dx}{x(x+1)^3} = \ln(x) - \ln(x+1) + \frac{1}{x+1} + \frac{1}{2(x+1)^2} + C$$

Exercícios

1. Calcular as seguintes primitivas

   (a) $\int \frac{x}{x^2+5x+6}$. **Resp:** $-2\ln(x+2) + 3\ln(x+3)$.

   (b) $\int \frac{x^2}{x^2+5x+6}$. **Resp:** $x + 4\ln(x+2) - 9\ln(x+3)$.

   (c) $\int \frac{x^3}{x^2+5x+6}$. **Resp:** $\frac{1}{2}x^2 - 5x - 8\ln(x+2) + 27\ln(x+3)$.

   (d) $\int \frac{x^4}{x^2+5x+6}$. **Resp:** $\frac{1}{3}x^3 - \frac{5}{2}x^2 - 19x + 16\ln(x+2) - 81\ln(x+3)$.

(e) $\int \frac{x^5}{x^2+5x+6}$. Resp: $\frac{1}{4}x^4 - \frac{5}{3}x^3 + \frac{19}{2}x^2 - 65x + 32\ln(x+2) - 243\ln(x+3)$.

2. Calcular as seguintes primitivas

   (a) $\int \frac{2x+1}{x^2+3x+2}$. Resp: $3\ln(x+2) - \ln(x+1)$.

   (b) $\int \frac{x^2+x}{x^2+3x+2}$. Resp: $x - 2\ln(x+2)$.

   (c) $\int \frac{x^3+x}{x^2+3x+2}$. Resp: $\frac{1}{2}x^2 - 3x + 10\ln(x+2) - 2\ln(x+1)$.

   (d) $\int \frac{x^3+x+1}{x^3+3x^2+2x}$. Resp: $x + \frac{1}{2}\ln(x) - \frac{9}{2}\ln(x+2) + \ln(x+1)$.

   (e) $\int \frac{x^4+4x+1}{x^3+3x^2+2x}$. Resp: $\frac{1}{2}x^2 - 3x + \frac{1}{2}\ln(x) - \frac{9}{2}\ln(x+2) + 2\ln(x+1)$.

3. Calcular as seguintes primitivas

   (a) $\int \frac{2x+1}{x^2+2x+1}$. Resp: $\frac{1}{x+1} + 2\ln(x+1)$.

   (b) $\int \frac{x^2}{x^2+2x+1}$. Resp: $-x - \frac{1}{x+1} - 2\ln(x+1)$.

   (c) $\int \frac{3x+1}{x^3+3x^2+3x+1}$. Resp: $\frac{1}{(x+1)^2} - \frac{3}{x+1}$.

   (d) $\int \frac{x^2+x+1}{x^3+3x^2+3x+1}$. Resp: $-\frac{1}{2}\frac{1}{(x+1)^2} + \frac{1}{x+1} + \ln(x+1)$.

4. Calcular as seguintes primitivas

   (a) $\int \frac{2x+1}{x(x+1)^2}$. Resp: $\ln(x) - \frac{1}{x+1} - \ln(x+1)$.

   (b) $\int \frac{x^2-x+1}{x^2(x+1)^2}$. Resp: $-\frac{1}{x} - 3\ln(x) - \frac{3}{x+1} + 3\ln(x+1)$.

   (c) $\int \frac{3x+1}{x^3(x+1)^2}$. Resp: $-\frac{1}{2x^2} - \frac{1}{x} - 3\ln(x) - \frac{2}{x+1} + 3\ln(x+1)$.

   (d) $\int \frac{x^2+x+1}{x(x+2)^3}$. Resp: $\frac{1}{27}\ln(x) + \frac{7}{6(x+3)^2} - \frac{8}{9(x+3)} - \frac{1}{27}\ln(x+3)$.

6.4 Substituições trigonométricas

As substituições trigonométricas são de muita utilidade quando temos que integrar funções do seguinte tipo.

$$\int \sqrt{a^2 - x^2}\, dx, \quad \int \sqrt{a^2 + x^2}\, dx, \quad \int \sqrt{\frac{x^2}{a^2 - x^2}}\, dx,$$

Estas funções têm em comum a raiz quadrada de polinômios quadráticos. A ideia é fazer uma substituição de tal forma que o radicando seja o

Capítulo VI. Técnicas de Integração   301

quadrado de uma função conhecida. Funções que têm esta propriedade são as funções trigonométricas. Por exemplo, lembremos as identidades trigonométricas

$$1 - \text{sen}^2(x) = \cos^2(x), \qquad 1 - \cos^2(x) = \text{sen}^2(x)$$
$$1 + \tan^2(x) = \sec^2(x), \qquad \sec^2(x) - 1 = \tan^2(x)$$

Motivados nestas identidades faremos as seguintes substituições.

Exemplo 6.4.1 *Calcular a primitiva da função*

$$\int \sqrt{4 + 4x - x^2}\, dx,$$

Solução. A integral acima pode ser escrita como

$$\int \sqrt{4 + 4x - x^2}\, dx = \int \sqrt{8 - (x-2)^2}\, dx$$

A substituição que elimina a raiz quadrada é

$$x - 2 = \sqrt{8}\cos(\theta) \quad \Rightarrow \quad dx = -\sqrt{8}\,\text{sen}(\theta).$$

Portanto,

$$\begin{aligned}
\int \sqrt{8 - (x-2)^2}\, dx &= -\int \sqrt{8(1 - \cos(\theta)^2)}\sqrt{8}\,\text{sen}(\theta)\, d\theta \\
&= -8 \int \text{sen}^2(\theta)\, d\theta \\
&= \frac{8}{2} \int 1 - \cos(2\theta)\, d\theta \\
&= -4\theta + 2\,\text{sen}(2\theta).
\end{aligned}$$

Voltando às variáveis originais obtemos

$$\int \sqrt{8 - (x-2)^2}\, dx = -4\arccos(\frac{x-2}{\sqrt{8}}) + \frac{x-2}{2}\sqrt{8 - (x-2)^2}$$

Exemplo 6.4.2 *Calcular o valor da seguinte integral*

$$\int \sqrt{a^2 + x^2}\, dx$$

Solução. A função acima é do tipo raiz quadrada de somas de quadrados, portanto a substituição mais conveniente é fazer:
$$x = a\tan(\theta), \quad \Rightarrow \quad dx = a\sec^2(\theta)\,d\theta.$$
Substituindo estes valores na integral, temos
$$\int \sqrt{a^2+x^2}\,dx = a\int \sqrt{a^2(1+\tan^2(\theta))}\sec^2(\theta)\,d\theta$$
$$= \int \sqrt{a^2\sec^2(\theta)}\sec^2(\theta)\,d\theta$$
$$= a^2\int \sec^3(\theta)\,d\theta$$

Por outro lado
$$\int \sec^3(t)\,dt = \int \sec(t)\sec^2(t)\,dt$$
$$= \int \sec(t)\,d\{\tan\}$$
$$= \sec(t)\tan(t) - \int \tan^2(t)\sec(t)\,dt$$

logo,
$$\int \sec^3(t)\,dt = \sec(\theta)\tan(\theta) - \int (\sec^2(\theta)-1)\sec(\theta)\,dt$$
$$= \sec(\theta)\tan(\theta) - \int \sec^3(\theta)\,dt + \int \sec(\theta)\,dt.$$

Portanto
$$2\int \sec^3(t)\,dt = \sec(\theta)\tan(\theta) + \ln(\sec(\theta)+\tan(\theta))$$

Voltando às variáveis originais temos que $\sec(\theta) = \frac{1}{a}\sqrt{a^2+x^2}$
$$\int \sec^3(t)\,dt = \frac{x}{2a^2}\sqrt{a^2+x^2} - \frac{1}{2}\ln\left(\frac{x}{a}+\frac{1}{a}\sqrt{a^2+x^2}\right).$$

Portanto
$$\int \sqrt{a^2+x^2}\,dx = x\sqrt{a^2+x^2} - \frac{a^2}{2}\ln\left(\frac{x}{a}+\frac{1}{a}\sqrt{a^2+x^2}\right).$$

Por simplicidade podemos escrever

$$\boxed{\int \sqrt{a^2 + x^2}\, dx = \frac{x}{2}\sqrt{a^2+x^2} - \frac{a^2}{2}\ln\left(x+\sqrt{a^2+x^2}\right) + C}$$

Exemplo 6.4.3 *Calcular a integral de*

$$\int \sqrt{x^2 - a^2}\, dx$$

Solução. Novamente, a motivação para fazer a integral a uma identidade trigonométrica. A ideia é fazer

$$x = a\sec(\theta), \quad \Rightarrow \quad dx = a\sec(\theta)\tan(\theta)d\theta$$

Assim obtemos que

$$\begin{aligned}\int \sqrt{x^2-a^2}\, dx &= a\int \sqrt{a^2(\sec^2(\theta)-1)}\sec(\theta)\tan(\theta)d\theta \\ &= a^2 \int \tan^2(\theta)\sec(\theta)d\theta \\ &= a^2 \int \sec^3(\theta) - \sec(\theta)\, d\theta\end{aligned}$$

Repetindo os mesmos procedimentos que no exemplo anterior obtemos

$$\int \sec^3(\theta) = \frac{1}{2}\sec(\theta)\tan(\theta) + \frac{1}{2}\ln(\sec(\theta)+\tan(\theta))$$

$$\int \sec(\theta)\, d\theta = \ln(\sec(\theta)+\tan(\theta))$$

Portanto temos que

$$\boxed{\int \sqrt{x^2-a^2}\, dx = \frac{x}{2}\sqrt{x^2-a^2} - \frac{a^2}{2}\ln(x+\sqrt{x^2-a^2})}$$

Exemplo 6.4.4 *Calcular a primitiva da função* $f(x) = 1/\sqrt{a^2+x^2}$, *onde a é um número real não nulo*

Solução. Novamente, aqui devemos fazer uma substituição trigonométrica do tipo

$$x = a\tan(t) \quad \Rightarrow \quad dx = a\sec^2 dt$$

Portanto a primitiva pode ser reescrita como

$$\int \frac{dx}{\sqrt{a^2 + x^2}} = \int \frac{a\sec^2(t)dt}{\sqrt{a^2 + a^2\tan^2(x)}} = \int \sec(t)\, dt$$

Como

$$\int \sec(t)\, dt = \ln(\sec(t) + \tan(t)) + C$$

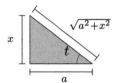

Encontramos que

$$\int \frac{dx}{\sqrt{a^2 + x^2}} = \ln(\sec(t) + \tan(t)) + C.$$

Voltando às variáveis originais, usando o triângulo retângulo ao lado, temos $\sec(t) = \sqrt{a^2 + x^2}/a$. Portanto

$$\boxed{\int \frac{dx}{\sqrt{a^2 + x^2}} = \ln(x + \sqrt{a^2 + x^2}) + C.}$$

Exemplo 6.4.5 *Calcular a primitiva da função $f(x) = x/\sqrt{a^2 + x^2}$, onde a é um número real não nulo*

Solução. Fazendo a substituição trigonométrica

$$x = a\tan(t) \quad \Rightarrow \quad dx = a\sec^2 dt$$

Temos que

$$\int \frac{xdx}{\sqrt{a^2 + x^2}} = \int \frac{a^2\tan(t)\sec^2(t)dt}{\sqrt{a^2 + a^2\tan^2(x)}} = a\int \sec(t)\tan(t)\, dt$$

Como

$$\int \sec(t)\tan(t)\, dt = \sec(t) + C$$

Capítulo VI. Técnicas de Integração 305

Encontramos que

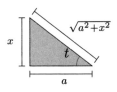

$$\int \frac{dx}{\sqrt{a^2+x^2}} = a\sec(t) + C.$$

Voltando às variáveis originais, usando o triângulo retângulo ao lado, temos $\sec(t) = \sqrt{a^2+x^2}/a$. Portanto

$$\int \frac{xdx}{\sqrt{a^2+x^2}} = \sqrt{a^2+x^2} + C.$$

Exercícios

1. Calcular as seguintes primitivas

   (a) $\int \frac{dx}{\sqrt{x^2-6}}$. **Resp:** $\ln(x + \sqrt{x^2-6})$.

   (b) $\int \frac{dx}{\sqrt{x^2+5x+6}}$. **Resp:** $\ln(\frac{5}{2} + x + \sqrt{x^2+5x+6})$.

   (c) $\int \frac{x+1 dx}{\sqrt{x^2+5x+6}}$. **Resp:** $\sqrt{x^2+5x+6} - \frac{3}{2}\ln(\frac{5}{2}+x+\sqrt{x^2+5x+6})$.

   (d) $\int \frac{x^2}{\sqrt{x^2+5x+6}}$. **Resp:**
   $\frac{1}{2}\sqrt{x^2+5x+6} - \frac{15}{4}\sqrt{x^2+5x+6} + \frac{51}{8}\ln(\frac{5}{2}+x+\sqrt{x^2+5x+6})$.

   (e) $\int x\sqrt{x^2+4x+1}$. **Resp:**
   $\frac{1}{3}(x^2+4x+1)^{3/2} - \frac{1}{2}(2x+4)\sqrt{x^2+4x+1} + 3\ln(x+2+\sqrt{x^2+4x+1})$.

2. Calcule as seguintes primitivas

   (a) $\int \frac{dx}{\sqrt{x^2+x}}$. **Resp:** $\ln(\frac{1}{2} + x + \sqrt{x^2+x})$.

   (b) $\int x^2\sqrt{x^2+x}$. **Resp:** $\frac{1}{3}(x^2+x)^{3/2} - \frac{1}{8}(2x+1)\sqrt{x^2+x} - \frac{1}{16}\ln(\frac{1}{2}+x+\sqrt{x^2+x})$.

   (c) $\int x^3\sqrt{x^2-1}$. **Resp:** $\frac{1}{5}x^2(x^2-1)^{3/2} + \frac{2}{15}(x^2-1)^{3/2}$.

   (d) $\int \frac{\sqrt{x^2-1}}{x}$. **Resp:** $\sqrt{x^2-1} + \arctan(\frac{1}{\sqrt{x^2-1}})$.

   (e) $\int \frac{\sqrt{x^2-1}}{x^2}$. **Resp:** $\frac{1}{x}(x^2-1)^{3/2} - x\sqrt{x^2-1} + \ln(x+\sqrt{x^2-1})$.

306 Cálculo Light

(f) $\int \frac{\sqrt{x^2-1}}{x^3}$. **Resp:** $\frac{(x^2-1)^{3/2}}{2x^2} - \frac{1}{2}\sqrt{x^2-1} - \frac{1}{2}\arctan(\frac{1}{\sqrt{x^2-1}})$.

3. Calcular as seguintes primitivas

   (a) $\int \cos^4(2x)dx$. **Resp:** $\frac{1}{8}\cos^3(2x)\operatorname{sen}(2x) + \frac{3}{16}\cos(2x)\operatorname{sen}(2x) + \frac{3}{8}x$.

   (b) $\int \frac{\cos(x)dx}{1+\operatorname{sen}(x)}$. **Resp:** $\ln(1+\operatorname{sen}(x))$.

   (c) $\int \frac{dx}{1-\operatorname{sen}(x)}$. **Resp:** $-2/(\tan(x/2)-1)$.

   (d) $\int \frac{dx}{1-3\operatorname{sen}(x)}$. **Resp:** $-1/\sqrt{3}\ln(\frac{3+\sqrt{3}(\tan(x/2)-2)}{3-\sqrt{3}(\tan(x/2)-2)})$.

   (e) $\int \frac{dx}{\cos(x)-\operatorname{sen}(x)}$. **Resp:** $-1/\sqrt{2}\ln(\frac{2+\sqrt{2}(\tan(x/2)+1)}{2-\sqrt{2}(\tan(x/2)+1)})$.

4. Calcular as seguintes primitivas

   (a) $\int \cos(x)/(\cos(x)-\operatorname{sen}(x))$. **Resp:** $-\frac{1}{2}\ln(\tan^2(x/2)-2\tan(x/2)-1) + \frac{1}{2}\ln(\tan^2(x/2)+1) + \arctan(\tan(x/2))$.

   (b) $\int \cos(x)/(\cos(x)+2\operatorname{sen}(x))$. **Resp:** $\frac{2}{5}\ln(\tan^2(x/2)-4\tan(x/2)-1) - \frac{2}{5}\ln(\tan^2(x/2)+1) + \frac{2}{5}\arctan(\tan(x/2))$.

   (c) $\int (\cos(x)-\operatorname{sen}(x))/(\cos(x)+\operatorname{sen}(x))$. **Resp:** $\ln(\cos(x)+\sin(x))$.

   (d) $\int (\cos(x)-\operatorname{sen}(x))/(\cos(x)+2\operatorname{sen}(x))$. **Resp:** $\frac{3}{5}\ln(\tan^2(x/2)-4\tan(x/2)-1) - \frac{3}{5}\ln(\tan^2(x/2)+1) + \frac{3}{5}\arctan(\tan(x/2))$.

5. Calcular as seguintes primitivas

   (a) $\int \cos^4(2x)dx$.
   Resp: $\frac{1}{8}\cos^3(2x)\operatorname{sen}(2x) + \frac{3}{16}\operatorname{sen}(2x)\cos(2x) + \frac{3}{8}x$.

   (b) $\int \operatorname{sen}^4(2x)dx$.
   Resp: $-\frac{1}{8}\operatorname{sen}^3(2x)\cos(2x) + \frac{3}{16}\cos(2x)\operatorname{sen}(2x) + \frac{1}{8}x$.

   (c) $\int \operatorname{sen}^2(x)\cos^2(x)$.
   Resp: $-\frac{1}{4}\cos^3(x)\operatorname{sen}(x) + \frac{1}{8}\cos(x)\operatorname{sen}(x) + \frac{3}{8}x$.

   (d) $\int \operatorname{sen}^3(x)\cos^2(x)$.
   Resp: $-\frac{1}{5}\cos^3(x)\operatorname{sen}^2(x) + \frac{2}{15}\cos^3(x)$.

   (e) $\int \operatorname{sen}^3(x)\cos^3(x)$.
   Resp: $-\frac{1}{6}\cos^4(x)\operatorname{sen}^2(x) + \frac{1}{12}\cos^4(x)$.

Capítulo VI. Técnicas de Integração   307

6. Calcular as seguintes primitivas

   (a) $\int \cos^6(x)dx$.

   Resp: $\frac{1}{6}\cos^5(x)\operatorname{sen}(x) + \frac{5}{24}\operatorname{sen}(x)\cos^3(x) + \frac{5}{16}\operatorname{sen}(x)\cos(x) + \frac{5}{16}x$.

   (b) $\int \operatorname{sen}^6(2x)dx$.

   Resp: $-\frac{1}{6}\operatorname{sen}^5(x)\cos(x) - \frac{5}{24}\operatorname{sen}^3(x)\cos(x) - \frac{5}{16}\operatorname{sen}(x)\cos(x) + \frac{5}{16}x$.

   (c) $\int \operatorname{sen}^5(x)\cos^2(x)$.

   Resp: $-\frac{1}{7}\cos^3(x)\operatorname{sen}^4(x) + \frac{4}{35}\cos^3(x)\operatorname{sen}^2(x) - \frac{8}{105}\cos^3(x)$.

   (d) $\int \operatorname{sen}^7(x)\cos^2(x)$. **Resp:**
   $-\frac{1}{9}\cos^3(x)\operatorname{sen}^6(x) + \frac{2}{21}\cos^3(x)\operatorname{sen}^4(x) - \frac{8}{105}\operatorname{sen}^2(x)\cos^3(x) - \frac{16}{315}\cos^2(x)$.

7. Calcular as primitivas das seguintes funções

   (a) $\int \cos^2(3x)dx$.

   Resp: $\frac{1}{12}\operatorname{sen}(6x) + \frac{1}{2}x$.

   (b) $\int \operatorname{sen}^3(5x)dx$.

   Resp: $-\frac{1}{15}\operatorname{sen}^2(5x)\cos(5x) + \frac{12}{15}\cos(5x)$.

   (c) $\int \operatorname{sen}^4(bx)$.

   Resp: $-\frac{1}{4b}\operatorname{sen}^3(bx)\cos(bx) - \frac{3}{16b}\operatorname{sen}(2bx) + \frac{3}{8}x$.

   (d) $\int \cos^5(bx)$. **Resp:**
   $\frac{1}{5b}\cos^4(bx)\operatorname{sen}(bx) + \frac{4}{15b}\cos^2(bx)\operatorname{sen}(bx) + \frac{8}{15}\operatorname{sen}(bx)$.

8. Calcular as seguintes integrais

   (a) $\int \tan^3(x)\sec^2(x)\,dx$.

   Resp: $\frac{1}{4}\tan^4(x)$

   (b) $\int \tan^2(x)\sec^3(x)\,dx$.

   Resp: $\frac{1}{4}\sec(x)\tan^3(x) + \frac{1}{8}\operatorname{sen}(x)\tan^2(x) + \frac{1}{8}\operatorname{sen}(x) - \frac{1}{8}\ln(\sec(x)+\tan(x))$

   (c) $\int \tan^2(x)\sec^2(x)\,dx$.

   Resp: $\frac{1}{3}\tan^3(x)$

   (d) $\int \tan^5(x)\,dx$.

   Resp: $\frac{1}{4}\tan^4(x) - \frac{1}{2}\tan^2(x) + \frac{1}{2}\ln(1+\tan^2(x))$.

308 Cálculo Light

(e) $\int \tan^7(x)\, dx$.
   Resp: $\frac{1}{6}\tan^6(x) - \frac{1}{4}\tan^4(x) + \frac{1}{2}\tan^2(x) - \frac{1}{2}\ln(1+\tan^2(x))$.

(f) $\int \sec^6(x)\, dx$.
   Resp: $\frac{1}{5}\operatorname{sen}(x)\sec^5(x) + \frac{4}{15}\operatorname{sen}(x)\sec^3(x) + \frac{8}{15}\tan(x)$.

(g) $\int \sec^8(x)\, dx$.
   Resp: $\frac{1}{7}\operatorname{sen}(x)\sec^7(x) + \frac{6}{35}\operatorname{sen}(x)\sec^5(x) + \frac{8}{35}\operatorname{sen}(x)\sec^3(x) + \frac{16}{35}\tan(x)$.

9. Calcular as seguintes integrais

$$\int \frac{\sqrt{2x}}{1+\sqrt{2x}}, \quad \int \frac{\sqrt[3]{x+1}}{1+\sqrt[3]{x+1}}, \quad \int \frac{\sqrt[4]{x+3}}{1+\sqrt[4]{x+3}}.$$

10. Calcular as seguintes integrais

$$\int \frac{\cos x}{1-\operatorname{sen}x}, \quad \int \frac{\tan x}{1+\tan x}, \quad \int \frac{\operatorname{sen}x}{2+\cos x}.$$

11. Calcular as integrais das seguintes funções

$$\int \cos^3(3x+1)\, dx, \quad \int 2x\cos^3(3x^2+1)\, dx, \quad \int \frac{1}{x}\operatorname{sen}^3(\ln(x))\, dx.$$

12. Calcular as primitivas das seguintes funções

$$\int \tan^3(3x-1)\, dx, \quad \int x\tan^3(4x^2+3)\, dx, \quad \int \frac{1}{x}\tan^4(\ln(x))\, dx.$$

13. Calcular as primitivas das seguintes funções

$$\int \sec^3(x+6)\, dx,$$

$$\int (x+1)\tan^3(x^2+2x+4)\, dx,$$

$$\int \frac{1}{x}\sec^4(\ln(x))\, dx.$$

Capítulo VI. Técnicas de Integração 309

14. Calcular as primitivas das seguintes funções

$$\int \cos^3(x+6)\,\text{sen}(x+6)\,dx,$$

$$\int (x+1)\cos^3(x^2+2x+4)\,\text{sen}(x^2+2x+4)\,dx,$$

$$\int \frac{1}{x}\cos^4(\ln(x))\,\text{sen}^2(\ln(x))\,dx.$$

15. Calcular as seguintes integrais

$$\int x(2x+1)^7\,dx,\quad \int \frac{x^2}{x-1},\quad \int \frac{x^2\,dx}{(x+1)^3},\quad \int \frac{x^2\,dx}{(x+2)^2}$$

Resp: a) $\frac{(2x+1)^9}{36} - \frac{(2x+1)^7}{32}$, b) $\frac{1}{2}(x-1)^2 + 2(x-1) + \ln(x-1)$. c) $\ln(x+1) + \frac{2}{x+1} - \frac{1}{2(x+1)}$ d) $x + 2 - \frac{4}{x+2} - 4\ln(x+2)$.

16. Calcular as seguintes integrais

$$\int \frac{\sqrt{x}}{1+\sqrt{x}},\quad \int \frac{\sqrt[3]{x}}{1+\sqrt[3]{x}},\quad \int \frac{\sqrt[4]{x}}{1+\sqrt[4]{x}}.$$

17. Calcular a integral $\int dx/(1+\sqrt{x})$. **Resp:** $-\ln(x-1) + 2\sqrt{x} - \ln((1+x)/(1-x))$.

18. Calcular as seguintes integrais com dois dígitos exatos.

$$\int_0^1 \cos(x^2)\,dx,\quad \int_0^1 \text{sen}(2x^2)\,dx,\quad \int_0^1 \sqrt{x^3+1}\,dx,$$

$$\int_0^1 \sqrt{\text{sen}(x)}\,dx.$$

Resp: a) .90, b) .49, c) 1.11, d) 0.64

19. Encontre o número de intervalos em que deve ser dividido o intervalo $[0,1]$ de tal forma que o método do trapézio aproxime as integrais

$$\int_0^1 \cos(x^2+1)\,dx,\quad \int_0^1 \text{sen}(x^2-x)\,dx,\quad \int_0^1 \sqrt{x^3}\,dx,$$

310 Cálculo Light

$$\int_0^1 \sqrt{\text{sen}(x+1)}\, dx.$$

com 5 dígitos exatos. **Resp:** a) 0.22763, b) −0.16547, c) 0.4, d) 0.13257

20. Calcular $\int (3x+1)^9 dx$. **Resp:** $1/30(3x+1)^{10}$

21. Calcular $\int xdx/(ax+b)$. **Resp:** $\frac{x}{a} - \frac{b}{a^2}\ln(ax+b)$

22. Calcular $\int xdx/(ax+b)^2$. **Resp:** $\frac{b}{a^2(ax+b)} + \frac{1}{a^2}\ln(ax+b)$

23. Calcular $x^2\sqrt{ax+b}$. **Resp:** $\frac{2(15a^2x^2-12abx+8b^2)}{105a^3}\sqrt{(ax+b)^3}$.

24. Suponha que $b > 0$. Calcular $\int dx/x\sqrt{ax+b}$.

    Resp: $\frac{1}{\sqrt{b}}\ln\left(\frac{\sqrt{ax+b}-\sqrt{b}}{\sqrt{ax+b}+\sqrt{b}}\right)$

25. Suponha que $b < 0$. Calcular $\int dx/x\sqrt{ax+b}$.

    Resp: $\frac{2}{\sqrt{-b}}\arctan\left(\sqrt{\frac{ax+b}{-b}}\right)$

26. Calcular as seguintes integrais

    (a) $\int \frac{xdx}{x^2-1}$. **Resp:** $\ln(x^2-1)$.

    (b) $\int \frac{xdx}{x^2+x-2}$. **Resp:** $\frac{2}{3}\ln(x+2) + \frac{1}{3}\ln(x-1)$.

    (c) $\int \frac{x-3}{x^2+x-2}dx$. **Resp:** $\frac{5}{3}\ln(x+2) - \frac{2}{3}\ln(x-1)$.

    (d) $\int \frac{x^2-3}{x^2+x-2}dx$. **Resp:** $x - \frac{1}{3}\ln(x+2) - \frac{2}{3}\ln(x-1)$.

    (e) $\int \frac{x^3-3}{x^2+2x-3}dx$. **Resp:** $\frac{x^2}{2} - 2x - \frac{15}{2}\ln(x+3) - \frac{1}{2}\ln(x-1)$.

    (f) $\int \frac{x^4-3x^2-1}{x^2+2x-3}dx$. **Resp:** $\frac{x^3}{3} - x^2 + 4x - \frac{53}{4}\ln(x+3) - \frac{3}{4}\ln(x-1)$.

    (g) $\int \frac{x^4-3x^2-1}{x^4-16}dx$.
    Resp: $x + \frac{3}{32}\ln(x-2) - \frac{3}{32}\ln(x+2) + \frac{27}{16}\arctan(x/2)$.

27. Calcular as seguintes integrais

    (a) $\int \frac{xdx}{x^4-1}$. **Resp:** $\frac{1}{4}\ln(x^2-1) - \ln(x^2+1)$.

    (b) $\int \frac{x^4 dx}{x^4-1}$. **Resp:** $x + \frac{1}{4}\ln(x-1) - \frac{1}{4}\ln(x+1) - \frac{1}{2}\arctan(x)$.

    (c) $\int \frac{x^5 dx}{x^4-1}$. **Resp:** $x^2 + \frac{1}{4}\ln(x-1) + \frac{1}{4}\ln(x+1) - \frac{1}{4}\ln(1+x^2)$.

Capítulo VI. Técnicas de Integração   311

(d) $\int \frac{x^6 dx}{x^4-1}$. **Resp:** $\frac{x^3}{3} + \frac{1}{4}\ln(x-1) - \frac{1}{4}\ln(x+1) + \frac{1}{2}\arctan(x)$.

28. Calcular as seguintes integrais

   (a) $\int \frac{x+1}{x^4-1}dx$. **Resp:** $\frac{1}{2}\ln(x-1) - \frac{1}{4}\ln(x^2+1) - \frac{1}{2}\arctan(x)$.

   (b) $\int \frac{x^2+x}{x^4-1}dx$. **Resp:** $\frac{1}{2}\ln(x-1) - \frac{1}{4}\ln(x^2+1) + \frac{1}{2}\arctan(x)$.

   (c) $\int \frac{dx}{x^6-1}$. **Resp:** $\frac{1}{6}\ln(x-1) - \frac{1}{12}\ln(x^2+x+1) - \frac{\sqrt{3}}{6}\arctan(\frac{\sqrt{3}}{3}(2x+1)) - \frac{1}{6}\ln(x+1) + \frac{1}{12}\ln(x^2-x+1) - \frac{\sqrt{3}}{6}\arctan(\frac{\sqrt{3}}{3}(2x-1))$.

29. Seja f uma função tal que $|f''(x)| < 1$ no intervalo $[0,1]$. Mostre que o valor da integral $\int_0^1 f(x)\,dx$ tem dois dígitos exatos pelo método dos trapézios quando $h = 1/3$.

30. Seja f uma função tal que $|f''(x)| < 1$ no intervalo $[0,4]$. Mostre que o valor da integral $\int_0^1 f(x)\,dx$ tem dois dígitos exatos pelo método dos trapézios quando $h = 1/6$.

31. Seja f uma função tal que $|f''(x)| < 1$ no intervalo $[0,a^2]$. Mostre que o valor da integral $\int_0^1 f(x)\,dx$ tem dois dígitos exatos pelo método dos trapézios quando $h = 1/3a$. Podemos concluir que quando maior seja o intervalo menor deve ser o valor de h.

32. Seja f uma função com duas derivadas contínuas em $\mathbb{R}$. Suponha que em todo intervalo $[a,b] \subset \mathbb{R}$ o erro que se comete ao aproximar a integral $\int_a^b f(x)\,dx$ pelo métodos dos trapézios é menor ou igual a 0.1, mostre que f deve ser um polinômio de grau menor ou igual a dois.

33. Mostre que para toda função convexa, se verifica

$$\int_a^b f(x)\,dx \geq S_n(f,[a,b])$$

34. Mostre que para toda função côncava, se verifica

$$\int_a^b f(x)\,dx \leq S_n(f,[a,b])$$

Resumo

Técnicas de integração

- **Simples substituição:** *Consiste em simplificar expressões da forma*

$$\int f(g(x))g'(x)\,dx$$

e fazer a substituição

$$u = g(x) \quad \Rightarrow \quad du = g'(x)dx$$

Para obter

$$\int f(g(x))g'(x)\,dx = \int f(u)\,du$$

Que é uma integral que possibilita o uso das fórmulas das integrais básicas.

- **Método de integração por partes:** *Consiste em aplicar a fórmula*

$$\int u\,dv = uv - \int v\,du$$

Este método é usado nas integrais da forma

$$\int x^n e^x\,dx, \quad \int x^n \cos(x)\,dx, \quad \int x^n \operatorname{sen}(x)\,dx, \quad \int \operatorname{sen}(x)e^x\,dx,$$

- **Decomposição é frações parciais:** *Consiste em simplificar frações na forma*

$$\boxed{\dfrac{1}{(x-a)(x-b)} = \dfrac{\alpha}{x-a} + \dfrac{\beta}{x-b}}$$

$$\boxed{\dfrac{1}{(x-a)(x^2+bx+c)} = \dfrac{\alpha}{x-a} + \dfrac{\beta}{x^2-bx+c}}$$

$$\boxed{\dfrac{1}{(x-a)(x-b)^2} = \dfrac{\alpha}{x-a} + \dfrac{\beta}{x-b} + \dfrac{\gamma}{(x-b)^2}}$$

- **Substituição trigonométrica:** *É usado quando aparecem termos quadráticos e raízes quadradas.*

$$\boxed{\int \dfrac{dx}{\sqrt{u^2+a^2}}\, du, \quad u = a\tan(\theta)}$$

$$\boxed{\int \dfrac{dx}{\sqrt{u^2-a^2}}\, du, \quad u = a\sec(\theta)}$$

$$\boxed{\int \dfrac{dx}{\sqrt{a^2-u^2}}\, du, \quad u = a\cos(\theta)}$$

Capítulo VII
Aplicações da Integral Definida

$$\Delta K = \int f(x)dx$$

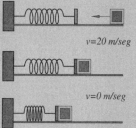

Capítulo VII. Aplicações da integral definida   317

7.1 Comprimento de arco

Nosso problema consiste em calcular o comprimento de uma curva definida pelo gráfico de uma função $y = f(x)$, $f : [a, b] \to \mathbb{R}$. Dentre as curvas que podemos calcular seu comprimento de forma simples estão os arcos de circunferências e os segmentos de reta, para as quais temos fórmulas conhecidas. Usando a integral definida encontraremos uma fórmula para o comprimento de arco da curva definida pelo gráfico da função $y = f(x)$. A ideia é aproximar o comprimento de arco usando segmentos de retas. O procedimento é semelhante aquele utilizado para calcular áreas de regiões planas. Isto é, partiremos o intervalo $[a, b]$ em n partes iguais. Em cada subintervalo, aproximamos a curva pelo segmento de reta que une os extremos da curva nesse intervalo.

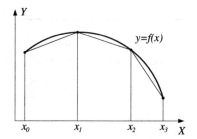 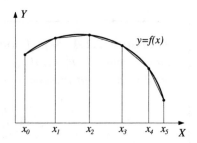

Dos gráficos acima concluímos que o comprimento de arco no intervalo $[x_i, x_{i+1}]$, é aproximado pelo segmento de reta que une os pontos $(x_i, f(x_i))$, $(x_{i+1}, f(x_{i+1}))$. Portanto, a distância entre estes pontos é dado por

$$d_i = \sqrt{(x_{i+1} - x_i)^2 + (f(x_{i+1}) - f(x_i))^2}$$

Denotando por S o comprimento de arco da função $y = f(x)$ no intervalo $[a, b]$, o valor aproximado de S no intervalo $[a, b]$ será igual a soma dos segmentos de retas sobre cada intervalo $[x_i, x_{i+1}]$, isto é

$$S \approx \sum_{i=0}^{n-1} \sqrt{(x_{i+1} - x_i)^2 + (f(x_{i+1}) - f(x_i))^2}$$

Do teorema do valor médio, existe um número $\chi_i \in]x_i, x_{i+1}[$, tal que

$$f(x_{i+1}) - f(x_i) = f(\chi_i)(x_{i+1} - x_i).$$

318 Cálculo Light

Substituindo esta expressão no somatório aproximado, e denotando por $\Delta x_i = x_{i+1} - x_i$. encontramos

$$S \approx \sum_{i=0}^{n-1} \sqrt{1 + f'(\chi_i)^2} \Delta x_i.$$

O somatório acima é uma soma de Riemann, portanto tomando limite quando $n \to \infty$ encontramos que

$$S = \int_a^b \sqrt{1 + f'(x)^2}\, dx.$$

Desta forma temos provado o seguinte teorema.

Teorema 7.1.1 *Seja f uma função contínua em $[a,b]$ e diferenciável sobre $]a,b[$. Então o comprimento de arco S da curva descrita por f no intervalo $[a,b]$ é dado por*

$$S = \int_a^b \sqrt{1 + f'(x)^2}\, dx.$$

Exemplo 7.1.1 Calcular o comprimento de arco da curva dada pela função $y = x^2$ no intervalo $[0,1]$.

Solução. Derivando y encontramos

$$\frac{dy}{dx} = 2x.$$

Denotemos por S o comprimento de arco. Pelo Teorema anterior sabemos que

$$S = \int_0^1 \sqrt{1 + (2x)^2}\, dx = \int_0^1 \sqrt{1 + 4x^2}\, dx.$$

Para calcular esta integral, fazemos uma substituição trigonométrica.

$$2x = \tan(\theta), \quad \Rightarrow \quad dx = \frac{1}{2}\sec^2(\theta)\, d\theta.$$

Note que quando x varia de 0 a 1, θ está variando de 0 até arctan(2). Substituindo, encontramos que

$$\int_0^1 \sqrt{1+(2x)^2}\,dx = \int_0^1 \sqrt{1+4x^2}\,dx = \frac{1}{2}\int_0^{\arctan(2)} \sec^3(\theta)\,d\theta.$$

Integrando por partes encontramos

$$\begin{aligned}
\int \sec^3(\theta)\,d\theta &= \int \sec(\theta)\sec^2(\theta)\,d\theta \\
&= \int \sec(\theta)\,d(\tan(\theta)) \\
&= \sec(\theta)\tan(\theta)| - \int (\theta)\sec(\theta)\,d\theta \\
&= \sec(\theta)\tan(\theta)| - \int (\sec^2(\theta)-1)\sec(\theta)\,d\theta \\
&= \sec(\theta)\tan(\theta)| - \int \sec^3(\theta) + \int \sec(\theta)\,d\theta.
\end{aligned}$$

De onde obtemos

$$2\int \sec^3(\theta)\,d\theta = \sec(\theta)\tan(\theta)| + \int \sec(\theta)\,d\theta.$$

Lembrando que

$$\int \sec(\theta) = \ln(\tan(\theta)+\sec(\theta)) + C.$$

Note que

$$\tan(\theta) = 2 \quad \Rightarrow \quad \sec(\theta) = \sqrt{5}.$$

Logo temos

$$\begin{aligned}
2\int_0^{\arctan(2)} \sec^3(\theta)\,d\theta &= \sec(\theta)\tan(\theta)|_0^{\arctan(2)} \\
&\quad + \ln(\tan(\theta)+\sec(\theta))|_0^{\arctan(2)} \\
&= 2\sqrt{5} + \ln(2+\sqrt{5}).
\end{aligned}$$

Portanto, $S = \sqrt{5} + \frac{1}{2}\ln(2+\sqrt{5})$.

320   Cálculo Light

Exemplo 7.1.2 *Calcular o comprimento da curva dada por $x^{2/3}+y^{2/3} = a^{2/3}$ no intervalo $[0,a]$.*

Solução. Usando diferenciação implícita encontramos

$$\frac{2}{3}x^{-1/3} + \frac{2}{3}y^{-1/3}y' = 0, \quad \Rightarrow \quad y' = -\frac{y^{1/3}}{x^{1/3}} = -\frac{\sqrt{a^{2/3} - x^{2/3}}}{x^{1/3}}$$

De onde temos que o comprimento de arco está dado por

$$S = \int_0^a \sqrt{1 + \frac{a^{2/3} - x^{2/3}}{x^{2/3}}}\, dx = \int_0^a \sqrt{\frac{a^{2/3}}{x^{2/3}}}\, dx$$

Assim

$$S = a^{1/3} \int_0^a \frac{dx}{x^{1/3}} = a^{1/3} x^{2/3} \big|_{x=0}^{x=a} = a$$

Portanto, $S = a$.

Exemplo 7.1.3 *Mostre que o comprimento de um semicírculo de raio R é πR.*

Solução. Lembremos que a equação do círculo com centro na origem e raio R é dado por

$$x^2 + y^2 = R^2$$

Usando diferenciação implícita encontramos

$$2x + 2yy' = 0, \quad \Rightarrow \quad y' = -\frac{x}{y} = -\frac{x}{\sqrt{R^2 - x^2}}$$

Usando a fórmula de comprimento de arco encontramos

$$S = \int_{-R}^{R} \sqrt{1 + \frac{x^2}{R^2 - x^2}}\, dx = \int_{-R}^{R} \sqrt{\frac{R^2}{R^2 - x^2}}\, dx = R \int_{-R}^{R} \frac{dx}{\sqrt{R^2 - x^2}}$$

Usando a substituição:

$$x = R\cos(\theta), \quad \Rightarrow \quad dx = -\operatorname{sen}(\theta)d\theta$$

Note que $x = -R$ quando $\theta = \pi$, $x = R$ quando $\theta = 0$, portanto,

$$S = R \int_{-R}^{R} \frac{dx}{\sqrt{R^2 - x^2}} = -R \int_{\pi}^{0} \frac{\operatorname{sen}(\theta)d\theta}{\operatorname{sen}(\theta)} = \pi R$$

Capítulo VII. Aplicações da integral definida 321

Exercícios

1. Calcular o comprimento de arco das seguintes curvas

    (a) $f(x) = x^2 - 2x + 1$ no intervalo $[0, 1]$.
    Resp: $\frac{1}{2}\sqrt{5} - \frac{1}{4}\ln(-2 + \sqrt{5})$

    (b) $f(x) = 3x^2 + x - 1$ no intervalo $[0, 1]$.
    Resp: $\frac{17}{6}\sqrt{2} - \frac{1}{12}\ln(-7 + 5\sqrt{2}) - \frac{1}{12}\ln(1 + \sqrt{2})$

    (c) $f(x) = x^2 + 5x$ no intervalo $[0, 1]$.
    Resp: $\frac{35}{4}\sqrt{2} - \frac{1}{4}\ln(-7 + 5\sqrt{2}) - \frac{5}{4}\sqrt{26} - \frac{1}{4}\ln(5 + \sqrt{26})$.

    (d) $f(x) = 5x^2 + x + 3$ no intervalo $[0, 1]$.
    Resp: $\frac{11}{20}\sqrt{122} - \frac{1}{20}\ln(-11 + \sqrt{122}) - \frac{1}{20}\sqrt{2} - \frac{1}{20}\ln(1 + \sqrt{2})$.

2. Usando a regra do trapézio, calcular o comprimento de arco das seguintes curvas

    (a) $f(x) = x^5 + 2x + 1$ no intervalo $[0, 1]$. **Resp:** 3.1839

    (b) $f(x) = 3x^4 + x - 1$ no intervalo $[0, 1]$. **Resp:** 4.2170

    (c) $f(x) = x^4 + 5x$ no intervalo $[0, 1]$. **Resp:** 6.0852.

    (d) $f(x) = x^5 + x + 3$ no intervalo $[0, 1]$. **Resp:** 2.2967.

3. Sejam F e G duas primitivas da função f. Mostre que o comprimento da curva dada por F e G no intervalo $[a, b]$ são iguais.

4. Mostre que o comprimento de um semicírculo de raio R é igual á πR.

5. Calcule o comprimento de arco da função $F(x) = \int_0^x \sqrt{x^2 + 2x}\, dx$ no intervalo $[0, 1]$.

6. Calcule o comprimento de arco da função $F(x) = \int_0^x \sqrt{x^4 + 2x^2}\, dx$ no intervalo $[-1, 1]$.

7.2 Cálculo de centros de massa

Nesta seção calcularemos o centro de massa de corpos homogêneos. Chamaremos de centro de massa ou centro de gravidade de um corpo ao ponto onde deve ser aplicada a força pontual igual ao peso do corpo, para que fique em equilíbrio. Calculemos o centro de massa de um retângulo.

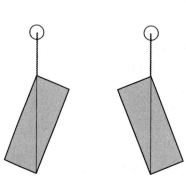

Considere uma placa de forma retangular homogênea. O ponto onde deve ser aplicada uma força igual ao peso para que deixe o corpo em equilíbrio, deve estar contido na reta vertical da figura. Portanto, o centro de massa do retângulo deve estar no ponto de interseção das diagonais do retângulo.

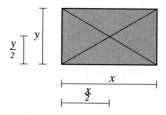

Assim o centro de massa do retângulo de lados x e y está no ponto $\left(\frac{x}{2}, \frac{y}{2}\right)$. De forma semelhante procedemos com outras figuras geométricas. Por exemplo, o centroide de um triângulo é dado pela interseção de suas três medianas.

Para calcular o centro de massa de corpos mais complexos, o que fazemos é decompor estes corpos em partes que sejam possíveis de reconhecer os centros de massa. O centro de massa do corpo será a média ponderada dos centros de massa de cada uma de suas componentes.

Exemplo 7.2.1 *Calcular o centro de massa da seguinte figura*

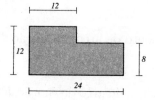

Solução. Para encontrar o centro de massa da figura acima, devemos

Capítulo VII. Aplicações da integral definida 323

decompo-la em componentes retangulares. Para sermos mais precisos devemos utilizar um sistema de eixos coordenados.

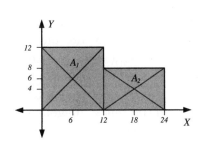

Da figura vemos que o centro de massa do primeiro retângulo A_1 no sistema de referência XY é dado por $(6,6)$ e do segundo retângulo A_2 é dado por $(18,4)$. Para calcular o centro de massa da figura resultande da união dos retângulos calculamos a média aritmética dos centros de massa, ponderada pelas áreas de cada uma das figuras. Denotando por $\bar{x}$ e $\bar{y}$ a abscissa e a ordenada do centro de massa respectivamente temos que

$$\bar{x} = \frac{\bar{x}_1 Area(A_1) + \bar{x}_2 Area(A_2)}{Area(A_1) + Area(A_2)}, \quad \bar{y} = \frac{\bar{y}_1 Area(A_1) + \bar{y}_2 Area(A_2)}{Area(A_1) + Area(A_2)}$$

Onde por $(\bar{x}_1, \bar{y}_1)$, $(\bar{x}_1, \bar{y}_1)$ estamos denotando o centro de massa do retângulo A_1 e A_2 respectivamente. Do gráfico concluímos

$$\bar{x}_1 = 6, \quad \bar{y}_1 = 6, \quad \bar{x}_2 = 18, \quad \bar{y}_2 = 4,$$

$$Area(A_1) = 120, \quad Area(A_2) = 96.$$

Substituindo os valores, encontramos

$$\bar{x} = \frac{(6)(120) + (18)(96)}{120 + 96} = \frac{34}{3}, \quad \bar{y} = \frac{(6)(120) + (4)(96)}{120 + 96} = \frac{46}{9}$$

Portanto, o centro de massa é dado por $(\frac{34}{3}, \frac{46}{9})$.

Exemplo 7.2.2 *Mostre que o centro de massa da região definida pela gráfico da função $y = f(x)$ e o eixo das abscissas no intervalo $[a, b]$ é dado pelo ponto $(\bar{x}, \bar{y})$, onde*

$$\bar{x} = \frac{\int_a^b x f(x)\, dx}{\int_a^b f(x)\, dx}, \quad \bar{y} = \frac{\frac{1}{2}\int_a^b f(x)^2\, dx}{\int_a^b f(x)\, dx}.$$

324 Cálculo Light

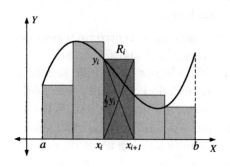

Solução. Decomporemos a região em retângulos. Os centroides de cada retângulo estão dadas pela interseção de suas diagonais, o centroide da figura resultante será a média ponderada, das áreas de cada retângulo. O centro de massa do i-ésimo retângulo R_i no sistema de referência XY é dado por $(\frac{1}{2}(x_i + x_{i+1}), \frac{1}{2}y_i)$ que é o ponto de interseção de suas diagonais. Para calcular o centro de massa da região formada pelos n retângulos tomamos a média ponderada dos centroides de todos os retângulos R_i. Denotando por $\bar{x}_n$ e $\bar{y}_n$ a abscissa e a ordenada do centro de massa da região formada pelos n retângulos encontramos que

$$\bar{x}_n = \frac{\sum_{i=0}^{n-1} \frac{1}{2}(x_i + x_{i+1})f(x_i)\Delta x_i}{\sum_{i=0}^{n-1} f(x_i)\Delta x_i}, \qquad \bar{y}_n = \frac{\sum_{i=0}^{n-1} \frac{1}{2}f(x_i)^2\Delta x_i}{\sum_{i=0}^{n-1} f(x_i)\Delta x_i}$$

Fazendo $n \to \infty$ encontramos que

$$\boxed{\bar{x} = \frac{\int_a^b xf(x)dx}{\int_a^b f(x)dx}, \qquad \bar{y} = \frac{\frac{1}{2}\int_a^b f(x)^2 dx}{\int_a^b f(x)dx}.}$$

Exemplo 7.2.3 *Calcular o centro de massa da região dentre a parábola $y = x^2$, e o eixo das abscissas no intervalo $[0, 1]$.*

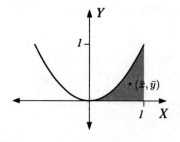

Aplicando as fórmulas encontramos que

$$\bar{x} = \frac{\int_a^b xf(x)dx}{\int_a^b f(x)dx}, \qquad \bar{y} = \frac{\frac{1}{2}\int_a^b f(x)^2 dx}{\int_a^b f(x)dx}.$$

Calculando as integrais

$$\int_0^1 xf(x)dx = \int_0^1 x^3 dx = \frac{1}{4}x^4\big|_{x=0}^{x=1} = \frac{1}{4}.$$

Capítulo VII. Aplicações da integral definida 325

Por outro lado,

$$\frac{1}{2}\int_0^1 f(x)^2 dx = \frac{1}{2}\int_0^1 x^4 dx = \frac{1}{10}x^5 \Big|_{x=0}^{x=1} = \frac{1}{10}.$$

Finalmente,

$$\int_0^1 f(x)dx = \int_0^1 x^2 dx = \frac{1}{3}x^3 \Big|_{x=0}^{x=1} = \frac{1}{3}.$$

Portanto,

$$\bar{x} = \frac{1/4}{1/3} = \frac{3}{4}, \qquad \bar{y} = \frac{1/10}{1/3} = \frac{3}{10}.$$

Exemplo 7.2.4 *Calcular o centro de massa de um semicírculo de raio R*

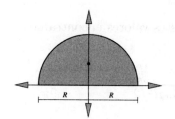

Solução. Por simplicidade assumiremos que o semicírculo esta centrado na origem e tem raio R. Isto é, tem como equação $y = \sqrt{R^2 - x^2}$. Pela simetria da figura concluímos que o centro de massa deve estar no eixo de ordenadas, isto é $\hat{x} = 0$. Temos apenas que calcular o valor da abscissa do centro de massa. Para isto, usamos a fórmula:

$$\bar{y} = \frac{\frac{1}{2}\int_a^b f(x)^2 dx}{\int_a^b f(x)dx}.$$

Substituindo valores e lembrando que a área do
semicírculo é $\pi R^2/2$ encontramos que

$$\bar{y} = \frac{\frac{1}{2}\int_{-R}^R R^2 - x^2 dx}{\pi R^2/2} \quad \Rightarrow \quad \bar{y} = \frac{4R}{3\pi}.$$

Exemplo 7.2.5 *Calcular o centro de massa da seguinte figura.*

326 Cálculo Light

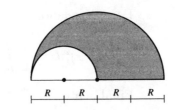

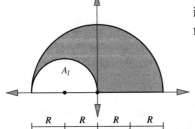

Denotemos por A o semicírculo maior, é simples verificar que o raio deste círculo é dado por $2R$. Seja A_1 o semicírculo menor. Sejam (x_0, y_0), (x_1, y_1) os centros de massa de A e A_1 respectivamente. A ideia é considerar a área de A_1 negativa nas fórmulas,

$$\bar{x} = \frac{x_0 \text{Área}(A) - x_1 \text{Área}(A_1)}{\text{Área}(A) - \text{Área}(A_1)},$$

$$\bar{y} = \frac{y_0 \text{Área}(A) - y_1 \text{Área}(A_1)}{\text{Área}(A) - \text{Área}(A_1)}.$$

Do exercício anterior, os centros de massa dos semicírculos são dados por

$$(x_0, y_0) = (0, \frac{8R}{3\pi}), \quad (x_1, y_1) = (-R, \frac{4R}{3\pi}).$$

Substituindo estes valores encontramos

$$\bar{x} = \frac{R(\pi R^2/2)}{2R^2\pi - R^2\pi/2} = \frac{R}{3}. \quad \bar{y} = \frac{\frac{8R}{3\pi}(2\pi R^2) - \frac{4R}{3\pi}(\pi R^2/2)}{3\pi R^2/2} = \frac{28R}{9\pi}.$$

Exemplo 7.2.6 *Calcular o centro de massa da seguinte figura.*

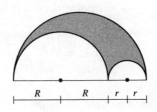

Capítulo VII. Aplicações da integral definida 327

Solução. Tomemos como origem o centro do semicírculo maior. Seja A o semicírculo maior de raio $R_0 = R + r$. Sejam A_1 e A_2 os semicírculos dados no gráfico e sejam (x_0, y_0), (x_1, y_1), (x_2, y_2) os centros de massa de A, A_1 e A_2 respectivamente.

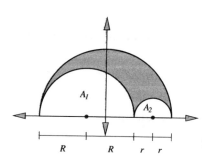

$$\bar{x} = \frac{x_0 \text{Área}(A) - x_1 \text{Área}(A_1) - x_2 \text{Área}(A_2)}{\text{Área}(A) - \text{Área}(A_1) - \text{Área}(A_2)}.$$

$$\bar{y} = \frac{y_0 \text{Área}(A) - y_1 \text{Área}(A_1) - y_2 \text{Área}(A_2)}{\text{Área}(A) - \text{Área}(A_1) - \text{Área}(A_2)}.$$

Do exercício, os centros de massa dos semicírculos são

$$(x_0, y_0) = (0, \frac{4(R+r)}{3\pi}), \quad (x_1, y_1) = (-r, \frac{4R}{3\pi}), \quad (x_2, y_2) = (R+r, \frac{4r}{3\pi}).$$

Substituindo estes valores encontramos

$$\bar{x} = \frac{r\pi R^2/2 - (R+r)\pi r^2/2}{(R+r)^2\pi/2 - R^2\pi/2 - r^2\pi/2} = \frac{R^2 - (R+r)r}{2R}.$$

$$\bar{y} = \frac{\frac{4(R+r)}{3\pi}(R+r)^2\pi/2 - \frac{4R}{3\pi}\pi R^2/2 - \frac{4r}{3\pi}\pi r^2/2}{(R+r)^2\pi/2 - R^2\pi/2 - r^2\pi/2} = \frac{4}{3}\frac{(R+r)^3 - R^3 - r^3}{2rR\pi}.$$

Portanto,

$$\bar{y} = 2\frac{R+r}{\pi}$$

Exercícios

1. Encontrar o centro de massa de um quadrilátero em termos de seus vértices. (Sugestão, divida o quadrilátero em dois triângulos.)

2. Encontre o centro de massa da região limitada pelas retas $x = 1$, $x = 2$, $y = 0$, e a curva $y = 3x^3 + 2x + 3$.
   Resp: $\bar{x} = \frac{1666}{1035}$, $\bar{y} = \frac{143438}{7245}$,

3. Encontre o centro de massa da região limitada pelas retas $x = 0$, $x = 3$, $y = 0$, e a curva $y = x^5 + 2x + 3$.
   Resp: $\bar{x} = \frac{535}{217}$, $\bar{y} = \frac{311422}{2387}$,

4. Encontre o centro de massa da região limitada pelas retas $x = 0$, $x = 5$, $y = 0$, e a curva $y = x^4 + 2x$.
   Resp: $\bar{x} = \frac{155}{54}$, $\bar{y} = \frac{1505}{32}$,

5. Encontre o centro de massa da região limitada pelas retas $x = 1$, $x = 2$, $y = 0$, e a curva $y = \frac{x}{x+1}$.
   Resp: $\bar{x} = \frac{3+4\ln(2)}{6-4\ln(2)}$, $\bar{y} = \frac{15-16\ln(2)}{12-8\ln(2)}$,

6. Encontre o centro de massa da região limitada pelas retas $x = 0$, $x = a$, $y = 0$, e a curva $y = e^x$. **Resp:** $\bar{x} = \frac{ae^a - e^a + 1}{e^a - 1}$, $\bar{y} = \frac{e^{2a}-1}{2(e^a-1)}$,

7. Encontre o centro de massa da região limitada pelas retas $x = 0$, $x = \pi$, $y = 0$, e a curva $y = \text{sen}(x)$.
   Resp: $\bar{x} = \frac{\pi}{2}$, $\bar{y} = \frac{\pi}{4}$,

8. Encontre o centro de massa da região limitada pelas retas $x = 0$, $x = \pi/a$, $y = 0$, e a curva $y = \text{sen}(ax)$. **Resp:** $\bar{x} = \frac{\pi}{2a}$, $\bar{y} = \frac{\pi}{4}$,

9. Encontre o centro de massa da região limitada pelas retas $x = 1$, $x = 2$, $y = 0$, e a curva $y = \ln(x)$. **Resp:** $\bar{x} = \frac{8\ln(2)-3}{8\ln(2)-4}$, $\bar{y} = \frac{2\ln^2(2)-4\ln(2)+2}{2\ln(2)-1}$,

10. Encontre os centros de massas das regiões sombreadas das seguintes figuras

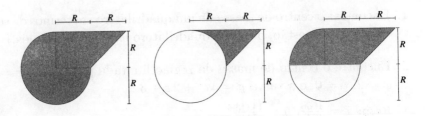

Capítulo VII. Aplicações da integral definida 329

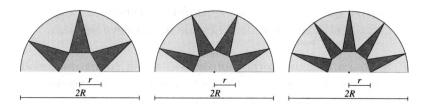

11. Considere a figura. Encontre o maior valor de d de tal forma que os blocos estejam equilibrados sobre a superfície

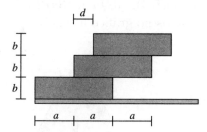

Resp: $d = a$.

12. Considere a figura. Encontre o maior valor de d de tal forma que os blocos estejam equilibrados sobre a superfície

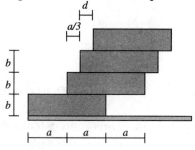

Resp: $d = a/3$.

13. Generalize o exercício anterior no caso de n blocos.

14. Mostre que o centro de massa de uma semielipse de equação $x^2/a^2 + y^2/b^2 = 1$ é dado por $(0, 4b/3\pi)$.

15. Mostre que o centro de massa de uma figura formada por regiões que possuem a mesma área é igual a média aritmética dos centros de massas de cada uma das figuras.

330 Cálculo Light

16. Mostre que se uma figura é simétrica respeito ao eixo das ordenadas, então abscissa do centro de massa deve ser nula.

17. Suponha que um corpo homogêneo esteja configurado sobre um conjunto do plano que é simétrico respeito ao eixo das abscissas e ao eixo das ordenadas, então o centro de massa deve estar na origem de coordenadas.

18. Calcular o centro de massa da região limitada pelas parábolas com vértices $(-a/2, 5a^2/4)$, $(0, 4a^2)$, $(3a/2, a^2/4)$, $a > 0$, que passam pelos pontos dados no gráfico a seguir.

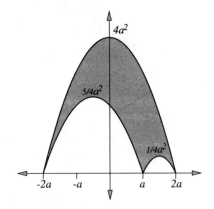

7.3 Cálculo de volume de sólidos

Uma outra aplicação de integrais é no cálculo de volumes. A ideia é a mesma que no cálculo de áreas de regiões planas. Isto é, aproximaremos o sólido pela união de sólidos pequenos cujos volumes são conhecidos, para depois aplicar o limite quando o número destes pequenos sólidos inseridos vai para o infinito.

Exemplo 7.3.1 *Encontre o volume de uma pirâmide reta de altura h e com base um losango de semieixos h e $h/2$.*

Solução.

Por comodidade, assumiremos que a altura se encontra sobre o eixo das abscissas e suas seções transversais estão crescendo sobre a reta $y = \frac{h}{L}x$. Subdividamos a pirâmide em paralelepípedos de altura igual a Δx e de semieixos $f(x_i)$ e $f(x_i)/2$. O volume de cada um destes paralelepípedos que denotaremos por V_i é igual a superfície da base pela altura, isto é

$$V_i = f(x_i)^2 \Delta x_i.$$

Lembremos que neste caso $f(x) = \frac{h}{L}x$, assim temos que a soma dos volumes dos paralelepípedos será igual a

$$\tilde{V} = \sum_{i=1}^{n-1} f(x_i)^2 \Delta x_i = \sum_{i=1}^{n-1} \frac{h^2}{L^2} x^2 \Delta x_i.$$

Fazendo $n \to \infty$ encontramos que o volume estará dado por

$$V = \int_0^L \frac{h^2}{L^2} x^2 dx = \frac{1}{3} h^2 L.$$

Exemplo 7.3.2 *Encontre o volume de um cone com base uma elipse de semieixos $a = 2$ e $b = 1$ e altura h.*

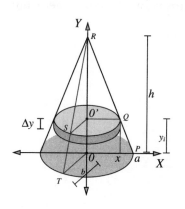

Solução. Dividamos o cone em cilindros de altura igual a Δy e de semieixos a_i e b_i. O volume de cada um destes cilindros que denotaremos por V_i é igual a superfície da base pela altura, isto é

$$V_i = \pi a_i b_i \Delta y_i.$$

Para determinar os valores dos semieixos a_i e b_i usamos semelhança entre os triângulos $0PR$ e $0'QR$.

332 Cálculo Light

Assim temos que

$$\frac{h}{a} = \frac{h - y_i}{a_i}, \quad \Rightarrow \quad a_i = \frac{a}{h}(h - y_i).$$

De forma análoga, fazendo semelhança entre os triângulos TOR e $S0'R$ encontramos

$$\frac{h}{b} = \frac{h - y_i}{b_i}, \quad \Rightarrow \quad b_i = \frac{b}{h}(h - y_i).$$

Assim a soma de todos os cilindros nos dá a área aproximada $\tilde{V}$

$$\tilde{V} = \sum_{i=1}^{n-1} \pi \frac{ab}{h^2}(h - y)^2 \Delta y_i = \frac{ab\pi}{h^2} \sum_{i=1}^{n-1}(h - y)^2 \Delta y_i.$$

Fazendo $n \to \infty$ encontramos que o volume estará dado por

$$V = \frac{ab\pi}{h^2} \int_0^h (h - y)^2 dy = \frac{1}{3} abh\pi.$$

Superfícies de Revolução

As superfícies de revolução são geradas pela rotação uma curva, chamada curva generatriz em torno a uma reta L chamada de eixo de revolução.

Por exemplo, quando a parábola $y = x^2$ gira sobre o eixo Y gera um paraboloide

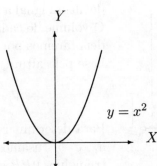

Capítulo VII. Aplicações da integral definida   333

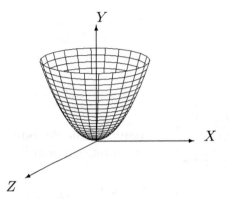

Ao longo do eixo de revolução a superfície se gera como uma função do raio. De forma análoga, quando uma curva $y = g(x)$ gira ao redor do eixo das abscissas temos

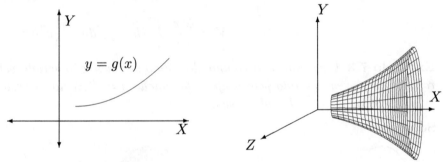

Exemplo 7.3.3 *Encontre o volume do sólido gerado pela revolução da reta $y = \frac{h}{a}(a - x)$ ao redor do eixo das ordenadas.*

Solução.

Quando giramos a reta ao redor do eixo das ordenadas a figura resultante é um cone de vértice no ponto $(0, h)$ e de base um círculo de raio igual a a, como mostra-se na figura. Subdividamos o cone em cilindros de base circular de raio r_i e de altura igual a Δx. O volume de cada um destes cilindros que denotaremos por V_i é igual a superfície da base pela altura, isto é

$$V_i = \pi r_i^2 \Delta y_i.$$

334 Cálculo Light

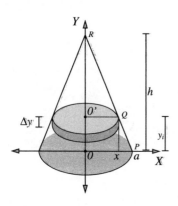

Para determinar o valor do raio r_i usamos semelhança entre os triângulos $0PR$ e $0'QR$. Assim temos que

$$\frac{h}{a} = \frac{h - y_i}{r_i}, \quad \Rightarrow \quad r_i = \frac{a}{h}(h - y_i).$$

Assim a soma de todos os cilindros nos dá a área aproximada $\tilde{V}$

$$\tilde{V} = \sum_{i=1}^{n-1} \pi \frac{a^2}{h^2}(h-y)^2 \Delta y_i = \frac{a^2 \pi}{h^2} \sum_{i=1}^{n-1}(h-y)^2 \Delta y_i.$$

Fazendo $n \to \infty$ encontramos que o volume estará dado por

$$V = \frac{a^2 \pi}{h^2} \int_0^h (h - y)^2 dy = \frac{1}{3} a^2 h \pi.$$

Exemplo 7.3.4 *Encontrar o volume do sólido de revolução gerado pela rotação da curva definido pelo gráfico da função $y = f(x)$ no intervalo $[a, b]$ ao redor do eixo das abscissas.*

Solução.

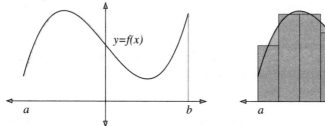
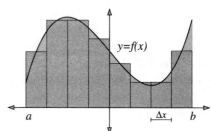

Quando cada retângulo gira ao redor do eixo das abscissas gera um cilindro de altura Δx e de raio $f(x_i)$, cujo volume é igual a

$$\Delta V_i = \pi f(x_i)^2 \Delta x_i$$

O volume aproximado será igual a soma de cada um dos cilindros.

$$V \approx \pi \sum_{i=0}^{n-1} f(x_i)^2 \Delta x_i$$

Fazendo $n \to \infty$ obtemos

$$V = \pi \int_a^b f(x)^2 dx$$

Exemplo 7.3.5 *Encontrar o volume do sólido de revolução gerado pela rotação da curva definido pelo gráfico da função $y = f(x)$ no intervalo $[0, a]$ ao redor do eixo das ordenadas.*

Solução. O problema é semelhante ao anterior. Considere o gráfico

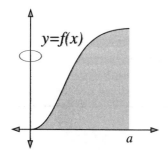 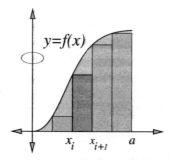

Cada um dos retângulos gira ao redor do eixo de ordenadas. O volume total será igual a soma dos volumes das figuras formadas por cada um dos retângulos. O volume que forma o i-ésimo retângulo é uma casca cilíndrica que é igual a diferença do volume do cilindro de raio x_{i+1} menos o volume do cilindro de raio x_i, isto é

$$dV_i = \pi(x_{i+1}^2 - x_i^2)f(x_i) = \pi \underbrace{(x_{i+1} - x_i)}_{:=\Delta x_i}(x_{i+1} + x_i)f(x_i)$$

Logo o volume aproximado será

$$V \approx \pi \sum_{i=0}^{n-1}(x_{i+1} + x_i)f(x_i)\Delta x_i$$

Tomando limite $n \to \infty$ encontramos

$$V = 2\pi \int_0^a x f(x) dx$$

Como consequência destes exercícios obtemos o teorema de Pappus-Guldin

---

Teorema 7.3.1 *O volume de um corpo de revolução é igual a área geratriz multiplicada pela distância percorrida pelo centroide da área $(\overline{x}, \overline{y})$ durante a geração do corpo. Isto é, se a rotação é ao redor do eixo das abscissas temos*

$$V = 2\pi \overline{y} A$$

Se a rotação é ao redor do eixo das ordenadas

$$V = 2\pi \overline{x} A$$

Demonstração. Suponhamos que a rotação é ao redor do eixo das abscissas. Do exercício 7.3.4 temos que

$$V = \pi \int_a^b f(x)^2 dx$$

Lembrando a definição de centro de massa, (página 324) temos que

$$\overline{x} = \frac{\int_a^b x f(x) dx}{\int_a^b f(x) dx}, \qquad \overline{y} = \frac{\frac{1}{2} \int_a^b f(x)^2 dx}{\int_a^b f(x) dx}.$$

encontramos o volume pode ser reescrito como

$$V = 2\pi \overline{y} \underbrace{\int_a^b f(x) dx}_{:=A}$$

A prova quando a rotação é ao redor do eixo das ordenadas se prova de forma análoga.

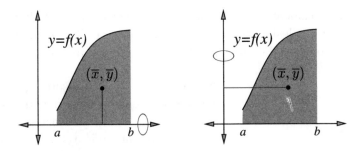

7.4 Energia e trabalho

Um dos princípios básicos da física nos diz que *a energia pode ser transformada ou transferida, mas nunca criada ou destruída*. Um exemplo simples é o efeito dominó: Após de ser impulsionada uma peça, esta empurra as outras que também adquerem movimento. Isto acontece porque a primeira peça adquiriu certa energia que transfere as demais. Portanto, a energia está associada a capacidade de produzir movimento. No dia a dia podemos apreciar a transformação da energia química armazenada no combustível em energia de movimento ou também energia cinética. Uma usina elétrica transforma energia mecânica da queda de água, em energia elétrica, que por sua vez poder ser transformada novamente em energia mecânica, luminosa ou térmica.

Energia mecânica

A energia mecânica é a soma da energia cinética e potencial. A energia cinética é aquela que se manifesta nos corpos em movimento e se calcula como $E_c = \frac{1}{2}mv^2$ onde m é a massa do corpo e v é a velocidade com que ela se movimenta. A energia potencial é a energia que se encontra armazenada num determinado sistema e que pode ser utilizada para realização de qualquer tarefa. Existem basicamente dois tipos de energia potencial: A elástica e a gravitacional.

Trabalho realizado por uma força constante

Definimos trabalho realizado por uma força constante F aplicada sobre um corpo, como o produto da componente da força F na direção de deslocamento pelo deslocamento. De acordo com o gráfico o trabalho realizado pela força F ao deslocar-se d unidades é dado por $W = F\cos(\theta)d$. Isto é, só a componente da força na direção do deslocamento realiza trabalho.

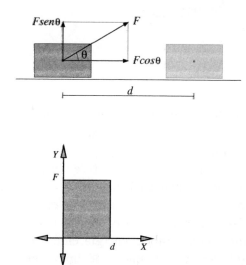

Se a força tem direção oposta ao deslocamento, então o trabalho é negativo. Forças ortogonais ao deslocamento não realizam trabalho. O trabalho de uma força constante é igual a área do retângulo de lados igual a magnitude da força e ao valor do deslocamento.

O gráfico ao lado corresponde a força F em termos do descolamento d. Do gráfico concluímos que o trabalho é igual a área do retângulo e que se não existe deslocamento então o trabalho é nulo. Utilizaremos esta ideia, para calcular posteriormente o trabalho que realiza um força variável.

Exemplo 7.4.1 *Calcular o trabalho que realiza um corpo de 2 Newton de peso, que cai de uma altura de 100 mts*

Solução. Neste caso, a força que atua sobre o corpo é seu próprio peso. Portanto, o trabalho que realiza este corpo é dado pelo produto do peso pelo deslocamento. No caso $W = 200$.

Exemplo 7.4.2 *Calcule o trabalho realizado pelo peso de um corpo quando desliza k metros sobre um plano inclinado sem atrito com 30^0 de elevação. Considere a massa do corpo igual a m e a gravidade igual a g.*

Solução.

Capítulo VII. Aplicações da integral definida 339

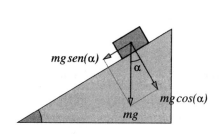

Da definição, somente realiza trabalho a componente da força paralela ao deslocamento. No gráfico $\alpha = 30^0$. Como não existem forças de atrito então a única força que realiza trabalho é a componente paralela ao deslocamento. Portanto, o trabalho está dado por

$$W = mg\cos(30)k.$$

Trabalho realizado por uma força variável

Seja F uma força que varia com a posição, $F = F(x)$. Suponhamos que a força se deslocou de $x = a$ para $x = b$. Dividamos o deslocamento total da força F em um número de subintervalos iguais de comprimento igual a Δx. O trabalho total será igual a soma dos trabalhos realizados pela força F sobre cada subintervalo. Para Δx pequeno o valor de força F será praticamente constante sobre cada subintervalo, isto é $F = F(x_i)$. Portanto, sobre cada subintervalo teremos que se realiza um trabalho igual a ΔW.

Usando a fórmula de trabalho para forças constantes obtemos $\Delta W_i = F(x_i)\Delta x_i$. Desta forma o trabalho total estará dado por

$$W_{ap} = \sum_{i=0}^{n-1} F(x_i)\Delta x_i.$$

Onde $x_0 = a$, $x_n = b$. Fazendo $\Delta x_i \to 0$ encontramos que o trabalho total que realiza a força variável F ao deslocar-se do ponto $x = a$ para $x = b$ é dado por

$$W = \int_a^b F(x)\,dx.$$

Exemplo 7.4.3 *Encontre o trabalho realizado pela força $F(x) = 3x^2 + 1$*

para deslocar-se do ponto $x = 0$ ao ponto $x = a$

Solução. Do desenvolvido linhas acima, o trabalho estará dado pela integral de F no intervalo $[0, a]$. Isto é,

$$W = \int_0^a F(x)\, dx = \int_0^a 3x^2 + 1\, dx = x^3 + x\Big|_{x=0}^{x=a} = a^3 + a.$$

Exemplo 7.4.4 *Encontre o trabalho realizado por uma força que cresce exponencialmente $F(x) = 3e^x$ para deslocar-se do ponto $x = 0$ ao ponto $x = 1$*

Solução. Assim como no exemplo anterior, o trabalho estará dado pela integral de F no intervalo $[0, 1]$. Isto é,

$$W = \int_0^1 F(x)\, dx = \int_0^1 3e^x\, dx = e^x\Big|_{x=0}^{x=1} = e - 1.$$

Lei de Hooke

Um dos principais exemplos de forças variáveis é dado pelas forças restauradora de corpos elásticos. Por exemplo uma mola. Quando a esticamos uma mola, a medida que a deformação aumenta, aumenta também a força restauradora. A forma em que se dá este aumento é estabelecido pela Lei de Hooke.

> **Lei de Hooke.**-*Para pequenas deformações de um material elástico a força elástica produzida pelo material é diretamente proporcional a sua a deformação.*

Portanto, a força F produzida por uma deformação ΔL de um material elástico é dada por

$$F = k\Delta L$$

Onde k é uma constante que depende do material. Na figura a) temos a posição de equilíbrio da mola, com deformação $x = 0$, portanto a força restauradora é nula.

Capítulo VII. Aplicações da integral definida 341

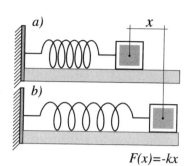

F(x)=-kx

Na Figura b), a mola está deformada x unidades de sua posição inicial. De acordo com a lei de Hooke, temos que a força restauradora F, é uma função de x (a deformação) e satisfaz $F(x) = kx$. Para determinar o trabalho que realiza esta força será necessário fazer uma integração, isto é denotando por W o trabalho realizado pela mola temos que

$$W = \int_0^x F(s)\,ds = \int_0^x ks\,ds = \frac{1}{2}kx^2.$$

Isto é, o trabalho da mola é proporcional ao quadrado da deformação. O conceito de trabalho é importante por suas aplicações sobre todo no teorema conhecido como Teorema do Trabalho - Energia.

Teorema 7.4.1 *O trabalho que realizado pela força resultante que atua sobre uma partícula é igual a variação da energia cinética da partícula.*

Demonstração. A demonstração é simples. Por um lado, o trabalho realizado por uma força F é dada por

$$W = \int_a^b F(x)\,dx.$$

Por outro lado, pela segunda Lei de Newton temos que a força resultante sobre um corpo igual ao produto da massa do corpo multiplicado por sua aceleração $F = ma$. Usando a regra da cadeia

$$a = \frac{dv}{dt} = \frac{dv}{dx}\frac{dx}{dt} = v\frac{dv}{dx}.$$

Substituindo os valores no trabalho temos

$$W = \int_a^b F(x)\,dx = \int_a^b ma\,dx = m\int_a^b v\frac{dv}{dx}\,dx = m\int_a^b v\,dv,$$

342 Cálculo Light

Integrando
$$W = \frac{1}{2}mv^2(b) - \frac{1}{2}mv^2(a).$$
De onde segue o resultado.

Exemplo 7.4.5 *Calcular o trabalho produzido por uma mola de coeficiente $k = 0.2$, quando ela se deforma 5 unidades de sua posição de repouso.*

Solução. Pela Lei de Hooke sabemos a força restauradora da mola é dada por $F(x) = -0.2x$. Onde por x estamos denotando a deformação que sofre a mola contada desde a posição de repouso. Portanto, o trabalho que realiza esta força é dada pela integral

$$\int_0^5 -kx\, dx = -\frac{k}{2}x^2 \Big|_{x=0}^{x=5} = -2.5.$$

Note que o trabalho que realiza uma mola é sempre negativo, pois a força de restauração é sempre na direção oposta ao deslocamento.

Exemplo 7.4.6 *Calcular a deformação produzida numa mola pelo impacto de um bloco de peso 1 N, que se movimenta à velocidade constante de 20 m/seg antes do impacto. Suponha que a constante elástica da mola $k = 25$. Considere desprezíveis as forças de atrito.*

Solução.

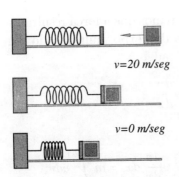

Aplicaremos neste caso, o Teorema de trabalho - energia, que estabelece que o trabalho que realiza a Força resultante deve ser igual a variação da energia cinética. Consideraremos a variação da energia cinética no momento em que o bloco faz contato com a mola a 20 m/seg até o momento em que o bloco fica com velocidade nula. Neste caso, a única força a considerar é a força restauradora da mola que quando se desplaca x unidades produz um trabalho igual a $kx^2/2$. Por outro lado, como o bloco no momento de contato está a 20m/seg e no momento em que a mola atinge sua máxima deformação está com velocidade nula, então o incremento da energia mecânica ΔK é dada por $\Delta K = \frac{1}{2}m20^2$.

$$W = \Delta K \quad \Rightarrow \quad \frac{1}{2}25x^2 = \frac{1}{2}\left(\frac{1}{9.8}\right)v^2 \quad \Rightarrow \quad x = \sqrt{\left(\frac{1}{245}\right)}20 = 2.78m.$$

Exemplo 7.4.7 *Calcular o trabalho requerido para deformar uma mola em 6 cm de sua posição de repouso, se quando aplicada um peso de 6 kg a mola se deforma 7cm.*

Solução. Assumindo válida a Lei de Hooke, $F = -kx$, então a condição é que $F(7) = 6$, portanto temos que $-7k = 6$, logo $k = -6/7$. Para encontrar o trabalho necessário para deformar a mola em 5 cm calculamos a integral

$$\int_0^5 -kx\, dx = -\frac{k}{2}x^2\Big|_{x=0}^{x=5} = -\frac{75}{7}.$$

Exercícios

1. Encontre a constante elástica de uma mola se quando aplicada um peso de 5Kg, ela se deforma 2 cm.

2. Calcular o trabalho que realiza a força $f(x)$ nos seguintes casos.

    (a) $f(x) = x^2 - 2x + 1$ quando ela é deformada de $x = 1$ a $x = 2$.
    Resp: $1/3$.

    (b) $f(x) = x^3 - x + 4$ quando ela é deformada de $x = 2$ a $x = 3$.
    Resp: $71/4$

    (c) $f(x) = x\cos(x)$ quando ela é deformada de $x = 0$ a $x = 1$.
    Resp: $\cos(1) + \text{sen}(1) - 1$

    (d) $f(x) = x^2 e^x$ quando ela é deformada de $x = 0$ a $x = 2$.
    Resp: $2e^2 - 1$.

3. Calcular a deformação produzida numa mola pelo impacto de um bloco de peso 2 N, que se movimentava a velocidade constante de 10 m/seg antes do impacto. Suponha que a constante elástica da mola $k = 3$. Considere desprezíveis as forças de atrito.

4. A que velocidade deve deslocar-se um bloco de peso 1 N, para que deforme em 0.5 m uma mola com coeficiente $k = 20$.

5. Um corpo se desloca horizontalmente sobre o eixo das abscissas, e sobre ele é aplicada uma força f variável com o deslocamento na seguinte forma $f(x) = ax + b$. Calcule o trabalho que realiza esta força para deslocar-se do ponto $x = 0$ até o ponto $x = a$.

6. Encontre a constante elástica de uma mola se a deformação produzida pelo impacto de um bloco de peso 3 N, que se movimenta à velocidade constante de 20 m/seg, causa uma deformação de 0.5m.

7. Qual deve ser o valor da constante elástica de uma mola, para que um bloco de massa 0.5 Kg que se desloca a uma velocidade de v m/seg, deforma a mola em $0.5cm$.

8. Encontre a velocidade com que um móvel se estava movimentando, se no impacto com uma mola de coeficiente elástico $k = .14$ comprimiu a mola em 90 cm.

9. Calcular o trabalho que realiza o peso de um bloco para deslocar-se a metros sobre um plano inclinado de ângulo de inclinação igual a θ. Considere o atrito nulo.

10. Encontre os centros de massa da região limitada pelas curvas $y = x^2$ e $y = 5 - x^4$.

11. Mostre que o centro de massa de um paralelogramo é dado pela interseção de suas diagonais.

12. Mostre que se uma região é simétrica respeito ao eixo das abscissas, então a ordenada do centro de massa é nula.

13. Mostre que se uma região é simétrica respeito ao eixo das ordenadas, então a abscissa do centro de massa é nula.

14. Encontre o centro de massa de um setor circular de ângulo α e raio R.

15. Encontre o centro de massa do primeiro quadrante de uma elipse de semieixos a e b.

Capítulo VII. Aplicações da integral definida 345

16. Calcular o comprimento de arco da parábola $y = 4x^2$ no intervalo $[0, a]$.

17. Calcular o comprimento de arco das seguintes curvas:

    - $x^{2/3} + y^{2/3} = a^{2/3}$ entre os pontos $x = 0$ e $x = a$, onde a é um número positivo
      Resp: $3a/2$
    - $x(t) = 3\text{sen}(t); \; y(t) = 3\cos(t)$ no intervalo $t \in [0, \pi/2]$.
      Resp: 1.5π
    - Mostre que o comprimento de arco da circunferência de raio r é $2\pi r$.
    - $x(t) = (r_0 + r)\cos(t) - r\cos\left(\frac{r_0+r}{r}t\right)$, $y(t) = (r_0 + r)\text{sen}(t) - r\text{sen}\left(\frac{r_0+r}{r}t\right)$,

18. Suponha que um círculo de raio a, com centro originalmente no ponto $(0, a)$, portanto tangente ao eixo X na origem. Suponha que o círculo começa a rodar na direção positiva das abscissas. Encontre as equações paramétricas da curva seguida pelo ponto P da circunferência que originalmente estava no ponto $(0, 0)$.

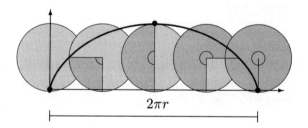

    Resp: $x = a(t - \text{sen}(t)), \; y = a(1 + \cos(t))$ *Esta curva é chamada de cicloide.*

19. Suponha que um círculo de raio a começa a rodar sobre um plano inclinado de $30°$ com relação a horizontal, na direção positiva das abscissas. Encontre as equações paramétricas da curva seguida por um ponto P da circunferência que originalmente estava no ponto $(0, 0)$.

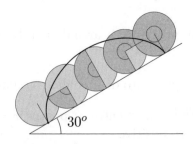

Resp: $x = a(t - \text{sen}(t))\sqrt{3}/2 + a(1 + \cos(t))/2$, $y = -a(t - \text{sen}(t))/2 + a(1 + \cos(t))\sqrt{3}/2$.

20. Calcular a deformação produzida numa mola pelo impacto de um bloco de peso 1 N, que se movimentava a velocidade constante de 40 m/seg antes do impacto. Suponha que a constante elástica da mola $k = 25$. Considere desprezíveis as forças de atrito.

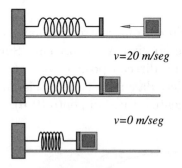

21. Calcular o trabalho que realiza uma força que varia em termos da deformação x seguindo a relação $F(x) = kx^2$ quando deslocada 10 cm. Suponha que $F(2) = 3$.

22. Um tanque na forma de um cubo de arista $a = 4$ está cheio de água. Encontre a força resultante decorrente da pressão sobre a parede frontal do tanque.

23. Um tanque na forma de um paralelepípedo de arista a, b,c, está cheio de água. Encontre a força resultante decorrente da pressão sobre o fundo do tanque.

24. Calcular o volume do sólido gerado pela revolução da reta $y = x^2$ ao redor do eixo das abscissas e das ordenadas.

Capítulo VII. Aplicações da integral definida 347

25. Mostre que o volume de uma esfera de raio R é igual a $\frac{4}{3}\pi R^3$

26. Mostre o volume de um cone reto com área de base igual a A e altura igual a h é $V = \frac{1}{3}Ah$.

27. Seja $y = f(x)$ uma função contínua. Mostre que o volume do sólido de revolução gerado pela função f no intervalo $[a, b]$ quando gira ao redor do eixo das abscissas é igual a $V = \pi \int_a^b f(x)^2 \, dx$.

28. Use o Teorema de Pappus-Guldin para encontrar o centroide de um semicírculo de raio r se o volume da esfera é $4\pi r^3/3$

29. Encontre o volume do sólido de revolução gerado pelo triângulo de vértices $(0,0)$, $(3,3)$, $(6,0)$, quando gira ao redor do eixo das ordenadas. **Resp:** 54π.

30. Encontre o volume do sólido de revolução gerado pelo triângulo de vértices $(0,0)$, $(3,3)$, $(6,0)$, quando gira ao redor do eixo das abscissas. **Resp:** 18π.

31. Encontre o volume do sólido de revolução gerado pelo triângulo de vértices $(0,0)$, $(a, 3a)$, $(2a, 0)$, quando gira ao redor do eixo das abscissas. **Resp:** $12a^3\pi$.

Resumo

Aplicação da integral definida

- **Comprimento de arco:** *Dada um função f diferenciável no intervalo $[a,b]$. O comprimento do arco definido pelo gráfico da função $y = f(x)$ no intervalo $[a,b]$ é dado por*

$$s = \int_a^b \sqrt{1 + f'(x)^2}\, dx$$

- **Centro de massa**

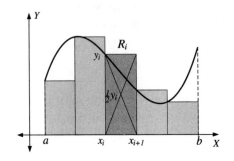

$$\bar{x} = \frac{\int_a^b x f(x) dx}{\int_a^b f(x) dx},$$

$$\bar{y} = \frac{\frac{1}{2} \int_a^b f(x)^2 dx}{\int_a^b f(x) dx}.$$

- **Volumes de sólidos de revolução**

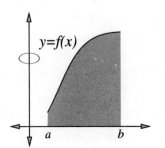

$$V = 2\pi \int_0^a x f(x) dx$$

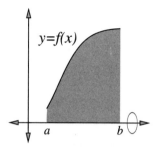

$$V = \pi \int_0^a f(x)^2 dx$$

- **Teorema de Pappus - Guldin:** *(Teorema 7.3.1, página 336) O volume de um corpo de revolução é igual a área geratriz multiplicada pela distância percorrida pelo centroide da área $(\overline{x}, \overline{y})$ durante a geração do corpo.*

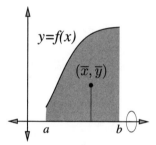

$$V = 2\pi \overline{y} A$$

Se a rotação é ao redor do eixo das ordenadas

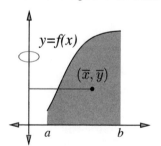

$$V = 2\pi \overline{x} A$$

- **Trabalho - Energia:**

> **Lei de Hooke.**-*Para pequenas deformações de um objeto o deslocamento ou o tamanho da deformação é diretamente proporcional à força.*

O trabalho realizado por uma força F é dada por

$$W = \int_a^b F(x)\,dx.$$

O trabalho que realizado pela força resultante que atua sobre uma partícula é igual a variação da energia cinética da partícula

$$W = \frac{1}{2}mv^2(b) - \frac{1}{2}mv^2(a).$$

Índice

Área
    como limite, 235
    exata, 234
Área da inversa, 234
Ínfimo, 49

Aceleração instantânea, 192
Antiderivada, 249
aproximação, III
Aritmética
    das derivadas, 98, 133, 213
    das funções contínuas, 67
    dos limites, 14
Assíntota
    Horizontal Definição, 40
    oblíqua, 44, 46, 56, 84
    Vertical Definição, 40
Assíntota horizontal, 40
Assíntota vertical, 40

Cálculo
    Problemas do, VII
    Regra de Ouro, 227
    Regra de ouro, 91
Círculo trigonométrico, 19
Cadeia
    Regra da, 116, 118, 121
Casca cilíndrica, 335
Cauchy
    Teorema do Valor Médio, 178

Centro de Gravidade, 322
Centro de Massa, 322, 323
Cicloide, 345
Cinemática, 96
Concavidade, 185
Confronto
    Teorema de, 16
Conjuntamente Proporcional, 81
Convexa
    Função, 215
    Função Estritamente, 215
Convexidade, 185
Curva generatriz, 332

Derivada
    Aplicação, 95
    da função exponencial, 109
    de funções trigonométricas, 111
    do Logaritmo, 110
    Valor absoluto, 104
Derivada da função inversa, 124
Derivada de um produto, 99
Derivada de um quociente, 102
Descontinuidade
    da função sinal de x, 69
Diagonal
    Eixo de simetría, 125
Diferenciação, 94

Diferenciação implícita, 121, 122, 125
Diferenciabilidade e Continuidade, 105
Distância de um ponto a uma reta, 172

Eixo de revolução, 332
Elástica
    Energia, 337
Energia
    luminosa, 337
    térmica, 337
Energia
    cinética, 337, 341, 350
    e trabalho, 337
    elástica, 337
    elétrica, 337
    gravitacional, 337
    mecânica, 337, 343
    Potencial, 337
    potencial elástica, 337
    potencial gravitacional, 337
    química, 337
Extremos locais, 157

Fórmula
    Movimento acelerado, 193
    Segunda derivada de um produto, 184
Fórmulas
    Cinemática, 141
Fórmulas de Leibniz, 89
Fermat
    Principio, 170
Força exponencial, 340
força variável, 339
forma indetermidada, 180

Fração imprópria, 281
Função
    Área da inversa, 234
    Antiderivada, 249
    assíntotas, 44
    assíntotas de uma, 40
    Coerciva, 49
    Convexa, 215
    Derivável, 94
    Descontínua, 69
    Diferenciável, 94
    Estritamente convexa, 215
    exponencial, 109
    Gráfico de Diferenciável, 104
    Heaviside, 69
    Interpretação Geométrica da função inversa, 125
    Limites, 4
    Média de, 246
    Modular, 104
    Monótona, 148
    Monótona decrescente, 148
    Monótona crescente, 148
    não diferenciável, 105
    primitiva, 273
    Primitiva de uma, 249
    produto, 99
    quociente, 102
    Simetria da Inversa, 125
    sinal de x, 69
    trigonométrica, 109, 252
    Valor absoluto, 104
Função inversa
    Derivada da, 124
    Gráfico, 124
    integral definida, 234
    notação, 125

Índice 353

Simetria, 125
Funções
  trigonométricas, 111

Generatriz
  Curva, 332
Georg Friedrich Bernhard Riemann, 227
Global
  Máximo e Mínimo, 223
Gottfried W. Von Leibniz, 89
Gráfico
  de função Diferenciável, 104
gramática, III
Gravitacional
  Energia, 337
Guldin, 336
  Pappus-Guldin, 336
  Teorema de Pappus-Guldin, 336

Hooke
  Lei de, 340
Horizontal
  assíntota, 39, 40
Hospital
  regra, 178

Identidade de mudança de variáveis, 253
Identidades trigonométricas, 301
Implícita
  Diferenciação, 121, 122, 125
  Regra de Diferenciação, 121
imprópria
  Integral, 261
Inclinação, IV, 92
  reta secante, 92

indeterminado, valor, 3
Inferior
  Limite, 49
infinitesimal, III
Inflexão, ponto, 209
Integração
  Decomposição por frações parciais, 293
  por partes, 286
  Substituições trigonométricas, 300
  Técnicas de, 271
Integral
  Definição da, 234
  Convergente, 261
  da função inversa, 234
  de Riemann, 225
  definida, 239
  Divergente, 261
  imprópria, 261
  indefinida, 273
  Própria, 261
Inversa
  Derivada da Função, 124

Lei de Hooke, 340
Lei de Snell, 170
Leibniz
  Fórmulas de, 89
  Gottfried W. Von, 89
Limite, 4
  inferior, 49
  Lateral, 30
  pela direita, 31
  pela esquerda, 31
  superior, 49
Limites Laterais, 105
Local

Extremo, 157
Máximo e Mínimo, 156, 223
logaritmo
    natural, 27

Máximos e Mínimos globais, 223
Máximos e Mínimos locais, 156, 223
Máximos Relativo, 155
Média Aritmética, 323
Média de uma função, 246
Mínimo Relativo, 155
Massa
    centro de , 322
Movimento acelerado, 193

Número de Neper, 26
Número transcendente, 27
Natural
    logaritmo, 27
Neper
    Número de, 26
Norma de uma partição, 236
Novas hipóteses físicas, 89

Oblíqua
    assíntota, 46, 56, 84

Pappus-Guldin, 336, 349
Partição, 235
    Norma de uma, 236
Pascal, 89
Pirâmide, 165, 171
    Volume, 166
Polinômio
    com coeficientes reacionais, 27
Polinômio de Taylor, 224
Ponto de Inflexão, 209

Ponto de máximo local, 156
Pontos de mínimo local, 156
Potencial elástica
    Energia, 337
Potencial gravitacional
    Energia, 337
Própria
    Integral, 261
Primitiva de uma função, 249, 273
Problemas do Cálculo, VII
Produto
    derivada de, 99
Propriedades
    Integral definida, 239

Quociente
    Derivada, 102

Raiz, 27
raiz, 216
    Multiplicidade n, 216
    simples, 216
Região definida por uma função, 236
Regra da cadeia, 116, 118, 121
Regra de Diferenciação implícita, 121
Regra de L'Hospital, 178
Regra de Ouro, 91, 227
reta secante, 92
Retas tangentes, VII, 89
Revolução
    Eixo de, 332
    sólido de, 334
    Superfícies de, 332
Riemann
    Integral, 225

Riemann, Georg, 227
Rolle, Lema, 174

sólido de revolução, 334
Sanduíche
    Teorema de, 16
Segunda derivada de um produto, 184
Simetría, 125
Snell, 170
Soma de Riemann, 228
Soma inferior, 228
Somas Telescópicas, 232
Superfícies de Revolução, 332
Superior
    Limite, 49
Supremo, 49

Tangente
    ao círculo, 89
    reta, VII, 89
Taxas
    de Crescimento, 137
    Relacionadas, 137, 223
Teorema
    de Taylor, 204, 208
    do Valor Médio, 204
    do Valor Médio de Cauchy, 178
    de Rolle, 174
    de Taylor, 223
    de Valor Médio, 223
    do Confronto, 16
    do Sanduíche, 16
    do valor intermediário, 75, 76
    do valor intermediário para integrais, 245

    do Valor Médio, 173, 176
    do Valor Médio de Cauchy, 179
    Fundamental do Cálculo, 248
    Pappus-Guldin, 336, 349
Teorema de Pappus-Guldin, 347
Trabalho, 337, 341, 350
    Força constante, 337
    força variável, 339
    total, 339
Transcendente
    número, 27
Trigonométrica
    Substituição, 300
Trigonométricas, 109
    derivadas, 111
    expressões, 19
    identidades, 301

Valor absoluto, 104
Valor indeterminado, 3
Valor Médio
    Teorema de, 173
Variação da Energia cinética, 341, 350
velocidade instantânea, 97
Vertical
    assíntota, 40
Volume
    aproximado, 335
    Cilindro, 335
    sólido de revolução, 334, 335
Volume de sólidos, 330

Impressão e Acabamento
Gráfica Editora Ciência Moderna Ltda.
Tel.: (21) 2201-6662